KB209584

BECOMING EARTH 비커밍 어스

지구는 어떻게 우리가 되었을까

페리스 제이버 지음 김승진 옮김

BECOMING EARTH 비커밍 어스

생각의힘

비커밍 어스
지구는 어떻게 우리가 되었을까

1판 1쇄 펴냄 | 2024년 12월 12일

지은이 | 페리스 제이버
옮긴이 | 김승진
발행인 | 김병준 · 고세규
편　집 | 우상희
디자인 | 이소연 · 권성민
마케팅 | 김유정 · 차현지 · 최은규
발행처 | 생각의힘

등록 | 2011. 10. 27. 제406-2011-000127호
주소 | 서울시 마포구 독막로6길 11, 우대빌딩 2, 3층
전화 | 02-6925-4184(편집), 02-6925-4187(영업)
팩스 | 02-6925-4182
전자우편 | tpbook1@tpbook.co.kr
홈페이지 | www.tpbook.co.kr

ISBN 979-11-93166-72-7 03400

공기, 물, 돌, 불, 얼음, 흙에 이 책을 바칩니다.

녹고 있는 빙하에, 잔물결 치는 모래언덕에, 거울 같은 온천 샘에, 심해 평원에,

들끓는 해저 분출구에, 폭발하는 마그마 방에, 고대의 산맥에, 새로 생겨난 섬에,

푸른 숲에, 산들거리는 초원에, 푹신한 토탄에,

불쑥 솟은 고원에, 나무 없는 툰드라에, 염습지의 맹그로브에 이 책을 바칩니다.

공룡, 미국삼나무, 매머드, 고래에게 이 책을 바칩니다.

점균류, 곤충, 균사, 달팽이에게,

햇빛을 먹고 구름의 씨를 뿌리고 금을 캐는 미생물들에게,

우리에게 토양을 주고 강물이 흐르게 해주는 뿌리에,

멸종한 대형 동물들과 아직 살아서 포효하는 대형 동물들에게,

우리의 혈액인 대양과 뼈대인 암석에 이 책을 바칩니다.

기르는 사람, 일구는 사람, 생각하는 사람, 가르치는 사람들에게 이 책을 바칩니다.

탐험하고, 창조하고, 돌보고, 치유하는 사람들에게,

우리가 아는 모든 노래와 아직 듣지 못한 모든 노래에,

우리의 살아 있는 행성에, 우리의 기적에, 우리의 지구에 이 책을 바칩니다.

일러두기

1. 이 책은 *Becoming Earth: How Our Planet Came to Life*(2024)를 우리말로 옮긴 것이다.
2. 단행본은 겹꺽쇠표(《》)로, 신문, 잡지, 방송 프로그램 등은 홑꺽쇠표(〈〉)로 표기했다.
3. 저자의 말은 각주 및 (괄호)로, 옮긴이의 말은 [대괄호]로 표기했다.
4. 인명 등 외래어는 국립국어원의 표준어 규정 및 외래어표기법을 따랐으나, 일부는 관례와 원어 발음을 존중해 그에 따랐다.
5. 국내에 소개된 작품명은 번역된 제목을 따랐고, 국내에 소개되지 않은 작품명은 원어 제목을 독음대로 적거나 우리말로 옮겼다.
6. 생물종의 명칭은 국명과 학명을 따랐으나, 일부는 국내 통상적인 명칭으로 표기했다. 한국어 명칭이 없는 경우 영어 명칭을 독음대로 적거나 우리말로 적절히 옮겼다.

"생각해 보라. 당신이 인간이든 곤충이든 미생물이든 암석이든, 이 시는 진실이다. 당신은 당신이 손대는 모든 것을 변화시킨다. 그리고 당신이 변화시킨 모든 것이 당신을 변화시킨다."

_옥타비아 버틀러, 《씨앗을 뿌리는 사람의 우화》

"모든 생명체의 심장박동을 우리의 심장박동 안에서 들을 수 있음을, 그리고 그 맥동이 식물과 동물을 모두 포함해 모든 혈관을 따라 흐르는 지구 맥동의 메아리라는 것을 우리가 이해했다면 어땠을까?"

_테리 템페스트 윌리엄스, "장소를 취하다" 〈파리 리뷰〉

"지구는 하나의 나라입니다. 우리 모두 같은 바다의 파도이고, 같은 나무의 잎이며, 같은 정원의 꽃입니다."

_'우애의 메시지'. 바하이교의 예언자이자 창시자 바하올라와
그의 아들 압둘 바하의 글을 재구성한 것으로 보임.

이 책을 향한 찬사

"한 권의 책을 통으로 외울 수 있다면 이 책을 선택하리라. 우리의 행성이 품은 거대한 미스터리, 수십억 년에 걸친 경이로운 진화, 믿어지지 않는 신비한 현상을 풀어내는 이 책을 나는 위대한 목격이라 말하고 싶다. 우리는 더 많이 지구를 이야기해야 한다. 우리가 사는 이 행성에 무슨 일이 벌어지고 있는지, 어떤 시간을 거쳐 왔는지에 대해서. 살아 있는 지구에 대해서. 과학적 증명과 사실에서 그치는 것이 아니라 지구와 우리의 공생까지도."

_천선란, 《천 개의 파랑》 저자

"이 책은 우리의 살아 있는 지구에 대한 영예의 송가다. 마음이 저리도록 아름다운 문장들과 정신이 혼미할 정도의 개념적 반전, 그리고 놀라운 인물들의 이야기가 담겨 있다. 페리스 제이버는 지구가 생명을 탄생시켰고 이제 생명으로 가득하게 되었다는 점뿐 아니라, 그 자신도 생명에 의해 기적과도 같은 근본적인 변모를 겪는다는 것을 보여준다."

_에드 용, 《이토록 굉장한 세계》 저자

"저널리즘의 걸작이다. 폭넓은 주제를 세밀하게 취재해 다루었으며, 전문 지식의 복잡성을 놓치지 않으면서도 일반 독자가 읽기 쉽게 서술했다. (…) 제이버는 기자의 호기심, 과학자의 정신, 그리고 시인의 언어로 생명의 경이로운 향연을 탐구한다. (…) 이 책은 대중 과학서가 갈 수 있는 최고의 경지를 보여준다."

_커커스 리뷰

"꼭 나와주기를 내가 너무나 바라고 있었던 종류의 책이다. 언뜻 들으면 말이 안 되는 것 같지만 곧 그것이 명백한 진실임을 깨닫게 되는, 내가 제일 좋아하는 종류의 과학 이야기가 담겨 있다. 너무나 중요하고 설득력이 있어서, 아마 나는 앞으로 오랫동안 이 책을 여기저기 추천하고 다닐 것 같다. 음미할 만한 맛있는 통찰이 가득하다. 나는 이 책에 푹 빠졌고, 가장 좋은 (적어도 지금까지는 가장 좋은) 행성인 지구를 보는 방식이 근본적으로 달라졌다."

_행크 그린, 〈뉴욕타임스〉 베스트셀러 저자이자 과학 커뮤니케이터

"첫 장을 펼쳤을 때만 해도 '기쁨'을 경험하게 될 줄은 몰랐다. 하지만 바로 그것을 경험했고 지금도 경험하고 있다. 원대한 야심, 우아함, 놀라운 지식이 드론처럼 내게 툭 다가왔다. 정말로 즐거운 독서였다. 이처럼 좋은 책을 만나기란 어느 좋은 시절에라도 드문 일이겠지만, 특히 위기의 시대가 열리려 하는 지금, 그래서 이전 어느 때보다도 우리가 이 세상과 사랑에 빠져야 하는 지금, 더없이 시의적절한 책이다."

_존 베일런트, 《황금가문비나무》《타이거》《불타는 날씨Fire Weather》 저자,
베일리 기포드상 수상자

"놀라운 작품이다. 대양처럼 광대한 주제를 균사의 막처럼 정확하게 다루면서 우리의 영예로운 행성에 바치는 사랑 가득한 오마주다. 시인의 영혼을 가진 과학저술가 페리스 제이버는 우리가 살고 있는, 생명이 각인된 커다란 암석 덩어리의 전기 작가가 될 자격을 가진 몇 안 되는 저술가 중 한 명이다."

_벤 골드파브, 《비버의 세계Eager》 《교차로Crossings》 저자

"놀라운 책이다. 과학적 사실과 역사적 사실, 그리고 오차 없이 정확한 취재와 관찰이 시인의 우아함과 함께 직조되어 있다. 이 책을 읽으면 우주 속 우리의 경이로운 집을 지탱하는 (제이버의 표현을 빌리면) '즉흥 연주 같은 협업적 공연'에서 우리가 점하고 있는 위치를 완전히 새롭게 생각하게 된다."

_스티브 실버만, 《뉴로트라이브》 저자

"페리스 제이버는 지난 30억 년 동안 생명이 지구를 변모시켜온 다양한 방식을 탐구하면서, 오늘날의 가장 긴요한 문제들에 대해 새로운 관점을 제시한다. 이 책은 흥미롭고, 생각을 자극하며, 궁극적으로 희망을 준다."

_엘리자베스 콜버트, 《여섯 번째 대멸종》 저자, 퓰리처상 수상자

"작가로서 제이버는 존재하지 않는 공상 속 생명체 같다. 그는 과학자의 날카로운 눈, 기자의 커다란 귀, 그리고 시인의 유려한 혀를 가지고 있다. 패러다임을 바꾸는 이 책을 읽다보면 살아 있는 지구의 심장으로 직행하는 느낌이 들 것이다. 한 마디로, 천재의 작품이다."

_로버트 무어, 《산에 오르다On Trails》저자

"흥미로운 과학과 도발적인 아이디어들을 우아하게 담아낸 책이다. 이 책은 그 자체가 다시 변혁을 일으키는 변혁을 다룬다. 이 책 속으로 뛰어들면, 페리스 제이버가 그랬듯이 당신도 우리의 세계를 단순히 생명을 품고 있는 존재가 아니라 **그 자체가 생명인**, 연결을 짓고 숨을 쉬는 실체로 여기게 될 것이다."

_댄 페이긴, 《톰스 리버Toms River》 저자, 퓰리처상 수상자

"우리는 우리가 살아가고 있는 정말로 희소한 보석 같은 행성을 당연하게 여기곤 한다. 놀랍도록 아름답고 통찰력 있는 이 책에서 페리스 제이버는 우리가 왜 지구를 당연하게 여기면 안 되는지 보여준다. 지구는 살아 있고 숨 쉬고 있고 이 책을 읽는 동안에도 우리의 역사를 다시 쓰면서, '집 만한 곳이 없다'는 사실을 다시금 깨닫게 해준다."

_데버라 블룸, 《독성 실험단The Poison Squad》 저자, 퓰리처상 수상자

"와우. 이 경이로운 책은 기적과도 같은 우리의 살아 있는 지구를 눈앞에 드러낸다. 끝까지 읽으면 기적이라는 말로도 충분히 표현할 수 없다는 생각이 들 것이다. 지구의 이야기는 생명에 의해 계속해서 재작업되고 재구성되는, 그리고 놀라울 정도로 생명에 의해 '창조되는' 행성의 이야기다."

_칼 사피나, 《소리와 몸짓》 저자

"흥미진진하다…. 페리스 제이버는 생명이 지구의 화학, 물의 순환, 암석의 기록, 토양, 그리고 대기와 어떻게 복잡하게 연결되어 있는지에 대해 흥미로운 최신의 과학 연구들을 보여준다. 그는 또한 이 연결이 인간의 문명과도 깊이 관련 있음을 말해준다. 훌륭한 과학 저널리즘을 뛰어넘는 작품이다. 이 책은 경이로움을 불러일으킨다."

_타일러 볼크, 뉴욕 대학교 지구시스템 과학자, 《가이아의 신체Gaia's Body》 저자

“페리스 제이버는 지구가 살아 있는 행성이라는 설득력 있는 주장을 새로운 근거들과 함께 보여준다. 이를 위해 그는 땅 속으로 1.6킬로미터나 들어간 사우스다코타주의 홈스테이크 금광부터 브라질 아마존의 325미터 상공에 있는 초고층 관측탑까지 우리를 데려간다. 우리의 자연 환경이 드러내는 경이로움을 깊이 알고 감사히 여기게 해주는 매력 넘치는 책이다.”

_제임스 케이스팅, 펜실베이니아 주립 대학교 지구과학 교수

“지하로 1.6킬로미터나 들어가는 광산의 깊은 갱도를 탐험할 때도, 자기 집 뒤뜰의 흙을 손볼 때도, 생물과 지구 사이에서 지난 35억 년간 이루어져 온 공진화와 사람이 만든 기후 속에서 앞으로 벌어질 일을 설명할 때도, 페리스 제이버는 (생물종과 행성 모두에 대해) ‘살아 있다는 것의 의미’를 탐구한 새롭고 황홀한 사색을 보여준다.”

_앤드류 레브킨, 환경 저널리스트이자 저술가

“지구에 대한 이해를 근본적으로 바꿀 것을 요구하는 드문 책이다. 풍성하고 놀라운 통찰이 가득한, 너무나 멋지게도 성공적인 책이다.”

_조슈아 포어, 《아인슈타인과의 문워크Moonwalking with Einstein》 저자

“감동해서 눈물이 나오는 흔치 않은 과학책이다. 페리스 제이버의 시적인 글과 방대한 취재는 우리의 아름다운 지구를 전적으로 새롭게 보게 해준다. 이 책은 너무나 멋진 사실과 흥미로운 일화로 가득한 사탕가게이며, 세상이 그곳에 사는 생명체에 의해 재구성되는 복잡하고 경이로운 방식을 보여준다. 너무나 좋은 책이다.”

_케이트 마블, 기후과학자이자 저술가

"페리스 제이버는 모든 생명체를 지구적 변모를 창조하는 예술가로 예찬한다. 미생물은 조각가이고 야크는 건축가이며 숲은 무용수다. 제이버는 황홀함을 안겨주는, 아니, 광합성을 일으키는 것 같은 저자다. 그가 빛을 비추는 모든 곳에서 의미가 생성된다는 점에서 말이다. 매 페이지마다 새로이 눈뜨게 하는 사실에 숨을 멈추게 된다. 구름은 대왕고래보다 무겁다. 바람을 타고 날아온 플랑크톤이 아마존을 비옥하게 한다. 제이버가 자기 집 뒤뜰을 환생시킨 이야기도 흥미롭다. 이 모든 이야기에서 제이버의 글 자체도 지구만큼이나 살아 있다. 또한 이 책은 우리 인간이 지구에서 어떤 존재인지와 어떤 힘을 가지고 있는지에 대해서도 새롭게 생각하도록 이끈다."

_사브리나 임블러, 《빛은 얼마나 멀리 갈 수 있는가How Far the Light Reaches》 저자

"페리스 제이버는 우주의 가장 큰 신비를 탐험하고 설명하는 데 으스스할 정도로 뛰어난 능력을 가지고 있다. 그의 문장은 감미롭고 맑다. (…) 제이버는 독보적인 과학저술가이고 이 긴요한 책은 기후변화와 환경에 대해 더 큰 대화를 촉발하기에 손색이 없다."

_화이팅 재단 창작 논픽션 지원금 심사위원회

차례

3부 대기

서문

어렸을 때 나는 날씨를 부릴 수 있다고 생각했다. 뙤약볕이 내리쬐는 캘리포니아주 교외에서 정원이 축축 시들어 늘어지고 맨발로 아스팔트를 밟았다간 데일 듯한 여름날이면, 우중충한 색의 우람한 비구름을 그려서 잔디 위에 놓고 호스 물 약간과 잔가지, 나뭇잎 따위를 뿌리며 그림 주위를 뱅뱅 돌았다. 비더러 "가 버리라"고 노래하는 자장가 가사를 거꾸로 바꿔서 주문 비스름하게 읊기도 했던 것 같다.

커가면서 날씨에 대한 나의 지식도 커갔다. 학교에서 배우기를, 호수, 강, 대양에서 물이 증발해 대기로 올라갔다가 식으면 미세한 물방울로 응결된다고 했다. 이 물방울들이 하늘을 떠다니다가 날아다니는 작은 먼지 주위로 달라붙어 뭉치면서 우리가 구름이라고 부르는 솜 같은 덩어리로 커진다. 그리고 충분히 무거워지면 땅으로 다시 내려온다. 나는 비가 대기물리학의 불가피한 결과이고 우리를 비롯해 살아 있는 모든 생명체가 수동적으로 받게 되는 선물이라고 배웠다.

그런데 몇 년 전 날씨에 대해, 궁극적으로는 지구 전체에 대해 내가 생각했던 방식을 완전히 바꾸어놓은 놀라운 사실을 알게 되었다. 그 사실은 어린 시절 이래로 거의 느껴본 적이 없는 경외와 가능성의 감각을 다시 가져다주었는데, 생명체가 단순히 비를 맞기만 하는 것이 아니라 비를 불러내기도 한다는 것이었다.

아마존 우림을 보자. 아마존에는 매년 2,400밀리미터 가량의 강우가 온다. 아마존의 일부 지역은 연간 강우량이 무려 4,270 밀리미터 가까이 되기도 한다. 알래스카주와 하와이주를 제외한 미국 연평균 강수량의 다섯 배도 넘는 양이다. 이렇게 많은 비가 쏟아지는 것은 일정 부분 지리적 우연의 결과다. 적도 지역의 강렬한 햇볕이 바다와 땅에서 물의 증발을 가속화하고, 무역풍이 바다의 습기를 몰고 오며, 주위를 둘러싼 산맥이 이리로 들어오는 공기를 위로 올려 그 안의 습기가 식고 응결되게 하는데, 그 비가 떨어지는 위치가 딱 아마존 우림이 있는 위치다.

하지만 이것은 이야기의 절반일 뿐이다. 우림의 바닥을 보면, 식물 뿌리와 균사의 방대한 공생 네트워크가 토양으로부터 물을 빨아들여 나무의 몸통과 가지와 잎으로 밀어 올린다. 아마존 우림에 있는 약 4,000억 그루의 나무가 이 물을 듬뿍 마시고 잉여의 습기를 내놓으면서 매일 200억 톤의 수증기로 대기를 포화시킨다. 동시에, 온갖 종류의 식물이 염분을 분비하고 톡 쏘는 냄새가 나는 다양한 화합물을 방출한다. 또 종이우산처럼 앙증맞은 모양이나 문손잡이처럼 땅땅한 모양 등 각양각색의 버섯들이 포자를 내놓는다. 바람이 박테리아와 포자, 나뭇잎과 나무껍질 조각을 대기 중으로 가져간다. 살아 있는 미생물과 유기물질 잔해물이 가득한 젖은 공기가 비가 내리기에 이상적인 조건을 만든다. 공기 중에 습기가 아주 많고 수증기가 뭉칠 수 있는 미세 입자도 아주 많아서 구름이 빠르게 형성된다. 이에 더해, 공기 중으로 움직이는 특정한 박테리아들이 물방울을 동결시켜서, 구름이 더 커지고 더 무거워지고 더 터지기 좋은 상태가 되게 한다. 평균적으로 아마존은 매년 자신이 받는 강우의 절반을 스스로 생성한다.

게다가 아마존 우림은 제 머리 바로 위보다 훨씬 더 넓은 지역의 날씨에도 영향을 준다. 숲에서 방출되는 이 모든 습기와 유기물질 부산물과 미생물이 방대한 '하늘의 강'을 형성한다. 하층 식생을 굽이굽이 가로지르며 땅 위를 흘러가는 강물이 공중에 울리는 메아리처럼 말이다. 이 '하늘의 강'은 남미 전역의 농촌과 도시에 비를 내린다. 나아가, 과학자들에 따르면 대기에서의 광범위한 파급효과를 통해 아마존은 멀리 캐나다에 내리는 비에도 기여한다. 브라질 아마존의 나무 한 그루가 캐나다 매니토바주의 날씨를 바꿀 수 있다.

아마존이 수행하는 비밀스러운 비의 의례는 우리가 지구상의 생명체를 생각하는 통상적인 방식에 도전한다. 통념에 따르면, 생명은 환경에 의해 영향을 받는다. 지구가 딱 맞는 크기와 연령을 가진 별 주위를 돌고 있지 않았다면, 지구가 그 별과 너무 가깝거나 너무 멀었다면, 지구에 안정적인 대기가 없었다면, 지구에 해로운 우주 광선을 막아주는 자기장과 풍부한 물이 없었다면, 지구에는 생명이 없었을 것이다. 즉 지구가 생명에 적합한 환경이었기 때문에 지구에서 생명이 진화했다. 이처럼 다윈 이래로 지배적인 과학 패러다임은 계속해서 달라지는 환경의 요구가 생명의 진화 양상을 규정한다는 데 초점을 두었다. 서식지의 환경 변화에 가장 잘 적응한 종이 가장 많은 후손을 남기고, 적응에 실패하는 종은 소멸할 것이라고 말이다.

이것은 물론 사실이지만, 잘 알려져 있지 않은 쌍둥이 사실이 하나 있다. 바로 생명도 환경을 변화시킨다는 사실이다. 이 사실은 20세기 중반에 생태학이 공식 학문으로 정립되었을 때 서구 과학계에서 조금 더 인정을 받기 시작했지만, 비버가 댐을 짓는 것이나 지렁이가 흙을 뱉어내는 것처럼 비교적 소규모의 국지적인 변화만 주목을 받았다. 모든 종류의 살아 있는 생명체가 훨씬 더 대대적인 방식으로 환경을 변모시킨다는 개념, 미생물과 균류와 식물과 동물이 '대륙'의 지형과 기후, 심지어는 '전체 지구'의 지형과 기후까지 바꾸어낸다는 개념은 진지한 고려 대상이 되지 못했다. 1962년에 레이첼 카슨Rachel Carson은 《침묵의 봄》에서 "매우 큰 정도로, 지구에 서식하는 동식물의 물리적 형태와 특성은 환경에 의해 모양이 잡혀왔다"며 "지구의 시간 전체를 고려할 때 그 반대 영향, 즉 생물들이 주변 환경을 실질적으로 변화시키는 정도는 상대적으로 미미했다"고 언급했다. E.O. 윌슨E.O. Wilson도 2002년 저서 《생명의 미래》에서 비슷한 취지의 언급을 했다. "호모 사피엔스는 지구물리학적인 요인이 되었다. 이 좋다고만은 할 수 없는 특징을 획득한, 지구 역사상 최초의 종이 되었다."

아마존 우림이 추는 비의 댄스를 처음 알게 되었을 때, 나는 흥미가 동하면서도 어리둥절했다. 식물이 땅에서 물기를 빨아들여 공기 중에 내뿜는다는 사실은 알고 있었다. 하지만 아마존의 나무, 균류, 미생물이 함께 작용하면서 아마존에 내리는 비의 그렇게 많은 부분을 소환해 내는 줄은 몰랐다. 한 대륙에서 벌어지는 생명 활동이 다른 대륙의 날씨를 바꾼다는 개념도 충격적이었다. 아마존 우림이 자기 자신에게 물을 주는 정원이라는 생각이 나를 완전히 매료했다. 아마존 같은 거대한 생태계에서 이것이 사실이라면, 더 큰 규모에서도 사실일 수 있지 않을까? 지구의 역사에서 생명은 어떻게, 또 어느 정도나 지구를 변모시켜 왔을까?

이 질문에 답을 찾아나가면서, 생명과 지구의 관계에 대한 우리의 이해가 꽤 얼마 전부터 대대적인 개편을 거치는 중이라는 사실을 알게 되었다. 오랜 통념과 반대로 지구의 역사 내내 생명은 그 위력이 빙하, 지진, 화산에 맞먹거나 오히려 능가하기도 하는 거대한 지질학적 요인이었다. 미생물부터 매머드까지 모든 형태의 생명이 지난 수십억 년 동안 대륙과 대양과 대기를 변모시키면서, 태양의 궤도를 돌고 있는 커다란 암석 덩어리를 우리가 알고 있는 세상으로 만들었다. 살아 있는 생명은 그들이 서식하는 특정한 환경에서 작용한 가차 없는 진화 과정의 결과물이기만 한 것이 아니다. 생명은 자신의 환경을 조율하면서 자기 자신의 진화에 관여하는 행위자다. 우리를 비롯한 생명체들은 단순히 지구 위에 살고 있는 거주자가 아니다. **우리 자체가 지구다.** 우리 자체가 지구의 물리적 구조에서 뻗어 나온 산물이고, 지구의 순환을 추동하는 하나의 엔진이다. 지구와 지구에 사는 생명체는 너무나 긴밀하게 연결되어 있어서 전체를 하나의 실체로 간주할 수 있다.

이 새로운 패러다임의 과학적 증거는 이미 상당하다(꽤 많은 부분이 비교적 최근에야 발견되었고 일반 대중에게는 아직 '이기적 유전자'나 '마이크로바이옴'만큼 널리 스며들지는 못했지만 말이다). 근 25억 년 전에 광합성을 하는 해양 미생물 시아노박테리아[남세균]가 대기에 산소를 잔뜩 뿜어내 지구를 변모시키면서 하늘이 오늘날과 비슷한 파란색으로 보이게 되었고 새로이 생겨날 생명체들을 해로운 자외선에서 보호할 오존층의 형성이 촉발되었다. 오늘날 광합성을 하는 생명체는, 대기 중 산소 농도가 복잡한 구조를 가진 생물을 지탱할 수 있을 만큼은 높으면서도 약간의 불꽃에도 맹렬한 화염을 일으킬 정도로는 높지 않은 수준으로 유지되는 데 일조한다. 미생물은 수많은 지질학적 과정의 중요한 참여자이고, 지구가 가진 방대한 광물 다양성도 상당 부분 미생물 덕분이다. 어떤 과학자들은 대륙 자체가 형성되는 데도 미생물이 결정적인 역할을 했을 것이라고 본다. 또 해양 플랑크톤은 다른 모든 생명이 의존하는 화학적 순환을 주도하며, 운량雲量을 늘리는 기체들을 내보내 지구의 기후를 조절한다. 해초 숲, 산호초 군락, 조개류 등은 방대한 탄소를 저장해 해양의 산성화를 막고, 해수의 질을 향상시키며, 극단적인 기후로부터 해변을 보호한다. 또한 코끼리부터 프레리독, 흰개미까지 온갖 다양한 동물들이 지속적으로 지구의 표면을 재구성하면서 수백만 종의 생물이 더 잘 생존할 수 있게 돕는다.

최근 역사에서, 어느 면으로는 지구의 역사 전체에서, 인간은 지구를 변모시키는 생명체의 가장 극단적인 사례다. 산업화된 국가들은 '화석연료'라고 불리는 고대의 정글과 바다 생물들의 탄소가 가득한 잔해를 추출해 태움으로써, 또한 환경 오염으로 생태계를 파괴하고 생태계의 질을 저하시킴으로써, 대기 중에 열을 잡아두는 온실가스를 너무나 많이 쏟아냈다. 이는 지구 기온을 빠르게 높이고, 해수면을 상승시키고, 가뭄과 산불을 악화시키고, 폭풍과 폭염의 강도를 높이고, 궁극적으로 수십억 명의 사람들과 셀 수 없는 비인간종을 위험에 빠뜨리고 있다. 기후변화에 대해 대중적으로도 정치적으로도 구체적인 논의가 잘 이뤄지지 못하게 가로막는 장애물 하나는 인간이 지구 전체에 영향을 미칠 만큼 강력하지는 않다는 생각이 너무나 끈질기게 존재하는 것이다. 하지만 우리는 지구 전체에 영향을 미칠 수 있고, 사실 그러한 위력을 가진 생명체는 우리만이 아니었다. 지구에서 살아가는 생명의 역사는 지구를 새로이 만들어내는 생명의 역사다.

지구와 생명의 상호의존성을 알아가는 과정에서, 나는 논쟁적인 고대의 개념 하나를 계속해서 마주쳤다. 지구 자체가 살아 있는 실체라는 개념 말이다. 물활론物活論은 인류의 가장 오래된 믿음이자 가장 도처에서 접할 수 있는 믿음이다. 생명과 영혼이라는 개념을 지구 및 지구를 구성하고 있는 여러 요소에까지 확장한 믿음이 인류의 역사 내내 다양한 문화권에 존재했다. 많은 종교에서 지구는 신성의 형태로 의인화되었다. 종종 여신으로 의인화되는데, 어머니 같을 수도 있고 괴물 같을 수도 있고 둘 다일 수도 있다. 아즈텍 사람들은 틀랄테쿠틀리Tlaltecuhtli 여신을 숭배했다. 발톱이 달린 거대한 가상의 존재인데, 이 여신의 잘린 몸 토막들이 산맥, 강, 꽃이 되었다고 전해진다. 북유럽 신화에서는 땅의 여신 요르드Jörð가 지구가 의인화된 존재다. 지구가 거대한 거북이의 등에서 자라는 정원이라고 상상한 문화권도 있다. 고대 폴리네시아 사람들은 하늘의 남신 랑기Rangi와 대지의 여신 파파Papa를 숭배했다. 이들은 자식들이 떼어놓기 전까지 포옹을 풀지 않는데, 떼어진 다음에도 피어오르는 안개와 떨어지는 비의 형태로 서로를 부르며 운다고 한다.

지구가 살아 있는 실체라는 개념은 신화와 종교의 영역에서부터 서구의 초창기 과학 영역으로 넘어와 수 세기간 이어졌다. 고대 그리스의 많은 철학자가 지구를 비롯해 행성들이 영혼과 생명력을 가진 살아 있는 실체라고 여겼다. 레오나르도 다 빈치Leonardo da Vinci도 뼈를 암석에, 피를 물에, 조수의 간만을 호흡에 비유하면서 지구와 인체 사이의 유사점을 언급했다. 18세기 스코틀랜드 과학자이며 현대 지질학의 창시자 중 한 명인 제임스 허튼James Hutton은 지구를 "살아 있는 세계"라고 칭했다. 지구가 그 자신의 '생리학적' 작용을 가지고 있고 스스로를 고치는 능력이 있다는 것이었다. 얼마 뒤에는 독일의 자연학자이자 탐험가 알렉산더 폰 훔볼트Alexander von Humboldt가 자연을 일컬어 그 안의 생명체들이 "그물망 같은 복잡한 직조"로 연결된 "살아 있는 전체"라고 묘사했다.

하지만 허튼과 훔볼트는 당시의 과학자들 사이에서 예외였고, 엄격한 실증주의를 강하게 따르는 이들 사이에서는 더욱 그랬다. 19세기 중반이면 은유로라도 지구를 살아 있는 실체라고 말하는 것은 유럽 과학계에서 대체로 유행이 지나 있었다. 학계는 점점 더 전문화되었고 환원주의적이 되었다. 과학자들은 물질과 자연현상을 점점 더 구체적이고 세분화된 범주로 설명했고 이는 생물과 무생물을 한층 더 분리해서 생각하게 만들었다. 그와 동시에, 산업혁명의 광범위한 영향과 식민주의 제국의 확장은 기계화, 이윤, 정복 등의 논리에 기반한 세계관과 언어를 선호하게 만들었다. 이제 지구는 경외와 숭배를 받을 만한 거대한 살아 있는 존재가 아니라 인간에게 사용되기를 기다리고 있는 무생물 자원으로 여겨지게 되었다.

20세기 말이 되어서야 살아 있는 지구라는 개념이 서구 과학의 정전에서 비교적 널리 알려지게 될 표현 하나를 만났다. 바로 '가이아Gaia 가설'이다. 영국 과학자이자 발명가인 제임스 러브록James Lovelock이 1960년대에 처음 개진하고 나중에 미국 생물학자 린 마굴리스Lynn Margulis가 더욱 발달시킨 이 이론은 지구의 모든 생물 요소와 무생물 요소들을 "생명이 거주하기에 안락하고 적합한 상태를 유지하는 능력을 가진 하나의 방대한 실체를 구성하는 부분이자 그 실체의 파트너"라고 본다.○ 러브록은 가이아의 렌즈로 보면 지구는 한 그루의 거대한 삼나무와 같다고 언급했다. 나무에서 살아 있는 세포는 잎, 그리고 몸통과 가지와 뿌리 안의 얇은 조직층 등 일부분뿐이다. 성숙한 나무의 대부분은 죽은 목질이다. 이와 비슷하게 지구도 무생물인 암석이 대부분이고 이것을 생물인 피부가 감싸고 있다. 나무 전체를 살아 있게 하는 데 살아 있는 세포조직의 층이 필수적이듯이, 지구라는 거대한 실체를 지탱하는 데도 살아 있는 피부가 필수적이다.

러브록이 지구를 살아 있는 하나의 실체로 묘사한 최초의 과학자는 아니었지만 그가 제시한 비전의 대담함과 폭넓음과 우아함은 대대적인 찬사와 조롱을 동시에 불러일으켰다. 러브록

○ 러브록과 마굴리스는 연구 경력 내내 가이아 가설을 계속해서 수정하고 정교화했고, 많은 다른 연구자들도 가이아 가설에 대해 각자의 해석을 개진했다. 가이아 가설의 다양한 버전들과 학문적인 분류에 대해서는 이 책 말미의 작가노트를 참고하라.

이 가이아에 대한 책을 처음 펴낸 1979년은 환경 운동이 한창 성장하던 시기였다. 그가 제시한 개념은 대중 사이에서는 몹시 열광적인 청중 집단을 불러일으켰지만, 과학계에서는 그리 호의적으로 받아들여지지 않았다. 몇십 년 동안 수많은 과학자가 가이아 가설을 비판하고 조롱했다. 진화생물학자 그레이엄 벨 Graham Bell은 서평에서 "가이아 가설이 진지한 학문을 오염시키지 말고 그것의 자연적 서식지인 기차역 도서 잡지 매대에만 있었으면 좋겠다"고 언급했다. 훗날 영국 왕립학회 회장이 되는 로버트 메이Robert May는 러브록을 "대단한 바보"라고 칭했다. 미생물학자 존 포스트게이트John Postgate는 더 신랄하게 이렇게 말했다. "가이아- 위대한 어머니 지구! 지구 전체로서의 생명체! 언론에서 이것에 대해 진지하게 이야기해달라고 부를 때마다 얼굴이 찌푸려지고 도대체 믿을 수가 없다는 생각이 드는 과학자는 나 하나뿐인가?"

하지만 시간이 가면서 가이아에 대한 과학계의 반대는 수그러들었다. 러브록의 초기 저술은 가이아에 너무 많은 '주체성'을 부여하는 경향이 있었고, 이는 마치 지구가 의지를 가지고 자신에게 최적인 상태를 열망하는 존재인 양 여기게 하는 잘못된 개념을 불러일으켰다. 하지만 가이아 가설의 핵심은 생명이 지구를 변모시키고 지구의 자기조절 과정에 중요한 일부로 통합되어 있다는 개념이며, 이는 시대를 앞서간 선견지명이었다. 지금도 가이아를 언급하면 질색하는 과학자들이 있지만, 가이아 가설이 말하는 사실은 비교적 신생 학문인 지구시스템과학의 기본 개념이 되었다. 지구시스템과학은 명시적으로 지구의 생물 요소와 무생물 요소를 통합된 전체로서 연구한다.○ 지구시스템 과학자 팀 렌튼Tim Lenton은 자신과 동료 지구시스템과학자들이 "이제는 생물의 진화와 지구의 진화를 연결된 것으로서 사고한다"며 "생명의 진화가 지구를 구성해 왔고 지구 환경의 변화가 생명을 구성해 왔으며 이 모두를 하나의 과정으로 간주할 수 있다고 보고 있다"고 언급했다.

지구 자체가 살아 있는 실체라는 개념은 여전히 논쟁적이지만 일부 과학자들은 이 개념을 받아들였고 또 다른 과학자들은 이 개념에 점점 더 마음을 열고 있다. 대기과학자 콜린 골드블라트Colin Goldblatt는 "지구가 살아 있다는 것은 내게 의문의 여지가 없다"며 "내게는 이것이 명백한 사실을 말한 언명으로 보인다"고 말했다. 우주생물학자 데이비드 그린스푼David Grinspoon은 지구가 단지 그 위에 생명체들이 살고 있는 행성이 아니라 그 자체가 살아 있는 행성이라고 말했다. 그는 "생명은 단순히 **지구 위에서** 발생한 현상이 아니라 **지구에** 발생한 현상"이라며 "지구의 생물 요소들과 무생물 요소들 사이의 상호작용은 지구가 그런 과정이 없었더라면 되었을 모습과 매우 다른 모습이 되게 했다"고 언급했다. 가이아 가설을 가장 맹렬하게 비판했던 사람들도 생각을 바꾸었다. 진화생물학자 W. 포드 둘리틀W. Ford Doolittle

---

○ 러브록이 훗날 '가이아'라 불리게 되는 개념을 공개적으로 선보이고 30년이 지난 2000년에 뉴저지주 프린스턴 대학교에서 몇몇 주요 국제 과학 학회가 '지구적인 변화에 대한 암스테르담 선언Amsterdam Declaration on Global Change'을 발표했다. 이 선언의 일부는 다음과 같은 내용을 선포하고 있다. "지구시스템은 그 전체가 자기조절적인 하나의 시스템으로서 기능하며, 여기에는 물리적, 화학적, 생물학적 요소들과 인간 요소들이 포함되어 있고 이 요소들 간에 복잡한 상호작용과 피드백이 이루어진다."

은 2020년에 〈에온〉에 쓴 글에서 이렇게 언급했다. "고백하건대, 지난 몇 년 사이에 나는 가이아에 대해 더 너그러워졌다. 처음에는 러브록과 마굴리스의 이론에 맹렬하게 반대했지만 요즘은 그들이 핵심을 제대로 짚었을지도 모른다는 생각이 들기 시작했다."

살아 있는 지구라는 개념에 반대하는 사람들은 으레 제기될 법한 이유들을 들 것이다. 지구는 음식물을 먹거나 성장하거나 재생산하거나 '진짜' 살아 있는 생명체처럼 진화하지 않으므로 살아 있는 실체일 수 없다고 말이다. 하지만 무엇이 생명인가에 대해 분명하고 보편적으로 받아들여지는 정의나 객관적인 측정 방법은 없다는 점을 기억해야 한다. 대개 교과서들은 생물과 무생물의 차이점이라고 여겨지는 특질들의 긴 목록만 제시하고 있을 뿐이다. 그런데 생물과 무생물은 깔끔하게 나눠지지 않는다. 우리가 무생물이라고 생각하지만 살아 있는 실체의 특징을 보이는 것도 있고 그 반대도 있다. 예를 들어, 불은 연료를 소비하면서 성장하고 수정은 몸집이 커지면서 고도로 복잡한 자신의 구조를 충실하게 복제하지만, 대부분의 사람들은 불이나 수정이 살아 있다고 말하지 않을 것이다. 반대로 브라인슈림프Brine Shrimp나 완보류라고 불리는 미생물 등 몇몇 유기체는 몇 년씩 먹지도 성장하지도 않고 아무런 변화도 하지 않는 극단적인 동면에 들어가지만 생물로 간주된다. 또한 대부분의 과학자는 바이러스를 살아 있는 생물의 범주에 포함하지 않는다. 숙주의 세포를 납치하지 않으면 재생산과 진화를 할 수 없기 때문이다. 하지만 기생을 하는 다른 몇몇 동식물도 마찬가지로 숙주 없이는 생존과 증식을 할 수 없는 데도, 과학자들은 이들을 주저 없이 생물로 분류한다.

그렇다면, 생명은 '범주적'인 현상이라기보다 '스펙트럼'적인 현상이고 '명사'라기보다는 '동사'라고 말할 수 있을 것이다. 생명은 물질의 두드러지게 구분되는 범주도 아니고 두드러지게 구분되는 특질도 아니다. 생명은 '과정'이고 어떠한 역할의 수행이다. 생명은 물질이 **행하는** 무언가이다. 과학이 아직은 생명에 대해 근본적인 설명이나 정의를 합의하지 못하고 있지만, 지난 한 세기 동안 많은 과학자들이 다음과 같은 견해를 받아들였다. 생명은 스스로를 지탱하는 시스템이다.○ 완전한 해체를 의미하는 최대치의 엔트로피를 향해 가차 없이 나아가는 우주 안에서도, 생명은 자유에너지를 사용해 불가능할 정도로 높은 수준의 조직화를 유지한다. 이론적으로는, 충분한 복잡성과 적절한 에너지의 공급이 있는 모든 물질 시스템이 우리가 생명이라고 부르는 현상에 참여할 수 있다. 우리는 생명이 세포 수준, 유기체 수준, 생태계 수준, 그리고 지구 수준(그렇다, 지구 수준!) 등 다양한 스케일로 벌어지는 현상이라는 개념을 더 편하게 받아들여야 한다.

살아 있는 다른 많은 생명체처럼 지구도 에너지를 흡수하고 저장하고 전환한다. 지구도 조직화된 구조, 경계막, 일상의 리듬

○ 시스템 과학자들은 '시스템'을 모두 함께 전체로서 기능하는 요소들 간의 조직화된 네트워크라고 정의한다. 시스템은 분자처럼 작고 단순할 수도 있고 우주처럼 크고 복잡할 수도 있다. 어떤 과학자들은 미생물이든 숲이든 행성이든 모든 생명 형태가 그 정의상 살아 있는 시스템이라고 주장해 왔다.

이 있는 신체를 가지고 있다. 지구의 원소들로부터 지구의 바위, 물, 대기를 쉼 없이 먹어치우고 변모시키고 다시 채우는 수많은 생물학적 실체들이 생겨났다. 이러한 유기체들은 단순히 지구 위에서 살아가는 것이 아니다. 그들 자체가 지구의 연장선이다. 또한 유기체와 환경은 상호적인 진화 과정 안에서 뗄 수 없이 연결되어 있으며, 종종 이 상호작용은 서로의 지속성을 강화하는 자기안정화 과정으로 수렴한다. 전체적으로 이러한 과정은 지구에 일종의 생리학적 속성을 부여한다. 숨을 쉬고 신진대사를 하고 온도를 조절하고 화학적 균형을 이루는 것이다. 지구는 하나의 유기 생명체가 아니고 표준적인 다윈주의적 진화의 산물도 아니지만, 그렇더라도 진정으로 살아 있는 실체다. 방대하게 연결된 하나의 살아 있는 시스템인 것이다. 우리가 살아 있는 존재인 만큼이나 지구도 살아 있는 존재다.

러브록이 가이아 가설에 다른 이름을 붙였더라면 처음에 과학계에서 그렇게 폄훼되지는 않았을 것이다. 러브록은 그의 친구이자 《파리대왕》 저자인 윌리엄 골딩William Golding의 조언을 따라 이 지구적 실체의 이름을 그리스 여신 가이아의 이름을 따서 지었다. 이렇게 지구를 의인화하는 바람에, 의인화를 금기시하는 과학계의 태도가 러브록이 제시한 개념에 영구히 연결되어 버렸다. 러브록이 의도했든 아니든 그가 붙인 이름은 그의 가설에 어머니의 얼굴과 모종의 신비성을 부여했고, 은유를 참아주기 어려워하고 종교나 신화와 비슷해 보이는 모든 것에 적대적인 과학계의 일각으로부터 쉬운 타깃이 되었다. 21세기의 시점에 살아 있는 지구라는 개념을 다시 살펴보고 되살리고자 하는 우리로서는, 꼭 옛 이름을 가져다 써야 하거나 꼭 새 이름을 지어야 하는 것은 아니다. 살아 있는 경이로운 실체인 우리 행성은 이미 잘 알려진 이름을 가지고 있다. 그 이름은 지구다.

지구는 우리에게 알려진 생명 형태 중 가장 크고 가장 복잡한 생명 형태이자 가장 이해하기 어려운 생명 형태다. 순전하게 기계적인 은유는 우리 행성의 활력과 풍성함을 다 포착하지 못한다. 동물의 몸을 이용한 은유도 살아 있는 물질 대부분이 식물과 미생물인 지구에 대해서는 너무 협소한 은유로 보인다. 완벽한 은유는 없을 것이다. 하지만 이 책을 쓰면서 살아 있는 지구라는 개념을 잘 보완해 주는 유용한 은유 하나를 발견할 수 있었는데, 바로 음악이다.○

린 마굴리스가 언급했듯이, 살아 있는 지구는 "유기체들, 그것들이 살아가고 있는 구체의 행성, 그리고 에너지의 원천인 태양 사이의 상호작용 가운데서 창발되어 나오는 특성"이다. 음악도 창발되는 현상이다. 종이 위의 악보나 악기의 모양, 또는 음악가의 손놀림으로 환원할 수 없으며, 이 모든 구성 요소들의 상호작용에서 떠오르는 무언가다. 악보에 쓰인 음표가 정확한 순서로 연주되고 그것이 올바른 방식으로 다른 순서들과 결합될 때, 우리는 단순한 소리가 아닌 음악을 경험한다. 마찬가지로,

---

○ 음악을 과학의 은유로 흥미롭게 사용해 온 데는 오랜 역사가 있다. 고대 그리스인들은 행성들의 질서 있는 움직임을 "천체들의 음악"이라고 불렀다. 끈 이론string theory은 "작은 끈들이 진동하는 패턴이 우주 진화의 음악을 지휘한다"고 본다. 게놈은 악기에, 유전형의 표현은 노래에 비유되곤 한다. 악기 오르간organ과 신체 장기organ, 그리고 유기체organism의 영어 단어 모두 어원이 같은데, '작동하다'라는 뜻이 있다.

우리가 지구라고 부르는 살아 있는 실체도 매우 복잡한 상호작용으로부터 창발되어 나온다. 유기체와 환경의 상호적인 변모로부터 생성되어 나오는 것이다.

생겨나고 첫 5억 년 동안 지구는 순전히 지질학적인 구성물이었다. 그러다가 최초의 생명체가 원시 지구의 특질과 리듬에 적응하면서 지구에서 연주를 시작했고, 각각이 서로를 변화시켰다. 그 이래로 생물학과 지질학, 생물과 무생물은 점점 더 복잡해지는 듀엣에서 영구적으로 연결되어 존재했다. 수억 년의 시간 동안, 지속적으로 요동은 있었지만 지구와 지구의 생명체들은 근본적인 하모니를 발견했다. 이들은 지구의 기후를 조절했고, 대기와 바다의 화학조성을 조율했고, 지구의 여러 층에 걸쳐 물과 대기와 필수적인 영양분의 순환을 유지했다. 대규모 화산의 분출, 운석의 충돌, 수축하고 말라버리는 바다와 같은 상상불가의 재앙이 덮쳐 오랫동안 확립되어 온 리듬이 대혼란으로 압도되는 일도 여러 번 있었다. 하지만 여러 차례 재앙이 닥치는 와중에서도, 살아 있는 지구는 자신을 회복시킬 수 있는 능력과 생태적 조화의 새로운 형태를 발견하는 능력을 가지고 일관되게 놀라운 회복력을 보였다.

우리 인간종을 더 큰 생명체의 일부로, 즉 지구적 심포니의 일원으로 보면, 우리가 지구에 가져야 할 책임이 명확해진다. 인간의 활동은 단순히 지구의 기온만 올리거나 '환경의 피해'만 일으킨 것이 아니다. 우리는 우리가 알고 있는 가장 큰 살아 있는 생명체에 막대한 불균형을 가져와 그 생명체를 위기 상태로 몰아 갔다. 이 위기의 속도와 규모는 너무나 막대해서, 우리가 무언가를 하지 않는다면 지구가 혼자서 스스로를 온전히 회복하는 데는 수십만 년, 수백만 년이 걸릴 것이다. 그리고 그 과정에서 지구는 우리가 알아 온 어느 지구와도 다른 세상이 될 것이다. 그 지구는 현대의 인간 문명도, 우리가 의존하고 있는 생태계도 지탱할 수 없는 세상일 것이다.

인간종은 지구시스템을 통합된 하나의 실체로서 알아가면서 그것을 의지로 바꿀 수 있는 능력을 가진 유일한 종이다. 그렇다고 해서 이렇게나 막대하게 복잡한 시스템 전체를 통제하려고 든다면 대단한 오만일 것이다. 우리가 해야 할 일은 우리가 지구에 미친 압도적인 영향을 인식하는 동시에 우리 능력의 한계도 받아들이는 것이다. 우리가 수행해야 할 가장 필수적인 일이 무엇인지는 명확하다. 최악의 기후 위기를 피하려면, 산업화를 거친 부유한 국가들은 화석연료를 청정하고 재생 가능한 에너지로 빠르게 대체하기 위한 국제적인 노력에 앞장서야 한다. 지구시스템과학은 상호보완적인 접근의 중요성을 말해준다. 살아 있는 지구는 기후를 조절하고 탄소를 저장하는 많은 방법을 진화시켜 왔다. 지난 몇백 년간 대양과 대륙과 그 안의 생태계는 인류가 배출한 온실가스의 상당 부분을 격리하고 흡수했다. 숲과 초원과 습지, 그리고 그들의 바닷속 사촌인 해초 숲, 심해 평원, 산호초를 보호하고 복원함으로써 우리는 이들이 지구를 안정화하는 과정을 증폭하고 수억 년의 시간 동안 발달되어 온 생태적 조화를 보존할 수 있을 것이다.

이 책은 생명이 지구를 어떻게 변모시키는지에 대한 탐구이자 지구 자체가 살아 있는 생명이라는 것이 어떤 의미인지에 대한 숙고이며 우리의 세상을 지탱해 주는 놀라운 생태계에 대한 예찬이다. 이 책은 지구가 어떻게 해서 우리가 아는 지구가 되었는지, 우리가 아는 지구가 어떻게 해서 매우 빠르게 다른 세상이 되고 있는지, 지구 역사의 이 결정적인 순간에 살고 있는 우리는 앞으로 수천수만 년간 후손이 물려받을 지구에 어떻게 영향을 미치게 될지를 고찰한다. 책의 구성은 지구의 세 가지 주요 구성 요소인 암석, 물, 대기와 세 가지 주요 권역인 암석권, 수권, 대기권을 따라 세 부로 나누었으며, 양이 많은 순서대로 다루었다. 질량 기준으로 지구에는 암석이 압도적으로 가장 많고 다음이 물, 그리고 한참 적은 양의 대기가 있다. 각 부는 다시 세 개의 장으로 나뉘는데, 첫 번째 장은 지구의 가장 초기 생명체이자 가장 작은 생명체인 미생물이 어떻게 땅과 물과 대기의 층을 각각 바꾸고 있는지를 다루고, 두 번째 장은 그 이후에 나온 더 크고 복잡한 생명 형태(균류, 식물, 동물 등)가 어떻게 핵심적인 변모를 일으키는지에 초점을 맞추면서 이러한 변화가 그 앞에 있었던 변화에 어떻게 의존하는지 설명한다. 세 번째 장은 지구 역사에서 상대적으로 최근 시기에 우리 인간종이 지구를 얼마나 빠르게 변화시켰는지, 어떻게 하면 우리와 지구의 관계를 최선으로 바꿀 수 있을지 탐구한다.

이제 우리는 지각 아래로 깊이 들어가면서 이 여정을 시작할 것이다. 그리고 다시 지상으로 나와서 여러 대륙을 돌아다닐 것이고, 광대한 바다로 들어갔다가, 마지막으로 창공으로 올라가서 지상으로부터 9,600킬로미터가 넘는 높이까지 퍼져 있는 대기를 살펴볼 것이다. 그 과정에서 해저의 해초 숲을 가로지르며 헤엄칠 것이고, [과거 지질 시대를 본뜬] 실험적인 자연공원에서 동물들이 풍경을 재구성하는 모습을 볼 것이며, 나무 꼭대기와 구름의 중간 지점에 있는 초고층 관측탑에 올라갈 것이다. 우리의 살아 있는 집인 지구를 연구하고 보호하는 일에 평생을 바쳐온 과학자, 예술가, 발명가, 소방관, 동굴탐험가, 해변 쓰레기 수집가 등 매력적인 사람들도 만나볼 것이다. 우리는 지구의 45.4억 년 역사를 뒤돌아보며 결정적인 사건들을 살펴볼 것이고, 다시 앞을 보며 수많은 가능한 미래를 상상할 것이다. 그리고 우리는 아마존 우림 한복판부터 당신 뒤뜰의 토양까지 오늘날 지구의 모든 곳에 각인된 생명의 자취를 인정하고 감사하는 법을 배우게 될 것이다.

1부
암석

1장 지하의 존재들

지구의 피부에는 구멍이 가득하고 모든 구멍은 지구의 내부 세계로 들어가는 관문이다. 어떤 것은 곤충밖에 못 들어갈 만큼 작고 어떤 것은 코끼리도 너끈히 들어갈 수 있을 만큼 크다. 또 어떤 것은 작은 구덩이나 얕은 균열 정도로만 이어지고 어떤 것은 지구 깊은 곳에 있는 미답의 공간으로 이어진다. 우리 행성의 중심을 향해 여행하려는 인간들의 모든 시도에는 매우 구체적인 조건을 만족하는 통로가 필요하다. 충분히 넓어야 하는 것은 물론이고 지극히 깊어야 하며 그 길 내내 안정적이어야 한다. 그리고 이상적으로는 엘리베이터가 있으면 좋다.

북미 한복판에 그런 통로가 하나 있다. 그곳에 가면 폭이 약 0.8킬로미터에 깊이가 380미터나 되는 거대한 팽이 모양의 구덩이가 있는데, 나선형으로 고랑이 진 옆면이 현무암의 회색 띠, 석영의 우윳빛 혈맥, 창백한 유문암의 줄기, 반짝이는 금 등 젊은 암석과 오래된 암석의 모자이크를 드러낸다. 그리고 그 구덩이 아래에, 단단한 암석을 이리저리 뚫고 나 있는 약 600킬로미터 길이의 동굴이 있다. 깊이가 2.4킬로미터도 넘는다. 사우스다코타주의 리드에 있는 이곳은 126년 동안 북미에서 가장 크고 가장 깊고 가장 생산적인 금광이었다. 2000년대 초에 금광이 폐쇄될 때까지 이 '홈스테이크 금광Homestake Mine'은 90만 킬로그램 이상의 금을 생산했다.

2006년에 바릭 골드 코퍼레이션은 홈스테이크 금광을 사우스다코타주에 기증했고, 이후 이곳은 미국에서 가장 큰 지하 실험실이 되었다. 이름은 '샌포드 지하 연구 시설Sanford Underground Research Facility'이다. 금광 영업이 종료된 뒤 동굴에는 물이 차기 시작했다. 그래서 이 시설의 가장 낮은 쪽 절반은 여전히 물에 잠겨 있지만, 지하로 1.6킬로미터 정도까지 내려가는 것은 지금도 가능하다. 여기에 내려오는 과학자들은 대개 우주 광선의 간섭을 차폐해야 하는 매우 민감한 실험을 진행 중인 물리학자들이다. 이들은 머리까지 뒤집어쓰는 실험복을 입고 암흑 물질 탐지기가 있는 첨단 실험실에 들어가 스스로를 꽁꽁 봉인한 채 실험을 한다. 반면, 생물학자들은 이 지하 미로의 가장 습하고 더러운 장소를 찾아 멀리 돌아다닌다. 아직 알려지지 않은 생물이 금속을 뱉어내고 암석을 변모시키고 있는 장소를 찾아서 말이다.

살을 에는 듯이 추운 12월의 어느 아침, 나는 젊은 과학자 세 명과 샌포드 직원들을 따라 '우리cage'로 들어갔다. '우리'는 골격만 있는 금속 엘리베이터로, 우리를 지하 1.5킬로미터 지점까지 데려가 줄 터였다. 우리는 야광 안전조끼를 입고 앞코가 강철로 대어진 장화를 신었으며 머리에는 안전모를 쓰고 허리띠에는 화재나 폭발 시에 일산화탄소 중독에서 우리를 보호해줄 개인용 호흡기를 매달고 있었다. '우리'는 매우 빠르면서도 놀랍도록 부드럽게 아래로 내려갔다. '우리'의 듬성듬성한 프레임 사이로 금광의 많은 층이 보였다. 케이블이 풀리는 소리와 엘리베이터가 "슉슉" 하고 내려가는 소리에 묻혀 우리의 이야기와 웃음소리는 겨우겨우 들렸다. 안전하게 통제된 상태로 10분 정도 급강하를 한 뒤 우리는 연구 시설의 바닥에 도착했다.

전에 이 금광의 광부였던 가이드 두 명이 우리를 서로 연결된

한 쌍의 미니 열차 차량으로 안내했다. 가이드가 모는 이 차량을 타고 일련의 좁은 동굴들을 따라 이동할 참이었다. 육중한 금속 사슬이 덜컹거리는 소리를 내며 차량이 거칠게 출발했다. 안전모의 램프가 구부러진 벽면을 비추자 어두운 돌벽에 수정의 줄무늬와 점점이 박힌 은이 희미하게 보였다. 발아래로는 옛 철로가 드문드문 번쩍였고 얕은 물웅덩이와 돌 무더기들이 눈에 들어왔다. 지하 깊은 곳이라는 것은 알고 있었지만 동굴들이 시야를 가려서 바위를 뚫고 나 있는 좁은 통로밖에 보이지 않았다. 동굴의 천장을 올려다보노라니 우리 머리 위에 있는 지각 전체를 다 볼 수 있다면 어떤 느낌일지 문득 궁금해졌다. 엠파이어스테이트 빌딩보다 세 배나 높은 암석이 우리 위에 있었다. 그 전체를 한눈에 볼 수 있다면, 절벽에서 아래를 볼 때 느껴지는 높이감과 비슷하게 아찔한 '깊이감'이 느껴질까? 갑자기 현기증이 와서 얼른 시선을 곧장 앞으로 돌렸다.

우리는 20분 동안 '우리' 근처의 비교적 시원하고 환기가 잘 되는 구역에서 점점 더 덥고 습한 곳으로 이동했다. 지상 세계는 눈이 오는 영하의 날씨였지만 약 1.6킬로미터 아래, 지열의 원천과 더 가까운 이곳 지하 세계는 온도가 약 32도에 습도는 거의 100퍼센트였다. 열기가 주변의 암석을 들썩이며 맥동하는 것 같았고 공기는 텁텁하고 무거웠다. 콧구멍으로는 유황 냄새가 스멀스멀 들어왔다. 지옥의 로비에 들어선 것 같았다.

이윽고 열차 차량이 멈추었다. 우리는 차량에서 내려 암석에 툭 튀어나와 있는 커다란 플라스틱 수도꼭지까지 짧은 거리를 걸어갔다. 수도꼭지가 달린 벽면에서 진주 같은 물방울이 떨어져 작은 물줄기와 웅덩이를 만들고 있었다. 이 물에서 새어 나오는 황화수소가 냄새의 주범이었다. 무릎으로 앉아 자세히 보니 삶은 달걀 속껍질 같은 가느다랗고 하얀 물질이 가득했다. 지질생물학자 케이틀린 케이서Caitlin Casar가 티오트릭스Thiothrix 속屬에 속하는 미생물이라고 알려주었다. 이 미생물은 서로 결합해 기다란 필라멘트를 형성하고 세포 안에 황을 저장하는데, 이것이 유령 같은 하얀 색조를 띠게 만든다. 우리는 인간의 개입이 없다면 빛도 없고 산소도 거의 없는 지하 깊은 곳에 있었다. 그런데도 이곳의 암석에서 말 그대로 생명이 뿜어져 나오고 있었다. 이 생태적 핫스팟은 '티오트릭스 폭포'라고 불린다.

내가 펜으로 그 미생물 필라멘트들을 살살 찔러보는 동안, 생물지질화학자 브리타니 크루거Brittany Kruger가 우리 앞에 있는 수도꼭지의 여러 밸브 중 하나를 열고 거기에서 나오는 물로 몇 가지 테스트를 하기 시작했다. 〈스타 트렉〉에 나오는 '트라이코더'[데이터 수집기]처럼 생긴 휴대용 장비에 물을 몇 방울 떨어뜨리기만 하면 물의 산성도, 온도, 들어 있는 이물질 등을 측정할 수 있다. 크루거는 어떤 미생물도 못 빠져나갈 만큼 지극히 미세한 구멍을 가진 필터를 밸브 중 하나에 끼워서 물속의 미생물을 채집했다. 그러는 동안 케이서와 환경엔지니어 파브리치오 사바Fabrizio Sabba는 수도꼭지에 연결된, 돌로 채워진 일련의 용기들을 살펴보았다. 나중에 실험실로 돌아가면 용기 안으로 흘러들어와 그곳의 완전히 깜깜하고 영양분도 없고 숨 쉴 대기도 없는 상태에서도 살아 있는 미생물이 혹시 있을지 알아보기 위해 내용물을 분석할 것이었다.

우리는 금광의 또 다른 층으로 가서 정강이까지 오는 물과 진흙을 헤치고 걸어갔다. 아래에 묻혀 있는 철로나 굴러다니는 돌에 걸려 넘어지지 않게 조심해야 했다. 땅과 벽을 장식하고 있는 섬세한 하얀 결정이 여기저기 보였다. 석고나 방해석일 거라고 과학자들이 말해주었다. 안전모 전등이 칠흑 같은 바위 터널을 정통으로 비추자 결정들이 별처럼 반짝였다. 이번에는 걸어서 20분을 갔더니 또 다른 바위에 달려 있는 커다란 수도꼭지가 나타났다. 이 동굴은 지하 800미터 깊이밖에 되지 않았고 환기가 더 잘 되어서 앞의 동굴보다 훨씬 시원했다. 수도꼭지 주위의 암석은 젖은 점토 같은 것으로 온통 얼룩져 있었다. 색은 연어색에서 붉은 벽돌색까지 다양했다. 케이서는 이것도 미생물의 작품이라고 말했다. 이 경우에는 갈리오넬라Gallionella 속에 속하는 미생물로, 철분이 많은 물에서 잘 살고 꼬인 금속 철탑같이 생긴 것을 배출한다. 나는 케이서가 시킨대로 수도꼭지에서 나오는 물을 유리병에 받고 미생물이 많은 진흙을 플라스틱 튜브로 푹 퍼담은 뒤 나중에 분석할 때까지 보존하기 위해 둘 다 쿨러에 넣었다.

크루거와 케이서는 적어도 한 해에 두 번씩 몇 년째 옛 홈스테이크 금광에 오고 있는데, 올 때마다 수수께끼 같은 미생물들을 마주쳤다. 실험실에서는 성공적으로 자란 적이 없고 아직 이름도 없는 종들이었다. 이들의 작업은 노스웨스턴 대학교 교수이자 상대적으로 신생 학문인 지질미생물학 분야의 저명한 학자 막달레나 오즈번Magdalena Osburn이 공동 리더로 이끄는 팀이 진행하는 연구의 일환이었다.

오즈번과 동료 연구자들은 오랜 가정과 달리 지구 내부가 생명 없이 황량하지 않다는 사실을 드러냈다. 오히려 지구의 미생물 중 다수가, 어쩌면 90퍼센트 이상이 깊은 지하에 살고 있을지 모른다. 지구 내부의 미생물은 지표 위의 미생물과 상당히 다르다. 지하 미생물은 더 고대의 생명이고, 더 느리며, 재생산을 덜 자주 하고 어쩌면 수백만 년을 산다. 에너지도 종종 일반적이지 않은 방법으로 얻는다. 말하자면, 산소가 아니라 암석을 호흡한다. 그리고 지하 미생물들은 다른 대부분의 생물은 절멸할 정도의 지질학적 대격동을 견딜 수 있다. 하지만 대양과 대기에 사는 미생물처럼 지각 내부에 사는 미생물도 단순히 그 환경에 거주만 하는 것이 아니라 환경을 변모시킨다. 지하의 미생물은 거대한 동굴을 파고 막대한 양의 광물과 귀금속을 집적시키며 지구의 탄소와 양분 순환을 조절한다. 어쩌면 미생물이 대륙의 형성에도 일조했을지 모른다. 미생물이 말 그대로 지상의 다른 모든 생명을 위한 '토대'를 놓은 것이다.

우리가 지구라고 부르는 살아 있는 암석의 이야기는 영구적인 탈바꿈의 이야기다. 인간종이 알고 있는 세상은 순차적으로 나타난 이 행성의 확연히 구별되는 여러 정체성 중 하나일 뿐이다. 지구의 옛 버전들 상당수는 인간은 물론이고 (아주 원시부터 존재했던 미생물을 제외하면) 거의 어느 생명체에게도 거주 가능한 곳이 아니었고, 어느 생명체도 지구인 줄 알아보지 못할 것이다.

처음 형성되었을 때의 지구는 끓고 있는 액체 암석 덩어리였다. 너무 작고 뜨겁고 변동성이 커서, 대양의 물을 담고 있기도 대기를 오래 유지하기도 어려웠다. 초기의 대기가 무엇이었건, 얼마만큼이나 존재했건 간에, 약 45억 년 전에 작은 형제 행성 중 하나와 폭력적으로 충돌하면서 사라졌을 것이다. 이 영향은 막대한 암석 잔해들의 장을 만들었고 차차로 그중 일부가 뭉쳐서 달이 되었을 것이다. 이후 1억 년 동안 뜨거운 액체이던 표면이 식어 지각이 형성되고 수증기와 이산화탄소, 질소, 메탄, 암모니아 등의 기체를 밖으로 내뿜었을 것이다. 지속적인 화산 활동으로 지구를 감싼 기체들의 망토가 점점 더 두꺼워졌을 것이다. 그리고 운석과 혜성이 계속해서 지구에 충돌하면서 더 많은 수증기, 이산화탄소, 질소를 지구로 실어왔을 것이다.

지구의 내부에서 풀려난 기체와 우주를 돌아다니는 암석들이 공급한 기체가 모두 함께 어우러져 새로운 대기를 창조했다. 또한, 막대한 양의 수증기가 구름으로 응결되었고 장대비가 되어 다시 지표로 떨어졌다. 이는 아마 수천 년간 계속되었을 것이다. 그리고 40억 년 전쯤이면, 혹은 어쩌면 이보다 일찍, 새로 생긴 지각 위에 물이 고이기 시작해 지구 전체에 걸쳐 얕은 대양이 생겼고 화산활동으로 작은 땅들이 곰보 자국처럼 물 위로 드문드문 튀어나와 있었을 것이며, 그 땅들이 점차로 커지면서 최초의 대륙이 되었을 것이다.

지구의 초창기 역사가 대체로 그렇듯이, 정확히 언제 어디서 지구가 최초의 생명을 만들어내었는지를 분명하게 알 수는 없다. 지구가 탄생하고 얼마 지나지 않은 어느 시점에 딱 맞는 화학조성과 자유에너지의 흐름이 존재하는 따뜻하고 물이 있는 장소(온천, [운석 등의] 충돌 분화구, 대양저大洋底의 열수구熱水口 등)

에서 지구의 일부가 스스로를 재배열해 최초로 자기 복제를 하는 실체를 형성했을 것이고 점차로 이것이 세포로 진화했을 것이다. 가장 오래된 암석의 화학적 분석과 화석 기록에 따르면, 미생물은 적어도 35억 년 전부터 존재했고 어쩌면 더 이른 42억 년 전부터 존재했을 수도 있다.

오늘날 깊은 지하에 사는 특이한 미생물들은 모든 살아 있는 생명체 중 지구에 제일 이르게 출현했던 몇몇 단세포 생물과 가장 많이 닮았을 가능성이 크다. 전체적으로 지하 미생물은 생물량biomass(지구상의 모든 살아 있는 생물의 질량)의 10~20퍼센트를 차지하는 것으로 추산된다. 하지만 20세기 중반이 되기 전까지는 대부분의 과학자가 1~2미터보다 더 깊은 지하에서는 생명이 존재할 수 없다고 생각했다.

인간은 아주 오래 전 동굴을 탐험하고 동굴에 거주하기 시작하면서부터 비교적 지표에 가까운, 그리고 가장 가시적인 지하 미생물들을 틀림없이 접했을 것이다. 하지만 지하 미생물을 보았다는 기록이 남아 있는 가장 이른 때는 많이 올라가도 1600년대다. 1684년에 자연학자 요한 바이하르트 폰 발바소르Janez Vajkard Valvasor가 슬로베니아 중부 지역을 돌아다니면서 류블랴나 근처에 있다는 신비한 샘에 관한 소문의 진위를 조사했다. 소문의 내용인즉, 그 샘에 용이 산다는 것이었다. 현지 사람들은 용이 몸을 움직일 때마다 그 샘에서 물이 솟아오른다고 믿었다. 또한 폭우가 오고 나면 물에 쓸려 나온 새끼 용을 근처 바위에서 볼 수 있는데, 새끼 용은 주둥이가 뭉툭하고 근육질의 날씬한 몸을 가졌으며 목에는 주름이 있고 거의 투명한 분홍 피부를 가졌다고 했다. 이러한 정보들을 바탕으로 발바소르는 "도마뱀과 유사한 벌레 또는 해충이 이 지역에 많이 돌아다닌다"고 적었다. 자연학자들이 석회암 동굴을 흐르는 지하의 물에서만 사는 이 수중 도롱뇽의 존재를 공식적으로 확인한 것은 그로부터 다시 한 세기가 더 지나서였다. 이 생물은 '동굴도롱뇽붙이'라고 불린다.

1793년에는 알렉산더 폰 훔볼트가 그의 초기 과학 연구를 책으로 출간했다. 독일 작센 근처의 광산에 사는 균류, 이끼, 조류藻類에 대한 책이었다. 그리고 약 40년 뒤인 1831년에 동굴 가이드이자 가로등 점등원인 루카 체치Luka Čeč가 슬로베니아 남서부의 동굴 사이를 돌아다니는 구릿빛의 작은 딱정벌레들을 발견했다. 통통한 복부와 좁은 머리, 가는 다리를 가진 것이 개미와 비슷한 모습이었고 크기는 1센티미터도 되지 않았다. 곤충학자 페르디난드 슈미트Ferdinand Schmidt는 이 딱정벌레가 전에 알려지지 않았던 종이며 지하 생활에 적응한 종임을 알아냈다. 날개와 눈이 없고, 눈 대신 털이 많은 기다란 촉수를 통해 주변을 인지했다. 이 발견에 대한 소식은 일련의 과학적 탐사를 촉발했다. 1832~1884년에 자연학자들은 다양한 종류의 귀뚜라미, 게벌레, 쥐며느리, 거미, 노래기, 지네, 달팽이 등을 아울러 과학계에 아직 알려지지 않았던 수많은 동굴 서식종을 발견했다.

하지만 지하 깊은 곳에 생명이 정말로 얼마나 풍부하게 존재하는지를 과학자들이 알아차리기 시작한 시기는 20세기 초다. 1910년경 메탄의 출처를 알아내려고 탄광을 조사하던 독일의 미생물학자들이 지하 약 1킬로미터 깊이에서 채취한 석탄 표본에서 박테리아를 발견했다. 1911년에는 러시아 과학자 V. L. 오멜리안스키V. L. Omelianski가 영구동토대에서 발굴된 매머드 곁에서 언 땅에 보존되어 살아 있는 박테리아를 발견했다. 얼마 뒤에는 캘리포니아 주립 대학교 버클리 캠퍼스의 토양미생물학자 찰스 B. 리프먼Charles B. Lipman이 펜실베이니아주의 한 광산에서 채취한 석탄 더미에 갇혀 있던 고대의 박테리아 포자를 되살렸다고 발표했다.

이러한 초창기 연구들이 감질나게 관심을 북돋우긴 했지만, 대부분의 과학자들은 깊은 지하에 미생물이 아주 많이 존재한다는 증거가 된다고는 보지 않았다. 지표의 미생물이 지하에서 채취한 표본을 오염시켰을지도 모르기 때문이다. 하지만 이후 몇십 년 동안 아시아, 유럽, 아메리카 각지의 광산이나 시추 지점에서 채취한 암석과 물에서 계속해서 미생물이 발견되었다. 소련 생물학자들은 '지질학적 미생물학'이라는 말까지 사용하기 시작했다. 1980년대 무렵이면 과학계의 태도가 상당히 달라져 있었다. 대수층帶水層(암반에 지하수를 담고 있는 층)에 대한 연구들은 박테리아가 수백 미터 깊이에서도 살아 있으면서 지하수의 화학조성을 바꾸고 있을 가능성을 시사했다. 미국 에너지부DOE는 지하수의 오염을 모니터링하고 미생물이 오염 물질을 거르는 데 도움이 될지 알아보기 위해 '지하 과학 프로그램 Subsurface Science Program'을 시작했다. 프로그램 책임자 프랭크 J. 워버Frank J. Wobber와 동료들은 지표의 미생물이 지하에서 채취한 표본에 섞이는 것을 막기 위해 드릴 날과 암석 코어를 살균하고 지각에 스며드는 물의 움직임을 추적하는 등 더욱 엄정한 실험 방법을 개발했다.

이 연구 및 비슷한 일련의 연구들의 결과, 지하 생물권의 존재 가능성을 주창했던 소수 학자들도 그 규모를 너무 작게 잡고 있었음이 드러났다. 대륙지각 아래든, 대양저 아래든, 남극 빙하 아래든, 과학자들은 모든 곳에서 아직 알려지지 않은 미생물 수천 종이 포함된 고유한 지하 미생물 군집을 발견했다. 때로는 미생물이 존재하는 것은 분명하지만 하지만 지극히 희박하게 퍼져 있는 곳도 있었다. 미생물이 1세제곱센티미터당 하나밖에 없는 곳도 있었는데, 이는 어느 나라에 사람이 650킬로미터마다 한 명씩 있는 것이나 마찬가지다. 지하 세계는 실재했지만 그곳의 거주자들은 어느 누가 상상했던 것보다도 훨씬 더 작고 낯설었다.

1990년대에 코넬의 천체물리학자 토머스 골드Thomas Gold는 지하의 미생물 세계에 대해 일련의 도발적인 주장을 발표했다. 골드는 지각 전체에 걸쳐 그 아래 암석에 물기가 스며든 구멍에는 빛과 산소가 아니라 메탄, 수소, 금속으로 양분을 얻는 미생물 유기체가 있다고 주장했다. 아직 3킬로미터보다 더 깊은 지하에서는 과학자들이 미생물을 발견하지 못했지만 골드는 더 깊은 곳에도, 어쩌면 약 10킬로미터 깊이에도 미생물이 존재할 수 있다고 보았다. 그리고 지하의 생물량이 지상의 생물량보다 많거나 적어도 엇비슷할 것이라고 주장했다. 그는 또한 지구의 모든 생명이, 혹은 적어도 생명의 나무의 일부 가지가 지하에서 기원했을 가능성이 있다고 보았다. 나아가 다른 행성과 달에도 지하 생태계가 존재할 수 있으며, 지구의 지하 깊은 곳에 사는 미생물은 지표 위의 우여곡절에서 보호되었으므로 우주 전체에서 가장 보편적인 생명 형태일 수 있다고 주장했다.

부분적으로는 골드의 비전으로 동기부여되어, 2000년대 초 무렵이면 많은 과학자가 지표면 아래로 더 깊이 들어갈 수 있는 새로운 방법들을 개발하고 있었다. 광산이 특히 전망 있어 보였다. 추가적인 굴착이나 인프라 건설을 많이 하지 않고도 지하 깊이 접근할 수 있기 때문이다. 프린스턴 대학교 지질학 교수 툴리스 온스토트Tullis Onstott와 동료 연구자들은 남아프리카의 깊은 금광에 가서 거의 지하 3킬로미터 지점의 지하수 표본을 채취했다. 그리고 가장 깊은 지점들에서 채취한 몇몇 표본에서 새로운 종 하나를 발견했다. 바게트처럼 생긴 몸통에 채찍 같은 꼬리가 달린 박테리아로, 약 60도까지 견딜 수 있고 태양빛은 들지 않지만 우라늄은 풍부한 이곳에서 우라늄이 방사성 붕괴를 할 때 나오는 화학물질 부산물에서 에너지를 얻는다.

온스토트의 연구팀은 쥘 베른Jules Verne의 《지구 속 여행》에 나오는 구절인 "내려가라, 대담한 여행자들이여. 그러면 지구의 중심에 다다를 것이다*descende, Audax viator, et terrestre centrum attinges*"에서 ['대담한 여행자들'에 해당하는 구절을] 따와서 이름을 'D. 아우닥스비아토르D. audaxviator'라고 지었다. 이 미생물이 살고 있는 물은 적어도 수천만 년 동안 외부의 교란을 거의 받지 않았다. 이는 지구 내부에 사는 이 대담한 여행자들이 적어도 그만큼 오래 존재했을 가능성을 시사한다. 온스토트는 저서 《깊은 생명Deep Life》에서 이렇게 언급했다. "일반적으로 우리는 암석이 생명을 품고 있다고 생각하지 않는다. 나는 지질학자이고, 대부분의 지질학자처럼 암석은 무생물이라고 생각해 왔다." 하지만 지질생물학자로서는 이제 모든 암석이 그 자신에게 펼쳐진 미생물들로 구성된 작은 세계라고 보며 "그 미생물 중 일부는 수억 년 전 그 암석이 처음 형성되었을 때부터 존재했을 수도 있다고 생각한다"고 덧붙였다.

몇몇 지하 미생물 군집은 이보다도 더 오래되었다. 캐나다 온타리오주의 키드 크릭 광산Kidd Creek Mine은 세상에서 가장 크고 깊은 광산에 속한다. 지하로 약 3킬로미터까지 들어가며, 약 30억 년 전에 대양저에서 형성된 구리, 은, 아연 등의 광맥이 풍부하다. 2013년에 토론토 대학교 지질학자 바바라 셔우드 롤러Barbara Sherwood Lollar는 키드 크릭 광산의 물 중 일부는 10억 년 이상 지표로부터 격리되어 외부의 무엇과도 접촉하지 않은 상태일 가능성이 있다는 연구 결과를 발표했다. 지구에서 발견된 가장 오래된 물이라고 할 수 있다. 철이 풍부한 이 물은 처음에 채취하면 투명하지만 산소에 노출되면 희미한 오렌지색을 띤다. 질감은 묽은 메이플 시럽 같고 현대의 해수보다 염분이 적어도 두 배 많다. 그리고 셔우드 롤러의 미각적 판단으로는 "맛이 아주 끔찍하다." 2019년에 셔우드 롤러, 막달레나 오즈번, 그리고 몇몇 연구자들은 지하 몇백 미터 깊이의 암석 틈새로 흐르는 더 젊은 물에서 미생물이 발견된 것처럼, 키드 크릭 광산에 있는 몇 킬로미터 깊이의 10억 년 된 물에도 미생물이 살고 있다는 사실을 확인했다. 깊은 지하의 미생물 대부분이 그렇듯이, 키드 크릭 광산의 미생물도 방사성 에너지가 일으키는 암석과 물 사이의 화학반응 부산물에 의존해 생명을 유지한다. 이러한 미생물들 자체도 수억 년간 존재해 왔는지는 알려지지 않았지만, 있을 법한 일이다.

셔우드 롤러는 이렇게 말했다. "이 연구는 정말로 일종의 탐험이었습니다. 어떤 발견은 지구가 어떻게 작동하는지에 대해 교과서를 새로 쓰게 만들었어요. 이 연구 결과들은 지구의 거주 가능성에 대해 우리가 알았던 지식을 바꾸고 있습니다. 우리는 생명이 어디에서 기원했는지 모릅니다. 지상에서 발생해 아래로 내려갔는지, 지하에서 발생해 위로 올라왔는지 모릅니다. 이제까지는 다윈이 말한 '따뜻한 작은 연못'을 주로 생각했는데, 제 동료 온스토트가 즐겨 말하듯이 '따뜻한 작은 틈새'일 가능성도 적지 않습니다."

지구 내부로 약 3킬로미터나 깊이 들어간 곳에도 미생물만이 아닌 더 풍부한 생명이 있다. 남아프리카의 여러 금광을 탐사한 과학자들은 지표 아래 1~3킬로미터 깊이에서도 균류, 편충, 절지류, 그리고 윤충류라고 알려진 수중 미생물이 살고 있는 것을 발견했다. 2008년 12월에 온스토트의 동료인 벨기에 동물학자 게탄 보르고니Gaëtan Borgonie는 발바소르가 17세기에 묘사한 '해충'을 으스스하게 연상시키는 발견을 했다. 그는 남아프리카 공화국의 벨콤이라는 도시 근처에 있는 베아트릭스 금광Beatrix Gold Mine의 지하 약 1.3킬로미터 지점 시추공에서 채취한 물을 필터로 걸러 선충이라고 불리는 작고 동그란 벌레를 채집했다. 낮은 배율로 보았을 때는 박테리아보다 500배 정도 큰 약 0.5밀리미터 길이의 긴 벌레가 꼬물거리는 것으로 보였다. 더 높은 배율로 볼 수 있는 주사전자현미경으로 보니 치아 교정 장치와 감각 돌기들이 달린 얼굴을 한 살찐 거머리 같았다.

실험실 연구를 통해 보르고니는 이 선충이 더 일반적인 형태의 선충들이 즐겨 먹는 먹이보다 지하 미생물을 더 선호한다는 것을 발견했다. 이 선충은 차차로 12개의 알을 낳았고 모두 부화해서 새로운 개체군 하나가 형성되었다. 이 선충의 조상은 지하에서 기원했다기보다 지상에서 비에 쓸려 지하로 내려간 것이 거의 확실하다. 그렇더라도, 이들은 명백하게 지하 생활에 적응했다. 보르고니, 온스토트, 그리고 그들의 동료인 데릭 리트하우어Derek Litthauer는 이 새로운 종의 이름을 할리스파로부스 메피스토Halicephalobus mephisto라고 붙였다. 《파우스트》에 나오는 악마의 대리인 메피스토펠레스의 이름을 딴 것이다. 이 선충의 발견은 지금까지도 생물학의 역사에서 가장 놀라운 발견에 속한다. 지각 아래 그렇게 깊은 곳에 있는 소량의 물에서 이 정도로 크고 복잡한 다세포 생물을 발견한 것은, 온스토트의 말을 빌리면 "온타리오호에서 헤엄치는 모비딕을 발견한 것"과 마찬가지였다.

노스웨스턴 대학교에 있는 막달레나 오즈번의 연구실 선반에는 암석이 가득했다. 하나하나가 다 이야기가 새겨진 화석이나 마찬가지였다. 연구실에서 오즈번은 아직 흐르는 용암이었을 때 막대기로 떠서 채취한 하와이 현무암, 아칸소주 핫스프링스의 어느 틈새에서 끄집어낸 거대한 석영 결정, 캐나다의 한 광산을 돌아다니다가 작업복 주머니에 쑤셔 넣어 가져온 자황철석 등을 보여주었다. 책상 가까이에는 잔물결 무늬가 진 5억 8,000만 년 전의 미생물 매트와 우윳빛의 푸르스름한 광물 스미소나이트가 있었다. 막달레나가 뉴멕시코주의 도시 막달레나에서 채취한 표본이다. 그는 연구실의 다른 쪽 구석에서 깨를 뭉친 과자 같은 질감의 오렌지색 돌을 내게 건네면서 "어란석 입자"라고 알려주었다. "해양 탄산염 눈깔사탕이라고나 할까요? 바하마에 가서 모래톱을 돌아다녀 본 적이 있으시다면, 거기 있는 것이 대체로 어란석이에요." 이어서 그는 커다란 회색의 각섬암 덩어리를 집어 들고 이렇게 말했다. "이 돌 때문에 죽을뻔했어요. 학부 때 현장 답사를 나갔는데 돌 사태가 우리 캠프를 덮쳤거든요. 정말로 이 돌이 제 텐트를 뚫고 들어왔어요." 내가 물었다. "아슬아슬하게 옆에 떨어진 건가요?" 그러자 오즈번이 대답했다. "아뇨, 저는 미친듯이 다른 방향으로 달렸어요. 그리고 텐트로 돌아와 보니 돌이 거기 있더라고요. 이게 그 죽음의 돌이죠."

암석과 그것이 담고 있는 이야기는 어린 시절부터도 오즈번의 인생에서 굉장히 중요했다. 오즈번의 아버지는 세인트루이스 소재 워싱턴 대학교 지구행성과학과의 실험실 관리자였다. 오즈번은 종종 아버지와 함께 대학의 현장 답사팀을 따라가서 바닷가의 절벽, 협곡, 수십억 년 된 용암석, 거대한 빙하가 가져다 놓은 바위, 그밖에 미주리주의 지질학적 특징들을 접했다. "늘 워싱턴 대학생들 한 무리와 일곱 살쯤 된 저, 이렇게 함께였어요. 그리고 저는 늘 절벽에 너무 가까이 가거나 너무 높이 올라가거나 머리를 쑥 내밀거나 하는 개구쟁이였지요." 한번은 돌에 손이 찢어져 피가 철철 나기 시작했다. 대학생들이 당황해 어쩔 줄 모르는 동안 오즈번은 대수롭지 않게 아빠에게 슬렁슬렁 걸어가서 붕대를 달라고 말했다고 한다.

그의 과학 연구에 지대한 영향을 미친 어린 시절 경험 중 많은 것이 지질학과 미생물학의 교차점에 있었다. 오즈번은 워싱던 대학교 학부 시절에 온천과 얕은 열수구를 연구했다. 둘 다 열기를 좋아하는 박테리아가 많이 사는 장소다. 캘리포니아 공과대학교에서 쓴 박사학위 논문에서는 고대의 암석에 대한 연구를 현대의 미생물이 자신의 환경에 남겨놓는 화학 자국에 대한 혁신적인 분석과 결합했다. 장차 미생물이 지구의 역사 내내 어떻게 지구를 변모시켜 왔는지에 대한 새로운 이해로 이어지게 될 연구였다.

서던 캘리포니아 대학교에서 박사후연구원으로 일하면서 오즈번은 미 항공우주국NASA이 자금을 대는 연구에서 지하 생물 연구팀의 핵심 연구원이 되었고, 과거 홈스테이크 금광이었던 곳에 처음으로 가보게 되었다. 예전에 광부들이 고품질 광맥을 찾기 위해 탐사용 시추공을 여럿 뚫었는데 그중 일부가 지하에 물이 고여 있는 위치를 건드렸다. 광부들은 분석을 하기 위해 샘플을 채취한 뒤 콘크리트로 시추공을 막았다. 하지만 어떤 곳에서는 계속해서 물이 새어 나왔다. 오즈번의 팀은 그렇게 물이 새는 지점 중 몇 군데에서 미생물을 발견했고, 광부들에게 시추공을 막은 콘크리트를 제거해달라고 부탁했다. 광부들이 다이아몬드날이 장착된 산업용 드릴로 콘크리트를 제거했고, 오즈번은 주기적으로 와서 새 표본을 채취할 수 있도록 그 자리에 밸브가 달린 플라스틱 관을 끼웠다. 이렇게 해서 지하의 관측소가 생겼다.

오즈번의 연구실에서 감탄하며 암석들을 구경한 뒤, 나는 오즈번과 함께 그의 미생물학 실험실까지 걸어서 이동했다. 오즈번은 채취한 물, 침전물, 미생물 등 다양한 장소에서 가져온 것들을 이 실험실에 보관한다. 오즈번과 케이서가 광산에서 채취한 물을 유리판에 문질러서 현미경 슬라이드를 몇 개 준비했다. 오즈번은 뿔테 안경을 벗고 구불구불한 갈색 머리를 방해가 되지 않도록 뒤로 묶은 다음 현미경 앞에 앉아 여러 개의 손잡이를 조정하며 초점을 맞추었다. "배배 꼬여 있는 줄기를 가진 갈리오넬라를 보시게 될 거예요." 오즈번이 말했다. 1,000배 배율로 보니 오렌지 마멀레이드와 캐비아를 아무렇게나 발라놓은 것처럼 생긴 미생물들이 보였다. 현미경에 연결된 컴퓨터 스크린으로 보면 오즈번이 말한 배배 꼬인 줄기가 더 잘 보였다. 철 성분으로 된 필라멘트가 뒤틀려 있는 것인데, 어떤 것은 코르크 따개처럼 생겼고 어떤 것은 느슨하게 땋은 매듭처럼 보였다. 이 미생물의 독특한 신진대사에서 나오는 부산물이었다. 몇 분 뒤에 우리는 다른 슬라이드를 넣어서 티오트릭스를 보았다. 노란 반짝이 조각이 달린 흰색의 싸구려 보석처럼 보였다. 미생물이 황 원소를 하나의 분자 상태에서 또 하나의 분자 상태로 전환하면서 자신의 세포 속에 저장해 놓은 황 화합물의 밝은 색 점을 볼 수 있었다.

무언가가 움직이는 것 같길래 오즈번에게 그게 뭐냐고 물어봤다. 오즈번이 말했다. "이건 꽤 오래된 생물막 표본이에요. 그래서 뭐가 많이 있지는 않을 거라고 생각… 아!" 그 순간 작은 점이 점핑빈처럼 스크린을 확 지나갔다. "그게 죽었다고 막 말하려던 참이었는데, 여기 작고 행복한 세포가 있네요." 우리가 보고 있는 표본은 몇 년 전에 채취한 것이었다. 세포를 배양할 의도는 아니었기 때문에 특별히 관심을 갖고 관리하지는 않았다고 한다. 그런데도 지구의 가장 깊은 혈관에서 가져온 이 약간의 암석과 물이 여전히 생명으로 약동하고 있었다.

수백 년 동안 뉴멕시코 과달루페산에 있는 레추기야 동굴Lechuguilla Cave은 끝이 막힌 긴 통로 정도로 보였다. 때때로 탐험가들이 안으로 들어가는 모험을 시도했고, 자원 탐사를 하는 사람들도 꾸준히 와서 비료로 인기가 좋은 박쥐 구아노[배설물이 퇴적되어 딱딱하게 응고된 것]를 채취했다. 하지만 그 외에는 아무도 관심을 가지지 않았다. 그런데 1950년의 어느 화창한 날에, 동굴을 탐험하던 사람들이 동굴 바닥의 자갈들 사이로 바람이 훅 불어오는 것을 느꼈다. 숨은 공간이 있다는 의미였다. 1970년대와 1980년대에 몇 차례의 발굴 작업이 있었고 몇몇 긴 통로가 드러났다. 이어 추가적인 탐사를 통해 깊이가 약 500미터나 내려가고 총 길이가 230킬로미터가 넘는 지하의 지형이 모습을 드러냈다. 이 동굴과 방들은 눈 결정 같은 석고의 거대한 샹들리에, 레몬색 황 결정의 종유석, 진주 같은 수능고토석 덩어리, 뾰족뾰족하게 창처럼 솟은 투명석고 결정, 터키석색 연못에 떠다니는 백합꽃 같은 방해석 등 기이하고 아름다운 형성물로 장식되어 있었다.

1990년대 초에 미생물학자 페니 보스턴Penny Boston은 내셔널 지오그래픽 TV를 보다가 레추기야 동굴에 대해 알게 되었고, 지하에 원초의 이상한 나라가 있다는 생각에 완전히 매료되었다. TV 프로그램에 나온 과학자 중 한 명인 킴 커닝엄Kim Cunningham은 그 동굴에 미생물이 존재한다는 몇몇 일차적인 증거를 발견한 사람이었다. 보스턴은 지구 이외의 장소에 생명이 존재할 가능성에 관심이 많았는데, 레추기야가 다른 행성에 있을지 모르는 지하 서식지의 거울일 수 있으리라는 생각이 들었다. 보스턴은 커닝엄에게 연락을 취했고 과학자 및 동굴 탐험가들로 구성된 팀을 꾸려 그곳에 가보기로 했다.

동굴 탐험 경험이 많지 않은 보스턴과 과학자들은 레추기야 동굴로 뛰어들기 전에 콜로라도주 볼더에서 몇 시간 동안 암벽 등반 훈련을 받았다. 하지만 짧은 훈련으로는 결코 충분할 수가 없었다. 레추기야 동굴은 그냥 걸어 다닐 수 있는 통로들이 연결된 것이 아니라, 암석의 종잡을 수 없는 공간들 속으로 이어지는 광물 결정들의 거대하고 복잡한 미로다. 그곳을 둘러보기 위해 보스턴과 동료들은 가파른 절벽을 암벽 강하하듯 내려가고, 석고의 미끄러운 경사면을 기어서 올라가고, 좁은 바위 통로 위를 아슬아슬하게 건너가고, 벌집같은 비좁은 동굴을 네발로 기어가야 했다. 성가신 장비들을 내내 짊어지고 말이다. "우리는 아주 기본적인 대처밖에 할 수 없는, 정말로 낯선 외계의 환경에 있었어요. 살아서 나가야 할 텐데, 라고 계속 생각했죠." 보스턴은 이렇게 회상했다.

그들은 살아서 나왔다. 하지만 부상이 없지는 않았다. 보스턴은 발목을 접질렀다. 깊이 갈라진 틈에 정강이를 세게 부딪쳐 다리와 발이 퉁퉁 부어오르기도 했다. 그래도 계속 가야 했다. 동굴을 나오기 얼마 전에는 천장이 낮은 어느 구역에서 녹슨 듯한 색의, 흥미로워 보이는 보풀이 눈에 들어왔다. 보풀 일부를 긁어 채취용 봉투에 담으려는 순간 일부가 눈에 들어갔고 금세 눈이 감염된 것처럼 부어올라 떠지지 않았다. 보스턴은 그 갈색 솜털이 미생물의 작품일 것이라고 생각했다. 어쩌면 **그것 자체가** 미생물인지도 몰랐다. 이후의 실험실 연구에서 보스턴의 생각이 맞았음이 확인되었다. 즉 이 동굴에는 바위를 갉아먹는 미생물이 아주 많았다. 이들은 바위를 갉아먹고, 철과 망간에서 에너지를 얻은 뒤, 부드러운 광물 잔해를 배설했다. 지하 300미터도 넘는 깊이에서 미생물들이 바위를 흙으로 바꾸고 있었다.

여러 해 동안의 연구를 통해 보스턴과 동료 과학자들(다이애나 노섭Diana Northup, 캐롤 힐Carol Hill, 제니퍼 매칼레이디Jennifer Macalady 등)은 레추기야 동굴의 미생물들이 약간의 흙을 배설하는 정도가 아니라 훨씬 더 많은 일을 하고 있다는 사실을 밝혀냈다. 레추기야 동굴은 두터운 석회암층에 있고 여기에는 2억 5,000만 년 전 산호의 잔해가 화석화되어 있다. 대개 동굴의 방은 빗물이 땅속으로 스며들어 석회암을 녹이면서 생긴다. 하지만 레추기야에서는 방을 조각한 조각가가 미생물이다. 땅속에 매장된 기름을 먹는 박테리아가 황화수소 기체를 내놓고 이것이 지하수 속의 산소와 반응해 황산을 만드는데, 이 황산이 석회암을 부식시킨다. 그와 함께, 또 다른 미생물들이 황화수소를 소비하고 황산을 내놓는다. 비슷한 과정이 전 세계의 석회암 동굴 중 5~10퍼센트에서 벌어진다. 순전히 지질학적으로만 생성된 산과 기체를 통해서도 동굴이 형성될 수는 있지만, 미생물의 생물학적 작용은 이 과정을 증폭시켜서 더 큰 방들이 생길 수 있게 하고 그 과정의 속도도 더 빨라지게 한다.

보스턴이 레추기야 동굴에 처음 가본 이후로 세계 각지의 과학자들은 미생물이 사는 곳이면 어디에서나, 즉 지구상의 모든 곳에서, 미생물이 주변 지각을 변모시키고 있는 것을 발견했다. 콜로라도 대학교의 지질미생물학자 알렉시스 템플턴Alexis Templeton은 오만의 황량한 산골짜기를 규칙적으로 찾아간다. 이곳은 지각 변동으로 맨틀(지각 아래의 층)의 일부가 지표 가까이 밀려 올라온 곳이다. 템플턴과 동료 연구자들은 약 0.4킬로미터까지 길게 코어 채취용 구멍을 뚫어서 지표 가까이 올라온 맨틀에서 8,000만 년 전의 암석을 채취했다. 어떤 것은 고동색과 초록색의 줄무늬가 아름답게 그어져 있었다. 실험실 연구에서 템플턴은 이 표본들에 지각의 구성을 바꾸는 박테리아가 가득하다는 것을 발견했다. 이 박테리아들은 암석에 든 수소와 황을 먹고 황화수소를 내놓으며, '바보들의 금'이라고도 불리는 황철석과 비슷한 황 화합 광물질을 만들어낸다.

이와 비슷한 과정을 통해 미생물은 금, 은, 철, 구리, 납, 아연 등 지구의 여러 금속의 광맥을 형성했다. 지하의 미생물은 암석을 분해하면서 그 안의 금속들을 풀어놓는다. 미생물이 내놓는 화학물질 중 어떤 것, 가령 황화수소는 자유롭게 떠다니는 금속과 결합해 새로운 고체 화합물을 형성한다. 미생물이 만든 또 다른 분자들은 용해되는 금속들을 붙잡아서 그것들을 서로 결합한다. 또 어떤 미생물은 자신의 세포 안에 금속을 저장하고, 어떤 미생물은 금속의 얇은 막을 형성하는데 이것이 점점 더 많은 금속을 끌어당긴다. 이런 식으로 오랜 시간이 지나면 상당량의 광맥이 형성될 수 있다.

생명은, 특히 미생물은, 지구의 다양한 광물질을 벼려내는 데도 일조했다. 광물은 자연적으로 생성되는, 매우 조직화된 원자 구조를 가진 고체 무기질 화합물이다. 더 간단하게 말하자면, 매우 우아한 돌이다. 살아 있는 유기체처럼 광물도 과와 종으로 분류된다. 오늘날 지구에는 적어도 5,000개의 구별되는 광물종이 있다. 대부분 다이아몬드, 석영, 황옥, 흑연, 방해석 같은 결정이다. 하지만 초기 지구는 광물 다양성이 크지 않았다. 미생물이 오랜 시간에 걸쳐 초기 지구의 지각을 지속적으로 갉아먹고 녹이고 다시 고체로 만들면서 흔하지 않은 원소들을 옮기고 집적시켰다. 생명은 바위를 분해해 원소들을 재순환시키기 시작했고 '광화작용mineralization'이라는 완전히 새로운 화학적 과정을 일으켰다. 지구상에 존재하는 광물의 절반 이상이 산소가 풍부한 환경에서만 생성될 수 있는데, 이는 미생물, 해조류, 식물이 대양과 대기를 산성화하기 전에는 존재하지 않았던 환경이다.

지각 활동과 생명의 지속적인 작용이 합쳐져서 지구는 알려진 어떤 행성과도 비교가 되지 않는 광물 다양성을 갖게 되었다. 예를 들어 달, 화성, 금성의 경우 다 합해도 많아야 100~200종 정도밖에 안 될 정도로 광물 다양성이 빈약하다. 지구가 특유의 광물 다양성을 갖게 된 것은 단지 생명의 존재 덕분만이 아니라 생명의 독특함 덕분이기도 하다. 카네기연구소의 지구과학자 로버트 헤이즌Robert Hazen과 통계학자 그레테 히스태드Grethe Hystad는 두 개의 행성이 동일한 광물종을 보유할 가능성은 10의 322제곱분의 1이라고 계산했다. 지구와 비슷한 행성은 우주에 10의 25제곱 개 밖에 안 된다고 추정되므로, 지구와 정확히 같은 광물들을 가지고 있는 또 다른 행성은 존재하지 않을 것이 거의 확실하다. 헤이즌은 "지구 광물의 진화가 생물학적 진화에 매우 직접적으로 의존했다는 발견은 상당히 충격적인 일이었다"며 이렇게 설명했다. "10~20년 전의 견해를 근본적으로 바꾸어야 한다는 의미였기 때문인데요, 제가 광물학 박사과정생이었을 때만 해도 지도교수님이 절대 쓸 일이 없을 거라시며 생물학 수업을 듣지 말라고 하셨으니까요."

미생물은 땅에서만 지각을 변모시키는 것이 아니다. 이 과정은 대양저 아래에서도 일어난다. 어떤 지역에서는 해양지각에 사는 미생물이 황을 황산염으로 바꾼다. 황산염은 물에 녹기 때문에 바다에서 다른 생명체들이 접할 수 있는 영양분이 된다. 해양퇴적물은 지구상에서 가장 큰 메탄 저장고인데, 이중 80퍼센트가 미생물에 의해 생성된다. 이 메탄이 전부 대기 중에 풀려 나오면 열을 붙잡아두는 온실가스가 대기에 엄청나게 많아질 것이고 지구온난화를 막대하게 증폭시킬 것이다. 하지만 또 다른 일군의 미생물이 해양퇴적물에서 나오는 메탄을 수면까지 올라오기 전에 붙잡아 90퍼센트 이상을 재순환시킨다. 심해미생물 연구팀의 한 연구자는, 이를 통해 "지구의 기후와 온실기체 방출의 중요한 통제 기제 하나"가 만들어진다고 설명했다.

대륙 자체도 부분적으로는 미생물이 수행하는 '테라포밍'으로 만들어졌을 수 있다. 대륙이 어떻게 생겨났는지 정확히 아는 사람은 없지만, 해양지각에서 물이 빠지면서 대륙지각이 생겼으리라는 가설이 널리 받아들여지고 있다. 대륙지각을 구성하고 있는 화강암은 지구에만 풍부한 암석으로 알려져 있으며 우주의 다른 곳에서는 거의 발견되지 않는다. 이와 달리 해양지각을 구성하는 현무암은 우주에 흔한 암석이다. 검고 밀도가 높은 현무암에는 무거운 금속인 마그네슘과 철이 풍부한데, 철은 특히나 무거운 금속이다. 40억 년도 더 전에 지구의 가장 첫 해양지각이 나이가 들고 식으면서 자신이 떠 있었던 맨틀보다 무거워져 가라앉기 시작했다. 이 과정을 '섭입subduction'이라고 부른다. 맨틀 아래로 내려가는 해양지각과 그것을 덮고 있는 퇴적층이 안에 갇혀 있던 물을 내놓으면서 근처 맨틀의 녹는점을 낮추었다. 맨틀의 몇몇 성분이 녹아서 마그마가 되기 시작했고, 이것이 화산으로 분출해 나온 뒤 식어서 새로운 암석이 되었다.

이 과정은 오늘날에도 계속되고 있다. 하지만 지구의 맨 초창기에는 맨틀이 지금보다 훨씬 더 뜨거웠다. 맨틀은 가라앉는 해양지각을 눌러 물이 빠져나오게 했을 뿐 아니라 해양지각 자체를 녹이기도 했다. 이러한 혼합 마그마가 수면 위로 올라와서 식었을 때 새로운 종류의 암석인 화강암질 암석이 되었고, 여기에는 마그네슘과 철이 별로 없어서 현무암보다 밀도가 낮았다. 시간이 지나면서 화강암질 암석은 섭입을 통해 진짜 화강암으로 재순환되었다. 화강암이 현무암보다 밀도가 낮으므로 해양지각의 위에 쌓였고 차차로 두꺼워지면서 수면을 뚫고 올라와 초창기 대륙지각을 형성했다. 나중에 판 구조가 형성되면서 대륙의 원형이 뭉쳐 '소대륙'이 되었고 점차로 해수면 위로 충분히 올라온 거대한 육지가 되었다. 25억 년쯤 전에는 지구 표면의 약 3분의 1을 육지가 차지했다. 지구 표면 중 육지 비중은 해수면이 올라가고 내려가고 하면서 지구 역사 내내 등락이 있었다.

로버트 헤이즌과 그의 동료 연구자들을 포함해 몇몇 지구과학자들은 생물이 해양지각과 퇴적층이 섭입되고 화강암으로 바꾸는 과정을 촉진해 대륙을 만들어내는 데 기여했을 가능성을 연구해 왔다. 해양지각과 퇴적층에 물이 더 많이 포함되어 있으면 이 과정이 일어나기 더 쉬워진다. 아마도 지구가 젊었을 때 해양지각에 사는 미생물이 에너지와 양분을 얻기 위해 현무암을 산과 효소로 녹였을 것이고 그 과정에서 젖은 광물 점토를 부산물로 생성해 지각에 물기를 더했을 것이다. 더 물이 많이 든 지각은 더 많은 물을 맨틀로 보내서 맨틀과 지각 둘 다의 용융을 가속화했을 것이고 새로운 땅이 만들어지는 과정을 촉진했을 것이다.

지구물리학자 데니스 회닝Dennis Höning과 틸만 슈폰Tilman Spohn도 비슷한 아이디어를 발표했다. 그들은 해양지각과 퇴적층이 함께 가라앉을 때 퇴적층에 갇혀 있던 물이 먼저 빠져나오고 지각에 갇혀 있던 물은 일반적으로 더 깊은 곳에서 빠져나온다는 사실에 주목했다. 해양지각을 덮고 있는 퇴적층이 두터울수록 물이 맨틀 속으로 더 깊이 들어가고, 이는 궁극적으로 화강암 생성 과정을 촉진한다. 지구의 가장 초창기에 미생물이, 더 나중에는 균류와 식물이 지질학적 과정만으로 이루어질 수 있었을 속도보다 훨씬 빠르게 바위를 녹이고 분해해 깊은 해구에 쌓이는 퇴적물의 양을 늘렸을 것이다. 이는 섭입되는 해양지각을 더 두껍게 덮었을 것이고 더 많은 물이 맨틀에 들어가게 했을 것이며 궁극적으로 새로운 대륙의 생성을 촉진했을 것이다. 컴퓨터 모델의 시뮬레이션 결과들을 보건대, 생명이 진화하지 않았을 경우 대륙의 확장은 훨씬 느렸을 것이고 아마도 우리 행성은 약간의 섬이 있는 물의 세계였을 것이다. 지구는 지地없는 구球였을 것이다.

홈스테이크 금광에서 110킬로미터 정도 남쪽으로 가면 구불구불한 평원으로 둘러싸인 석회암층이 있고, 여기에 하트 모양의 구멍이 하나 있다. 때때로 그 구멍이 한숨을 쉬는 소리가 들린다. 영어로는 이 구멍을 '바람의 동굴Wind Cave'이라고 부르고, 라코타족 사람들은 숨 쉬는 땅이라는 뜻의 '마카 오니예Maka Oniye'라고 부른다. 라코타족은 이 구멍을 신성하게 여긴다. 이들은 이 금광과 구멍이 있는 고대의 산맥 지형인 '블랙힐스'를 어머니 지구의 자궁이라고 생각한다. 이 지역은 미국 정부와 라코타족 사이에 지속되고 있는 법적 분쟁의 핵심이기도 하다. 1868년에 라라미 조약Treaty of Fort Laramie이 체결되어 미국 정부가 블랙힐스 영토에 대한 라코타족의 소유권을 공식적으로 인정했고 백인 정착민들이 이 지역을 점유하지 못하게 했다. 하지만 1870년대에 군인과 자원 탐사자들이 블랙힐스 곳곳에 금이 있다는 소문이 사실임을 확인했고, 미국 정부는 조약을 깨고 이 땅을 장악했다.

라코타족은 마카 오니예에 지상의 세계와 영혼의 세계를 연결하는 관문이 숨어 있다고 믿는다. 옛날 옛적 그들의 조상은 이 영혼의 집에 살면서 창조주가 지표면을 거주 가능한 곳으로 바꿀 때까지 기다렸다고 한다. 이 이야기의 몇몇 버전에 따르면, 한 사기꾼 영령이 일군의 사람들을 꾀어 지표면이 미처 준비되기 전에 그 관문을 통해 지상으로 나오게 했다. 창조주는 그들을 들소로 바꾸어 벌을 내렸고 이들이 지구 최초의 들소가 되었다. 그리고 나중에 지상에 식물과 동물이 풍성해지자 영혼의 땅에 있던 나머지 사람들이 지상으로 나와 번성했다.

지하 세계는 전 세계의 종교와 문학에 등장한다. 그리스 신화의 하데스, 힌두의 파탈라, 이누이트족의 아들리분, 아즈텍의 믹틀란, 기독교의 지옥이 있고, 수천 개의 전설과 설화와 소설이 시초의 땅에 대해, 공상의 야수에 대해, 마법의 존재에 대해, 그리고 지하에 존재하는 더 발달한 문명에 대해 이야기한다. 아메리카에서는 창세 신화로 '잠수 신화earth-diver' 모티프가 흔히 발견된다. 이 신화에서는 창조주, 또는 영웅, 또는 모든 존재들이 모인 회합이 어떤 동물(비버, 새, 갑각류 등)에게 원시의 물 속으로 들어가 대륙을 만들 약간의 흙을 가져오도록 요청한다. 북미 남동부의 유폴라족 버전의 이야기는 "지구는 모두 물이었다"는 말로 시작한다. "인간, 동물, 모든 곤충 및 생명체가 모임을 갖고 지구를 거주 가능한 곳으로 만들 계획을 실행하기로 합의했다. 그들은 물 아래에 땅이 있다는 것을 알고 있었다. 해결해야 할 문제는 그 땅을 어떻게 위로 끌어와서 모두가 거주할 만큼 충분히 넓게 확장할 것인가였다."

수백만 년 전의 초기 인류도 땅 아래에 탐험할 장소가 지상 못지않게 아주 많다는 사실을 알고 있었음이 틀림없다. 지구는 여러 방식으로 지하 세계를 드러냈다. 오래된 참나무 한 그루가 뽑혀서 넘어지면 묻혀 있던 가지들(땅 위쪽 가지의 숨겨져 있던 거울상)이 대기 중으로 올라온다. 어떤 이는 발을 헛디뎌 석회암 동굴로 들어가는 숨겨진 통로를 발견한다. 때로는 땅이 흔들리고 주름지고 갈라져서 깊이를 알 수 없는 구덩이가 열린다. 생명이 지하 세계에 의존하고 있으며 종종 지하 세계로부터 생성된다는 사실도 오래전부터 명백했을 것이다. 어린 나무는 숙인 고개를 태양을 향해 들면서 동시에 뿌리를 점점 더 지하로 깊이 뻗어 토양 안에서 자신을 지탱한다. 하룻밤 사이에 흙에서 버섯이 피어나고 그만큼이나 빠르게 다시 사라져 없어진다. 딱정벌레가 땅속에 묻혀 있던 고치에서 나와 기어다닌다. 곰이 동굴 속의 어둠에서 밖으로 나온다. 인간은 적어도 8만 년 전부터 망자를 매장했다. 어쩌면 더 오래전부터일지도 모른다. 개인의 생명이 끝나면 땅으로, 우리 모두를 낳은 자궁으로 돌려보내고자 한 것이 인간의 오랜 본능이었다.

과학은 있었을 법한 일들의 윤곽을 재정의한다. 한때는 명백한 사실로 보였던 것이 해체되어 불합리의 영역으로 들어갈 수도 있고 전에는 엉뚱한 아이디어로 보였던 것이 신뢰할 만한 정설이 되기도 한다. 공기와 영양분이 공급된다면 땅속 저 깊은 곳에도 생명이 있으리라고 상상하기는 어렵지 않다. 하지만 생명이 훨씬 더 아래에서도, 수 킬로미터 깊이의 깜깜하고 척박하고 잔혹한 환경에서도 번성하고 있다는 것을 과학적 사실로서 받아들이려면 방대한 증거가 필요하다. 그리고 지난 40년간 과학자들이 바로 그 증거를 발견해 왔다.

지표 아래 깊은 곳에 생명이 존재하며 나아가 지구의 지속적인 연금술에 관여하고 있음을 인정하려면, 즉 지하의 생명체가 자신과 지상의 모든 생명이 살고 있는 지각을 만드는 데 일조했으리라는 사실을 인정하려면, 지구가 어떻게 우리가 아는 지구가 되었는지에 대한 현대의 지식을 재정의해야 한다. 하지만 이것은 온전히 발굴되기를 기다리면서 인간의 의식 속에 수천 년간 자리하고 있던 고대 진리의 메아리이기도 하다. 유폴라족의 잠수 신화에서 대륙은 단순히 해양의 땅이 커져서만 이루어진 것이 아니었다. 대륙은 만들어지고 빚어져야 했다. 회합에 모인 생명체들은 게를 선출해서 대륙의 씨앗이 될 땅 조각을 가져오는 일을 맡겼다. 게는 “아래로 내려갔고 오랜 시간 후에 집게발로 흙 한 덩어리를 가지고 올라왔다. 이것을 반죽하고 다듬어서 대양의 물 위에서 퍼뜨렸다. 그리하여 육지가 생성되었다.”

2장 매머드 대초원과 코끼리 발자국

멀리서 보았을 때는 눈덩이 같았다. 러시아 브란겔랴섬의 해변과 기슭 여기저기에 하얗고 부드러운 뭉치들이 있었다. 늦여름인 지금도 북극의 바다에서 빙하를 보는 건 이상한 일이 아니었지만, 고도가 낮은 곳에서 눈이 보이는 건 의외였다. 가까이 다가갈수록 니키타 지모프Nikita Zimov는 자신이 뭘 보고 있는 건지가 더더욱 긴가민가했다. 눈 뭉치가 움직이는 것 같았다. 각각의 뭉치가 차차로 더 뚜렷한 형태를 띠기 시작했다. 눈 뭉치들은 굽은 등과 굵은 다리, 검고 작은 눈, 커다랗고 둥근 코를 가지고 있었다. 니키타는 눈 뭉치들이 북극곰이라는 것을 깨달았다. 다 자란 북극곰이 여기 한두 마리가 아니었다.

당시 26세였던 니키타는 저명한 극지생태학자인 아버지 세르게이 지모프Sergey Zimov, 가족끼리 아는 지인이자 토양과학자인 빅토르 소로코비코프Victor Sorokovikov, 일을 거들러 합류한 고향 젊은이 알렉세이 트레티야코프Alexey Tretyakov와 함께 낡은 회색 배를 타고 브란겔랴섬에 온 참이었다. 이 항해에는 이레가 걸렸다. 이들은 지모프와 동료들이 연구기지를 꾸린 시베리아의 작은 마을 체르스키를 출발해 콜리마강 변을 육로로 110킬로미터 정도 달린 뒤 몹시 추운 바다에서 배로 수백 킬로미터를 더 이동했다. 약간 거친 파도가 몇 차례 있었고 변압기가 고장 난 것을 제외하면, 처음 며칠은 놀라울 정도로 큰일 없이 지나갔다. 폭풍을 만나거나 밤에 빙하와 충돌할 가능성 등에 대비하고 있었지만 그런 일은 없었다. 그들은 장애물을 가늠하면서 번갈아서 배를 몰았다. 햄, 달걀, 라면, 만두, 러시아 수프인 보르시 등을 넉넉한 양의 맥주, 보드카와 함께 먹었다. 일하고 있지 않은 시간에는 책을 읽고 카드 게임을 하고 영화를 보고 잠을 잤다.

하지만 넷째 날, 목적지까지 마지막 거리를 가기 위해 연안에서 대양으로 방향을 바꾸었을 때 거대한 부빙을 맞닥뜨렸다. 그것을 둘러 가느라 예정보다 사흘이 더 걸렸다. 그들은 얼음 안으로 만처럼 들어간 지점에 배를 묶고 밤을 보냈고 때로는 까끌까끌한 입술에 길이가 족히 90센티미터는 되어 보이는 엄니가 마치 상아로 만든 긴 칼처럼 나 있는 바다코끼리 옆에서 잠을 청해야 했다.

마침내 브란겔라섬에 도착한 이들 일행은 북극곰에서 멀리 떨어져서 배를 댈 만한 안전한 위치를 찾았고 일주일 만에 처음으로 땅에 발을 디뎠다. 선적용 상자, 썩어가는 배, 녹슨 기름통 등이 해변 곳곳에 버려져 있었다. 쓰러져 있는 커다란 나무는 땔감을 구하는 사람들에 의해 여러 번 잘린 것 같았다. 두어 채의 오두막은 창문이 판자로 막혀 있었다. 그 옆에 있는 집에서 나타샤Natasha라는 이름의 생물학자가 지붕에 양다리를 걸치고 앉아 바다코끼리를 찾으려고 쌍안경으로 부빙을 관찰하고 있었다. 허리춤에는 곰 퇴치 스프레이가 매달려 있었다. 지모프 일행이 만나기로 되어 있는 사람은 이곳이 아닌 다른 마을에 있었다. 하지만 빠르게 날이 저물고 있었기 때문에 보드카와 섬에 마련된 간이 사우나를 즐기고서 그날 밤은 배로 돌아가서 보냈다.

러시아 동시베리아 해변에서 약 150킬로미터 떨어진 브란겔라섬은 옐로스톤 국립공원 만한 크기의, 투페이[남자들이 머리 꼭

대기에 쓰는 동그란 가발]처럼 생긴 툰드라 지대다. 표면은 거의 모래, 자갈, 얼음으로 덮여 있다. 12월부터 3월에는 기온이 영하로 한참 내려가고 여름에도 10도 정도를 넘지 않는다. 북극 바람이 매섭게 불고 때때로 두꺼운 안개가 섬을 온통 휘감는다. 이러한 악조건에서도, 브란겔랴섬에는 북극의 다른 어떤 지역에 비하더라도 훨씬 더 많은 생명체가 살고 있다. 지난 빙하기에 모든 것을 덮어버린 대륙 빙하가 여기는 비껴간 덕분에, 브란겔랴섬은 생명체의 은신처 역할을 할 수 있었다. 이곳의 매머드는 다른 지역의 매머드가 다 죽은 뒤에도 6,000년을 더 생존했다. 인류가 청동기에 진입해 있었고 기자의 피라미드가 세워진 지 1,000년쯤 흘렀을 시점까지 이곳에는 매머드가 살았던 것이다. 러시아는 1970년대부터 브란겔랴섬을 연방 자연보호구역으로 지정해 보호하고 있다.

오늘날 브란겔랴섬의 토양에는 400개 이상의 식물종과 아종이 뿌리를 내리고 있다. 북극 툰드라의 어느 지역에 비해 보아도 두 배 이상 많은 것이다. 얼음이 덮이지 않은 모든 곳에는 이끼와 지류가 카펫처럼 깔려 있다. 코뿔바다오리, 회색머리아비, 매가 늘상 찾아온다. 이 섬은 아시아에서 흰기러기 떼가 알을 낳고 번식하는 유일한 군락지이기도 하다. 또한 브란겔랴섬에서는 북극여우와 늑대가 레밍과 순록을 뒤쫓고, 털북숭이 사향소가 언덕을 어슬렁거리며, 쇠고래와 흰돌고래가 바다에서 번쩍거린다. 가장 유명하게, 브란겔랴섬은 북극곰 개체 밀도가 가장 높은 서식지로 알려져 있고, 그래서 관광객이 많이 찾는다. 관광을 논외로 하면, 과학 연구 외의 다른 목적으로는 이 섬에 머물 수 없다.

몇몇 공원 관리인만 연중 상주한다. 여름에는 십여 명 정도의 연구자들이 찾아오는데, 대부분 옛 기상 관측소에 묵는다.

이곳을 찾는 과학자들이 대개 그렇듯이, 지모프 일행도 야생 생물 때문에 브란겔랴섬에 온 터였다. 이곳 자연보호구역 소장인 알렉산드르 그루즈데프Alexander Gruzdev가 이들에게 적어도 여섯 마리의 새끼 사향소를 주기로 이야기가 되어 있었다. 지모프는 새끼 사향소를 체르스키로 데리고 가서 대담하고 야심찬 프로젝트를 할 계획이었다. 그의 이론이 맞다면, 그 프로젝트는 북극 지형의 방대한 부분을 변모시켜서 지구의 기후를 안정화하는 데 기여하게 될 터였다. 도착한 다음 날 아침, 브란겔랴섬에 꾸려진 작은 캠프들을 돌다가 마침내 그루즈데프를 만났다. 이들은 서로 소개를 나누었고, 저쪽에 사향소가 있는 우리가 보였다. 그런데 갑자기 전쟁이라도 나는가 싶은 소리가 들렸다. 검정색의 소형 보트 세 대가 빠르게 해변을 향해 오고 있었다. 각각의 배에는 20명의 미국인 노인 관광객이 타고 있었다. 알래스카에서 온 크루즈선이 근처에 정박하고서 북극곰과 코뿔바다오리를 가까이에서 보기 위해 작은 배에 손님들을 태우고 오는 중인 듯했다. 나중에 니키타는 이렇게 회상했다. "마침내 이 섬에 도착했을 때, 우리는 위대한 북극 탐험가가 된 것 같았어요. 그런데 이렇게 많은 노인이 이렇게 쉽게 와서 디지털카메라를 들고 해변에 올라오는 광경을 보니 탐험 느낌이 싹 가시더라고요."

그루즈데프는 관광객들에게 가이드를 해주기로 약속되어 있었기 때문에 잠깐 자리를 비웠고, 지모프 일행만 그곳에 남아 있게 되었다. 지모프 일행은 살아 있는 화물을 빨리 배로 옮기고 이곳을 떠나고 싶었다. 하지만 섬은 다른 계획을 가지고 있었다. 그날 오후 지모프 일행이 쉬고 있는데, 그루즈데프도 없고 공원 관리인도 없는 상태에서 북극곰 한 마리가 나무와 철망으로 만든 사향소 우리를 공격했다. 우리 안에 새끼 사향소 일곱 마리가 있었는데 한 마리는 죽고 여섯 마리는 도망갔다. 지모프 일행이 어렵사리 이 섬까지 온 이유가 모조리 사라져버렸다.

이제 40대 초반인 니키타 지모프는 얼음 같은 푸른 눈에 소년 같은 갈색 머리, 큰 키에 늘씬한 체형의 소유자였다. 오른쪽 턱에는 작은 흉터가 있었다. 강한 러시아 억양이 있는 영어 말투는 강물처럼 굽이치고 부풀어 오르는 느낌이 있었다. 그는 영어 슬랭을 써보기를 좋아했고 썰렁한 농담을 자주 했다(그는 브란겔랴섬에 갔을 때를 회상하며 이렇게 말했다. "물론 그 빙하들을 다 피해야죠. 안 그랬다간 타이타닉 2탄, 3탄을 찍는 거예요. 규모는 작지만 그래도 슬픈 영화겠죠"). 70세가 되어가는 세르게이는 긴 반백의 머리에 덥수룩하게 수염을 기른 곰 같은 사람이었다. 이마에는 주름이 있었고 눈 밑은 처져 있었다. 그는 줄담배를 피웠고 거의 끼니마다 보드카를 마셨다. 서툰 영어로 느리고 신중하게 말했으며 종종 과학에 대한 내용을 혼잣말로 이야기했다. 아내들도 포함해 지모프 가족은 북극에서 가장 중요하고 규모가 큰 과학 센터로 꼽히는 '체르스키 북동과학기지Northeast Science Station'를 운영하고 있다. 매년 전 세계에서 수백 명이 연구를 위해 이곳을 찾는다.

7월 중순에 내가 체르스키에 도착했을 때 니키타의 아내 아나스타샤Anastatia가 공항에 마중을 나와주었다. 우리는 마을을 지나 연구기지까지 차로 짧은 거리를 이동했다. 연구기지는 콜리마강의 위쪽 강둑에 위치하고 있었다. 주 건물에는 방문객을 위한 숙소 방들과 팔각형 모양의 공용 공간이 있었고 공용 공간에는 긴 식탁 몇 개와 장작 난로, 곰 가죽이 놓인 푹신한 갈색 소파가 있었다. 주거용 건물에는 커다란 위성 안테나가 있었는데 지금은 사용되고 있지 않았다. 양옆에 버드나무와 분홍바늘꽃이 줄지어 있는 비포장도로가 초록 지붕의 작은 예배당, 쌓여 있는 선적용 상자, 지모프 가족이 사는 집들을 구불구불 지나갔다. 일대를 둘러보면서 강 뒤로 몇 킬로미터에 걸친 북극 지형을 볼 수 있었다. 대부분 평평하고 빽빽한 덤불이었고, 드문드문 침엽수가 있었으며, 얼었던 땅이 녹으면서 생긴 호수들이 있었다.

세르게이 지모프는 대학생이던 1970년대에 북극권 지역을 처음 가보았다. 그는 북극 고지리학을 공부할 생각이었다. 북극의 고대 지형에 대한 연구로, 그는 물, 얼음, 토양의 표본을 채취해 화학적으로 분석하는 기법을 사용했다. 그런데 연구를 하다 보니 뜻밖에 뼈가 많이 발굴되었고 이것이 그의 흥미를 자극했다. 현장에 야생동물은 거의 보이지 않았다. 가끔 순록이나 늑대, 철새 등은 있었지만 땅 위는 대체로 황량했다. 그런데 땅을 파면, 허물어진 언덕 옆이든 강물에 쓸려온 퇴적물이 쌓인 곳이든 그 밖의 어느 곳이든 간에, 모든 곳에서 오래전에 죽은 동물과 멸종해 없어진 동물의 뼈가 나왔다. 이 땅은 나선형의 엄니를 가진 매머드, 혹등 들소, 갈기 없는 동굴사자, 무려 약 35킬로그램의 뿔이 달린 엘크, '시베리아 유니콘'이라는 별명을 가진 멸종한 코뿔소(이마에 커다란 뿔이 하나 있어서 생긴 별명이다)의 무덤이었다. 때로는 털이나 가죽이 발견되기도 했다. 이 잔해들은 박물관에서 볼 수 있는 석화된 공룡 뼈와 달리 엄밀히 말하자면 화석이 아니었다. 이것들은 돌이 되지 않았다. 그보다, 이것들은 언 땅에서 수만 년간 보존되어온 고대 동물의 실제 뼈와 털과 피부였다. 한때는 북극에 아프리카 사바나 못지않게 많은 동물이 살고 있었음을 말해주는 증거였다.

지질학자들은 지구의 역사에서 260만 년 전~1만 2,000년 전 시기를 홍적세라고 부른다. 이 시기의 마지막 10만 년 동안 지구 북쪽의 고위도 지역에 너른 초원이 펼쳐졌다. 거의 중단 없이 연속적인 평원을 이루고 있던 이 광대한 초원은 '매머드 대초원 mammoth steppe'이라고 불린다. 이곳은 이제까지 존재했던 것 중 가장 규모가 크고(많게는 지구의 대륙 중 40퍼센트까지도 차지하고 있었을 수 있다) 생산적인 생태계였다. 매머드 대초원은 믿기지 않을 정도로 많은 수의 거대 동물을 부양할 수 있었다. 매머드와 마스토돈, 코뿔소, 들소 등 몸무게가 1톤씩은 나가는 대형 초식동물과 곰, 사자, 다이어울프 같은 대형 육식동물이 있었고, 말, 순록, 사향소, 양 등 좀 더 작고 우리에게 훨씬 더 익숙한 초식동물도 있었다. 하지만 홍적세가 끝났을 때, 이 초원과 초원에 살던 수많은 거주자가 모두 사라졌다. 북극에 처음 왔을 때 세르게이는 이 고대의 생태계를 아주 희미하게만 알고 있었다. 그런데 도처에 있는 거대 동물의 뼈를 직접 보니, 매머드의 엄니를 만져 보고 멸종한 들소의 털을 만져 보니, 사라지지 않는 집착이 생겼다. 특히 한 가지 질문이 뇌리를 떠나지 않았다. 무슨 일이 일어난 것인가?

널리 받아들여지고 있는 설명 하나는 기후의 변화다. 2만 년쯤 전에 지구가 더워지면서 지구의 상당 부분을 덮고 있던 빙하가 녹기 시작했다. 대부분의 초식동물에게 양분을 제공하던 풀과 버드나무 지대를 자작나무와 침엽수가 차지했다. 과학자들은 이러한 변화로 풀을 좋아하고 추위에 잘 적응한 종들이 사라졌으리라는 가설을 제시했다. 하지만 세르게이는 이 설명이 잘 맞아떨어지지 않는다고 생각했다. 지구 전역의 대륙과 바다가 빙하가 얼고 녹는 주기를 여러 차례 겪었지만 대형 포유동물들은 수억 년 동안 생존했다. 빙하가 녹는 사건은 여러 차례 있었는데 왜 유독 이 한 번에서만 그 오랜 패턴이 나타나지 않았단 말인가? 세르게이는 다른 원인으로 설명하는 것이 더 적절하다고 생각하는데, 그 원인은 바로 인간이다. 50만 년쯤 전에, 어쩌면 그보다 더 이르게 인간은 엘크, 코뿔소, 때로는 무려 매머드만큼 큰 종에 이르기까지 주위의 대형 동물을 적어도 가끔씩이라도 사냥할 수 있을 만큼의 지능과 기술을 발달시켰다. 거대한 타이탄의 세상에서 인간은 작은 미물이었지만 독창성과 손기술을 전략적 협업 능력과 결합해 최상위 포식자가 될 수 있었다. 인류가 부상하면서 지구상의 대형 동물들이 줄어들었으리라는 것이 세르게이의 추정이다.

지질과학자 폴 마틴Paul Martin과 기후학자 미하일 부디코Mikhail Budyko는 이와 비슷한 개념을 이미 1960년대 말에 발표했고, 이때 촉발된 논쟁은 오늘날까지도 이어지고 있다. 하지만 지난 10년 사이 인간이 홍적세의 대형 동물들을 사냥해 멸종시켰으리라는 주장이 상당한 지지를 얻었다. 최근에 드러난 화석 기록과 고고학 증거들을 보면, 홍적세에 인간이 (창과 작살, 또 개들과 함께) 이동한 곳이라면 어디에서나 곧바로 수많은 대형 포유류가 멸종한 것으로 나타난다. 예를 들어 5만 년 전에 유럽과 아시아에 인간이 퍼지자 수십 종의 거대 포유류가 멸종했다. 4만 5,000년 전에 호주의 해변에 인간이 도달하자 또 다른 20종의 거대 초식동물이 멸종했다. 1만 5,000년에서 7,000년 전 사이에 아메리카 대륙에 인간이 많아지자 몸무게가 45킬로그램 이상인 동물 중 80종 이상이 멸종했다. 기후의 변화와 불안정한 개체군의 변동이 이러한 대대적인 멸종을 어느 정도는 설명할 수 있겠지만, 주범은 인간으로 보였다.

세르게이가 포착한 가장 중요한 통찰은 대형 동물의 광범위한 멸종이 불가피하게 지구 전체적으로 막대한 생태적 파급효과를 일으켰으리라는 점이었다. 동료 연구자들이 기후의 변화가 빙하기의 생물을 어떻게 멸종 위기로 몰고 갔는지에 초점을 맞추고 있던 동안, 세르게이는 원인과 결과가 양방향일 수 있다는 데 주목했다. 그는 매머드 등 거대 포유동물들이 자신이 살고 있는 초원 서식지를 적극적으로 유지하고 지탱했으며 이것이 다시 상대적으로 서늘한 기후를 유지했을 것이라고 보았다. 그런데 인간이 대형 동물을 너무 많이 사냥해 멸종시킴으로써 지구온난화를 일으켰거나 적어도 악화시켰고 결국 가장 최근의 빙하기를 끝내게 되었으리라는 것이다. 이런 이유에서, 어떤 학자들은 지질학적 시대 구분에서 '인류세'를 5만~1만 년 전에 시작된 것으로 봐야 한다고 주장한다. 인류가 지구에 미친 근본적인 영향을 토대로 시대를 나눈다면 인간 때문에 대형 동물군이 멸종한 이 시기가 인류세가 되어야 한다는 것이다.

세르게이의 거대한 이론은 하나의 단순한 관찰에 뿌리를 두고 있다. 풀이 대부분의 식물과 다르다는 점이다. 많은 식물종은 초식동물로부터 스스로를 보호하기 위해 두꺼운 껍질, 가시, 독성이 있거나 맛이 없는 화학물질 등을 사용한다. 어떤 것들은 아예 동물이 닿을 수 없는 곳에서 자란다. 그런데 1억 년에서 7,000만 년 전에 풀이 생겨났을 때, 그중 일부가 여타의 식물과 다른 전략으로 진화했다. 세르게이 등 과학자들은 어떤 풀들은 강고하고 정교한 방어 시스템에 의존하기보다 대형 초식동물과 공생을 협상하는 전략을 취했으리라고 본다. 풀은 뜯어 먹혀도 빠르게 다시 자라는 부드러운 잎이 영구적으로 존재하는 들판을 초식동물에게 제공하고 매머드 등 대형 초식동물은 발로 밟는 등의 여러 가지 방식으로 풀의 주된 경쟁자인 관목이나 나무를 없애고 풍부한 대변으로 땅을 비옥하게 해 풀의 식생을 유지해 주는 방식으로 일종의 생태적 파트너십을 형성한 것이다. 이 이론에 따르면, 풀과 대형 초식동물은 매머드 대초원의 생태계를 함께 창조하고 조절했다.

이와 같은 공생에 대해 더 생각할수록 그 힘이 세르게이에게 더 분명하게 다가왔다. 풀과 초식동물의 연합은 그 지역의 풍경만 바꾼 게 아니었다. 오늘날과 마찬가지로 홍적세 시기에도 북극 표면 아래에는 늘 얼어 있는 두꺼운 토양층인 영구동토대가 있었고, 영구동토대에는 고대 생명의 잔해 형태로 방대한 탄소 저장고가 숨어 있었다. 기후의 변화로 기온이 높아져서 영구동토대가 녹고 미생물이 그 안의 유기물질을 분해하기 시작하면 이산화탄소와 메탄 같은 온실가스가 지구를 데우기에 충분한 양으로 방출될 수 있다. 세르게이의 이론에 따르면, 매머드 대초원이 이러한 온난화 과정을 제어하는 장치로 기능했을 가능성이 있다. 일반적으로 나무 등 다른 식물보다 색이 옅은 풀은 빛 반사율이 더 높아서 지구를 식힐 수 있었을 것이다. 또한, 대기 중에서 상당한 양의 탄소를 포집해 깊고 너르게 퍼져 있는 뿌리에 저장하는 동시에 뿌리가 땅에서 물을 빨아들여서 땅을 마르고 단단하고 훼손되지 않은 상태로 유지했을 것이다. 겨울에는 매머드 등 대형 초식동물들이 그저 자신의 어마어마한 무게를 실어 쿵쿵 걷거나 아래 파묻힌 식물이나 뿌리를 찾기 위해 쌓인 눈을 헤집어서 열기를 잡아두는 눈의 층을 없애면 차가운 겨울 기온에 영구동토대가 노출되어 계속 언 상태를 유지할 수 있었을 것이다. 인간이 대형 동물 대부분을 없앴을 때, 이는 지구의 생물 다양성만이 아니라 지구의 기후를 조절하는 기능도 손상시킨 것이었다.

풀을 뜯는 동물, 풀이 난 땅, 그리고 기후 사이의 복잡한 생태적 유대는 지구시스템을 변모시키는 가장 중요한 과정인 '공진화'의 한 사례다. 가장 간단하게 말하면, 공진화는 **함께** 진화한다는 뜻이다. 둘 이상의 실체가 서로 영향을 주고받으면서 호혜적인 방식으로 일어나는 진화를 의미한다. 꽃과 꽃가루 매개자는 찰스 다윈Charles Darwin이 《종의 기원》에서도 언급한 고전적인 사례다. 수천만 년 동안 꽃가루를 옮겨주는 동물과 꽃은 서로의 형태와 행동에 영향을 미쳤고 상대방을 미학적, 적응적 극단까지 발달하도록 밀어붙였다. 많은 곤충, 새, 포유동물이 날개, 주둥이, 눈, 뇌를 꽃에서 영양분을 취하기 좋게 발달시켰다. 동시에 꽃은 더 대담해지고 화려해지고 향기로워지고 복잡한 패턴을 갖게 되었다. 어떤 꽃들은 관의 끝에 꿀을 두는데 관이 너무 길고 좁아서 그와 마찬가지로 기다란 혀를 가지고 있는 단 한 종류의 나방만 꿀에 닿을 수 있다. 거울난초는 암컷 말벌의 모양, 색, 향, 털, 심지어 반짝이는 날개까지 모방해서 수컷 말벌의 교미를 유도한다. 수컷 말벌이 짝꿍이라고 생각한 것을 향해 교미를 하러 달려들면 끈적한 꽃가루가 머리에 들러붙는다. 또 다른 공진화 사례로는 숙주와 기생충 관계, 그리고 포식자와 피식자의 관계도 있다.

일반적으로는 공진화를 '종'들 간의 상호작용으로 이야기하지만, 다른 실체들 사이에서도 공진화가 일어날 수 있다. 밈, 테크놀로지, 문화도 공진화한다. 생명과 환경도 공진화한다. 자연선택에 의한 전형적인 다윈주의적 진화는 개체군 내에서 개체의 특질을 다양하게 만드는 유전적 변이를 통해 이루어진다. 그곳의 특정한 환경에서 생존하고 재생산하기에 가장 유리한 변이를 가진 개체가 가장 많은 후손을 남기고, 그러한 성공을 가져다준 특질을 가진 유전자를 전승한다. 세대를 거치면서 이 유전자와 그것이 나타내는 특질이 개체군 내에서 일반적인 특성이 되고, 이렇게 해서 그 종이 환경에 적응한다. 하지만 이 과정 동안 물리적 환경도 고정되어 있지만은 않으며 순전히 지질학적 변화의 영향만 받는 것도 아니다. 살아 있는 생명체는 진화해나가면서 주변의 환경을 방대하게 변화시킨다. 환경의 변화 중 일부는 지속성을 갖게 되고 다시 이는 불가피하게 그다음의 진화에 영향을 미친다. 이렇게 해서, 생명은 그 자신의 진화에서 주요 행위자가 된다. 생명체가 환경에 만들어내는 변화 중에서 지속성을 갖는 변화들은 그 자체가 [생명체에서의 변이처럼] 유전자에 새겨지는 것은 아니지만, 그럼에도 다음 세대로 전승되어서 장기에 걸친 공진화 과정의 중요한 부분이 된다. 자연선택의 과정은 유기체와 환경 사이의 상호적인 변모라는 맥락 안에서 이루어지며 그로부터 영향을 받는다. 생명과 환경은 지속적으로 서로의, 그리고 지구 전체의 모양을 잡아간다.

어느 면에서 세르게이는 1863년에 러시아에서 태어난 광물학자 블라디미르 베르나츠키Vladimir Vernadsky의 후예라고 볼 수 있다. 베르나츠키는 제임스 러브록에게도 중요한 선행자로, 서구에는 잘 알려져 있지 않지만 고국에서는 매우 공경받는 과학자다. 그의 모습을 담은 국가 우표와 기념 동전이 나오기도 했다. 키이우에는 커다란 동상이 있고, 모스크바에는 그의 이름을 딴 도로가 있다. 광물 중에도 그의 이름을 따서 명명된 것이 있고(버나다이트vernadite), 몇몇 산봉우리, 화산 하나, 달의 운석 충돌구 하나, 그리고 조류藻類종 하나도 그렇다.

베르나츠키는 생명이 지구의 주요 '지질학적' 요인임을 인식한 최초의 과학자 중 한 명이다. 그는 이 통찰을 1926년 저서 《생물권The Biosphere》에 담았다. **생물권**이라는 말은 지질학자 에두아르드 쥐스Eduard Suess가 1875년에 만들었지만 그는 이 개념의 정의를 공식화하거나 이에 대해 사고를 확장하지는 않았다. 베르나츠키는 생물권이 생명을 담고 있는, 지구의 근본적인 층이라고 보았다. 지각부터 대기의 끝까지 뻗어 있는, 지구를 담고 있는 봉투라고 말이다. 그는 생물권에서 생명이 에너지와 물질의 흐름을 극적으로 변화시킨다고 생각했고, 이렇게 언급했다. "하나의 유기체는 그것이 살고 있는 환경에 단순히 적응만 하는 것이 아니다. 환경도 유기체에 적응한다. 현재의 과학은 지구에 생명이 존재하게 된 것을 우연적인 현상으로 여기고 있으므로 생명이 지구상의 모든 과정과 단계에 미치는 영향을 제대로 이해하고 가늠하지 못한다. (…) 정통 지질학은 지구의 구조가 나뉠 수 없는 하나의 메커니즘으로서 파악되어야 할 '부분들 사이의 조화로운 통합'이라는 개념을 잃어버렸다."

세르게이가 자신의 이론을 구성할 아이디어들의 많은 부분을 하나로 통합해 윤곽을 그렸을 때는 1980년대였고 이때 그는 체르스키의 북동과학기지를 운영하고 있었다. 니키타는 아직 걸음마를 하는 꼬마였다. 세르게이가 보는 북동과학기지 주변은 얼어붙은 사막이었다. 여윈 낙엽송, 뻣뻣한 덤불, 뿌리 없는 이끼가 영구동토대의 식생이었다. 풀이 있는 땅에 비하면 움직임도 영양분도 별로 없는 생태계였다. 빙하기에는 매머드 대초원에서 초식동물들이 씹어서 삼킨 식물이 여러 개의 위장이 있는 습하고 덥고 미생물이 많은 소화계를 통해 분해되었을 것이고, 탄소, 질소, 칼륨 등 필수적인 원소들이 식물에서 동물로, 대기로, 토양으로, 빠르게 순환했을 것이다. 하지만 오늘날의 시베리아 아한대 숲에서는 낙엽송의 바늘잎과 송진이 많은 관목의 잎이 수십 년 동안 땅 위에 그대로 있으면서 아주 느리게 부패한다. 귀찮은 모기떼를 제외하면 작은 야생동물은 보이지 않는다. 세르게이는 북극의 대부분은 본질적으로 "잡초가 덮인, 매머드 대초원의 공동묘지"가 되었다고 말했다.

그런데, 세르게이는 불이 나거나 인간의 활동으로 토양이 들쑤셔져 이끼가 제거되면 풀이 번성하는 것을 발견했다. 그리고 초원 지대가 존재하며 사향소와 순록, 여러 종류의 새가 살고 있는 브란겔랴섬도 있었다. 이 모두가 북극에 아직도 다양한 대형 동물군을 부양할 역량이 있다고 말하는 듯 했다. 세르게이는 매머드 대초원의 재창조가 가능할지 알아보고 싶었다. 풀을 뜯는 초식동물은 그들이 살던 홍적세의 생태계를 수십만 년 동안 유지했다. 초식동물을 북극에 되불러오면 그 기능을 다시 할지도 몰랐다. 이는 그의 이론을 검증해볼 수 있는 완벽한 방법이 될 터였다.

세르게이는 몇몇 동료에게 이 아이디어를 이야기했고 동료들은 세르게이가 이를 당대의 저명한 러시아 과학자들에게 발표하도록 도와주었다. 깊은 인상을 받은 과학자들은 소규모의 현장 실험에 동의했다. 몇 주 만에 체르스키의 과학기지 옆에 마구간이 지어졌고 헬기가 25마리의 사하 지역 토착종 말을 공수해 왔다. 대형 시베리아 품종으로, 마구간 안에서 보호되지 않는 상태로도 영하 70도까지 생존할 수 있고 얼어서 냉해를 입은 뗏장도 잘 먹을 수 있다. 몇 달 동안 이 말들이 경내의 이끼와 덤불을 죄다 밟아 없앴고 곧 풀이 자라기 시작했다. 질소와 인 농도도 10배로 증가했다. 하지만 1991년에 소련이 붕괴하면서 세르게이의 새 프로젝트에 정부 지원이 끊겼다.

세르게이는 굴하지 않았다. 그는 연구를 계속하려면 어디에서라도 자금을 끌어와야 한다는 것을 알고 있었고 국제 과학계에 이 연구의 유의미성을 설득했다. 세르게이는 이 실험이 잃어버린 생태계를 복원하는 데서만 그치는 것이 아니라고 생각했다. 1990년대 무렵이면 세르게이는 북극의 영구동토대가 지구온난화 때문에 녹는 게 분명하다고 보고 있었다. 벌써 북극의 일부가 악취 나는 습지로 변하고 있었다. 세르게이는 영구동토대의 융해가 어느 정도 이상으로 진전되면 방대한 이산화탄소와 메탄이 대기로 빠져나와 지구온난화의 폭주를 촉발할 수 있으며, 그렇게 되면 전과는 차원이 다른 기후 교란의 시기로 들어서게 될지 모른다고 우려했다.○ 그는 매머드 대초원을 되살리면 홍적세에 그랬듯이 영구동토대를 다시 얼리고 지구의 기후를 안정시켜 이 끔찍한 운명을 피하게 해줄지 모른다고 생각했다.

다른 과학자들에게 자신의 연구와 기후변화 사이의 연결고리를 설득하는 과정에서 세르게이는 자신의 프로젝트에 새로운 긴급성과 중요성을 부여할 수 있음을 알게 되었다. 당시에 세르게이는 영구동토대의 융해가 가져올지 모를 막대한 위험을 인지하고 있는 소수의 과학자 중 한 명이었다. 그런데 누구도 이를 입증할 1차 데이터를 가지고 있지 않았다. 그래서 세르게이는 이후 7년간 얼어 있는 북극 토양이 탄소와 메탄을 얼마나 저장하고 있는지, 그리고 탄소와 메탄이 얼마나 사라지고 있는지 측정했다. 그는 북극의 영구동토대가 적어도 1조 톤의 탄소를 저장하고 있음을 밝혀냈다. 이전에 추산되었던 양의 두 배였고

○ 이 개념에 대해 문제를 제기하는 과학자들도 있다. 영구동토대가 녹을 때 정확히 어떻게 이산화탄소와 메탄이 방출될지, 그 속도는 어느 정도일지, 지구온난화를 얼마나 악화시킬 것인지 등은 아직 연구와 논쟁이 계속되고 있는 주제다.

1850년 이래 화석연료에서 배출된 탄소 전체보다 많은 것이었다. 북극 토양의 가장 위층이 더워지면 그 아래의 영구동토층이 녹는다. 그러면 미생물이 활성화되고 증식해 방대한 유기물질을 먹기 시작하면서 이산화탄소, 메탄, 열기를 내놓게 된다. 자기강화적인 피드백 고리가 발생해, 미생물의 활동으로 생성된 열기가 영구동토대의 융해를 가속화하고 이는 다시 더 많은 미생물의 활동을 일으킨다. 하지만 만약 단열재 역할을 하는 땅 위의 눈을 치울 수 있다면, 혹은 10센티미터만이라도 줄일 수 있다면, 영구동토대는 계속 얼어 있기에 충분히 낮은 온도인 영하 15~16도 정도로 식을 것이다.

세르게이의 개척적이고 정밀한 연구는 전에 없던 명성과 존중을 안겨주었다. 1990년대 말에 러시아 정부는 140제곱킬로미터가 약간 넘는 툰드라 보존지역과 체르스키 북동과학기지를 둘러싼 아한대의 땅을 그의 실험에 쓰도록 기증했다. 세르게이는 이곳의 공식 이름을 '홍적세 공원'이라고 붙였다. 공룡을 되살리는 프로젝트를 다루었던 영화의 제목['쥬라기 공원']을 패러디한 것이다. 1998년이면 세르게이는 야심 찬 프로젝트를 실행할 상세한 비전을 가지고 있었고 시작하기에 충분하고도 남을 땅도 가지고 있었다. 이제 동물만 있으면 되었다.

니키타 지모프는 자욱한 안개 속에서 브란겔랴섬의 황량하고 마른 땅을 냅다 달렸다. 어디선가 북극곰 소리가 난 것 같았기 때문이다. 사방에서 공포가 몰려왔다. 그는 속으로 자신의 어리석음을 저주했다.

새끼 사향소들을 잃은 다음에 지모프와 동료들, 그리고 그루즈데프는 ATV[사륜 오토바이]에 올라타고 소들을 찾아 나섰다. 하지만 젊음과 건강을 과신하고서 어느 시점에 니키타는 차량들 옆에서 달려가기로 했다. 그러다 길을 잃었고 이제 혼자였으며 에누리해서 말하는 그의 화법대로라면 "좀 걱정이 되었다." 대학을 졸업하고 아버지의 홍적세 공원 프로젝트를 돕겠다고 했을 때 그가 생각한 것은 이런 게 아니었다. 그는 북극곰을 만났을 때 생존하는 방법에 대해 들어본 모든 것을 필사적으로 떠올려 보았다. 누군가가 가장 효과적인 북극곰 퇴치법은 소화기라고 했던 게 기억났다. 경쟁자인 수컷 곰이 덩치와 힘을 과시할 때 내는 쉭쉭 소리와 비슷한 소리가 나기 때문이라고 했다. 하지만 그에게는 소화기가 없었다. 자신을 보호할 것도 없었고 숨을 곳도 없었다. 그래서 니키타는 안개 속을 무작정 계속 달렸다. 그러다 우연히 가까운 데 있었던 ATV를 발견했고 황급히 올라탔다.

지모프의 수색팀은 사향소 무리를 발견하면 천천히 조심스럽게 다가갔다. 위협을 느낀 사향소는 무술을 하는 것 같은 정확성으로 움직인다. 성체인 소들이 어린 개체들을 원으로 둘러싸서 보호하고, 위험에서 눈을 떼지 않으면서 필요할 경우 전체가 하나의 단위로서 위치를 옮긴다. 때로는 가장 큰 소가 무리 주위를 빙빙 돈다. 최후의 수단으로서 필요하다면 돌진할 준비를 하는 것이다. 곡선을 그리며 뻗어 있는 사향소의 뾰족한 뿔은 어떤 공격자라도 쉽게 뚫어버릴 수 있다.

사향소를 잡는 방법은 이렇다. 수색팀은 ATV를 타고 수컷 사향소들이 만든 원 주위를 빙빙 돌면서 그루즈데프가 송아지 중 하나에게 안정제를 쏠 수 있게 한다. 몇 분 뒤에 송아지가 쓰러지면 수색팀은 천천히 소떼를 몰아 다른 곳으로 보낸다. 수색팀 중 한 명(대개는 니키타)이 몸무게를 실어서 송아지를 붙들고 있는다. 손과 얼굴을 푹신한 갈색 털에 묻고 송아지가 깰 때까지 그렇게 붙들고 기다리다가 송아지가 의식을 되찾으면(일반적으로 몇 시간 걸린다) 니키타와 또 다른 사람들이 털을 잡고 송아지를 끌어서 ATV 중 하나에 달린 트레일러로 몰아넣은 다음 이제는 고쳐진 외양간으로 데리고 간다. 이 방식으로 한 마리를 잡는 것도 지극히 어려운 일이다. 종종 안개가 시야를 가리고 비가 옷을 흠뻑 적신다. 어떤 때는 안정제가 너무 약해서 송아지가 완전히 의식을 잃지 않는다. 소떼를 찾는 데만 대여섯 시간씩 걸리기도 한다. 이곳 툰드라 지대를 여드레나 돌아다니고 나서, 마침내 그들은 새끼 사향소 여섯 마리를 다시 잡을 수 있었다.

2010년 9월 중순에 지모프 일행은 송아지들을 대형 상자에 넣고 배에 실은 뒤 브란겔랴섬을 떠났다. 집으로 돌아가는 여정은 섬에 왔을 때의 여정만큼 고요하지 않았다. 폭풍의 한복판에서 전기 장비들이 전에 없이 말을 안 듣기 시작했다. 배터리도 간당간당했다. GPS가 갑자기 제대로 작동하지 않았다. 간혹 좌표는 알려주었지만 어느 방향으로 가고 있는지를 말해주지 않았다. 이를 보완하기 위해 니키타는 헝겊을 묶은 낚싯대를 배 앞에 세워 임시 풍향계를 만들었다. 배터리를 아끼려고 GPS는 꺼놓았다가 한 시간에 한 번만 켜고 재빨리 현 위치를 지도에 표시했다. 밤에는 항해가 더 위험했다. 빛이 별로 없고 적합한 항해 도구도 없어서 본질적으로 눈을 가리고 항해하는 것이나 마찬가지였다.

이번 바다에는 부빙은 없었지만 둘째 날 폭풍이 몰아쳤다. 수리한 소비에트제 배는 높이가 3미터는 되어 보이는 거대한 파도를 타야 했다. 괴물 같은 파도를 하나씩 타고 넘어가는 동안 배에 매달려 가던 작은 플라스틱 배(긴급 상황에 대비한 여분의 배)가 그들이 타고 있는 배의 후미로 사정없이 날아와 부딪쳤다. 소들도 포함해서 배에 탄 모두가 며칠 동안이나 멀미를 했다. 소들은 갑판에서 소리도 내지 않고 납작 누워 있었다. 귀리와 건초를 줘도 움직이지 않았다. 다음 날 이윽고 바다가 잠잠해지고 태양이 나타났다. 저 멀리 수평선에 시베리아의 대륙이 보였다. 하루 이틀 뒤면 체르스키에 도착한다는 뜻이었다. 이제는 연안에 잘 붙어서 따라가기만 하면 되었다.

세르게이가 1970년대에 발달시킨 홍적세의 대형 초식동물에 대한 이론은 최근 생태학계에서 떠오르고 있는 새로운 합의의 전조라고 볼 수 있다. 과학자들은 오래전부터 식물이 대륙의 표면을 재구성한다는 것을 알고 있었다. 사실 식물은 대륙만이 아니라 생물권 전체에서 지배적인 비중을 차지한다. 지구에는 550기가톤의 탄소 기반 생물량이 존재하는데, 80퍼센트가 넘는 450기가톤이 식물이다. 대조적으로 동물은 지구의 생물량 중 0.5퍼센트도 되지 않고 주로 물고기와 해양 무척추동물 형태로 바다에 집중되어 있다. 아마도 이 커다란 격차 때문에, 기존의 생태학은 동물이 지구의 땅에 어떻게 영향을 미치는지에 관심을 두지 않았거나 중요성을 높이 보지 않았을 것이다.

하지만 예외적인 학자들도 있었다. 찰스 다윈은 동물이 지구의 지형을 바꿀 가능성을 진지하게 고려한 초창기 과학자 중 한 명이다. 그의 주요 사례는 지렁이였다. 지렁이는 자신이 살고 있는 토양 생태계에서 지속적으로 굴을 뚫어 막대한 양의 흙을 소화하고, 유기물질을 분해하고, 끈끈한 물질을 배설하고, 물기 있는 것들을 분해하면서, 토양의 입자 구조를 개선하고, 서로 다른 토양층을 혼합하고, 산소와 물과 영양분이 흐를 수 있는 통로를 만든다.○ 다윈은 지렁이를 "열대의 바다에서 산호가 그렇게 하듯이 막대한 수의 개체가 땅을 변모시키고 있는, 하지만 인정받지 못하고 있는 생명체"라고 칭했다. 사망하기 얼마 전에 다윈은 지렁이에 대한 내용으로만 책을 한 권 썼는데 의외의 베스트셀러가 되었다.○○ 당대의 과학자 중 어떤 이들은 이러한 주장에 회의적이었고, 어떤 이들은 이 주장을 아예 일축했다. 이들은 자신의 환경을 바꿀 수 있는 동물도 있겠지만 소규모의 국지적인, 그리고 명백한 방식으로만 벌어지는 일일 거라고 생각했다. 한 세기 넘게 서구 과학은 지렁이든 무엇이든 간에 동물이 땅을 바꾸는 '지질 엔지니어'로 기능하는 것의 중요성을 크게 보지 않았다. 생물의 지질학적 기능은 무생물 요인의 역할에 초점을 맞추

○ 대조적으로, 어떤 외래종 지렁이는 자신과 공진화해오지 않은 숲의 생태계를 심각하게 교란한다. 가령 떨어진 잎을 너무 빠르게 분해해서 식물과 기타 유기체에 필수적인 영양분을 없애버린다.

○○ 1881년 가을에 출간된《지렁이의 행동으로 만들어진 식물 이끼 형성: 그들의 습성에 대한 관찰을 바탕으로The Formation of Vegetable Mould Through the Action of Worms, with Observations on Their Habits》다. 다윈은 책이 나오고 이듬해 봄에 숨졌다. 그는 이 책을 쓰면서 이렇게 말했다고 한다. "내 전체 영혼이 지금 내 앞에 있는 벌레들에 온통 몰두해 있다!"

는 정통 지질학 이론에서 각주나 부록 정도로만 취급되었다.

하지만 최근 몇십 년 동안 과학자들은 크고 작은 동물이 종종 지속성 있는 결과를 남기면서 다양한 방식으로 땅을 재구성해 낸다는 사실을 발견했다. 동물은 지난 5억 년 동안 계속해서 지구의 윤곽을 다시 그리고 이를 통해 국지적인 생태계를, 나아가 지구의 기후를, 심지어는 지구 자체의 진화적 궤적을 바꾸는 굉장한 능력자였다.

홍적세에 살던 거대한 땅나무늘보와 아르마딜로(현대의 코끼리보다 큰 것도 있었다)는 길게는 600미터나 되는 굴을 팠을 것으로 보인다. 과학자들은 홍적세에 만들어진 그러한 굴 수백 개를 브라질에서 발견했다. 벽과 천장에 수십 개의 발톱 자국도 있었다. 오늘날 남미에서는 가위개미와 개미의 몇몇 종이 넓이가 수백 제곱미터에 달하고 깊이가 8미터나 들어가는 지하 보금자리를 짓는데, 그러려면 40톤의 흙을 옮겨야 한다. 개미, 흰개미, 땅굴을 파는 설치류 등이 많이 서식하는 곳의 흙은 더 안정적이고 물이 더 잘 빠지고 영양분을 더 잘 담고 있는 경우가 많다. 북미에서는 계절을 따라 이동하는 들소가 봄이면 평원 전역의 풀을 뜯고 땅을 비옥하게 해서 재생을 촉진하고, 이를 통해 풀이 들소가 먹을 수 있는 영양가 있고 연한 새순을 계속해서 낼 수 있게 한다. 전체적으로 들소는 날씨 등 여타의 환경 요인보다 계절성 식물의 생장에 더 큰 영향을 비친다. 오늘날에는 북미의 공유지를 계절을 따라 자유롭게 이동하는 들소가 8,000마리도 안 되지만 3,000만~6,000만 마리가 평원을 누볐다고 생각하면 그 영향이 얼마나 강력했을지 상상할 수 있을 것이다.

가장 잘 알려진 생태 엔지니어를 꼽으라면 단연 비버다. 반半수생 설치류인 비버가 나무를 잘라서 개울에 댐을 짓는 독특한 습성을 가졌다는 사실은 잘 알려져 있다. 그렇게 해서 물이 차면 주변 풍경에 많은 생물종의 중요한 서식지인 연못과 운하의 네트워크가 생겨난다. 하지만 비버가 지형을 바꾸는 정도가 정말로 얼마나 어마어마한지는 종종 과소평가된다. 비버는 적어도 800만 년 동안 댐을 지어서 지형을 바꾸어왔고 그 기간 대부분에 지금보다 개체 수가 훨씬 많았다. 비버의 댐은 길이가 1킬로미터에 육박하는 것도 있고 높이가 2미터를 넘는 것도 있으며 몇백 년이나 유지되는 것도 있다. 벤 골드파브는 유려한 찬가《비버의 세계》에서 비버가 "대륙 규모로 작동하는 자연의 요인으로서, 미국인들이 마을을 세우고 먹을 것을 기르며 살아가는 땅을 조각한 주인공"이라며 이렇게 언급했다. "비버는 북미 생태계의 모양을 잡았고 북미에서 인간의 역사와 지질의 모양을 잡았다. 비버는 우리 세계를 조각해 만들었다." 비버가 옐로스톤 하천 생태계의 복원에서 수행한 역할이 이를 잘 보여준다. 이 전환은 너무나 자주 늑대와 관련된 사례로만 이야기되곤 하지만, 비버의 역할도 중요했다. 오랫동안 사람들이 늑대를 박멸하려 하면서 엘크 등 초식동물의 개체 수가 급증했고 물을 좋아하는 버드나무, 사시나무, 미루나무 등 천변 식생의 풍부함이 극적으로 줄었다. 안정적으로 토양을 지탱해 주던 이 식물들의 뿌리가 없어지면서 강둑이 무너지고 토양이 침식되었다. 그러다 1990년대에 늑대를 다시 들여오자 엘크의 개체 수가 줄고 버드나무가 다시 자랐으며, 이는 비버에게 양분을 공급했다. 이와 동시에, 방대한 수의 비버를 이주시키는 프로젝트를 통해 비버가 옐로스톤 경내에 돌아왔다. 다시 옐로스톤에 늑대와 비버가 많아지면서 이들은 함께 마르고 침식된 골짜기에 물을 채워 생명을 되살렸다.

동물이 대기와 해양 사이를 연결하면서 이와 비슷한 연쇄 변화를 일으키는 사례도 있다. 바다에서 고래는 심해저와 햇살이 드는 수면 사이를 계속해서 이동한다. 이들이 미생물이 섞인 다량의 변을 배출하면('똥 쓰나미'를 생각하면 된다) 지구의 탄소 순환에 필수적인 역할을 하는 식물성플랑크톤의 양식이 된다. 또한 고래들은 많은 양의 탄소를 직접 깊은 바다로 운반하기도 한다. 고래가 죽어서 대양저에 가라앉으면 바다 아래의 오아시스가 된다. 고래가 가진 다량의 살과 뼈가 심해에서만 생활하는 독특한 벌레, 장어, 게, 문어류의 몇몇 종에게 먹이가 되는 것이다. 뛰어오르고 미끄러지고 뛰어드는 고래의 일상적인 움직임 또한 그런 움직임으로 물을 흔들지 않았을 경우에 비해 영양분이 바다에 더 고루 퍼지게 한다. 몇몇 추산에 따르면 해양 생물이 이동하면서 섞이는 바닷물의 양이 바람과 밀물 썰물에 섞이는 양에 못지않다. 한편 파도가 들어오는 곳 바로 위에서는, 바닷새들이 떨어뜨린 변이 그들이 사는 절벽과 섬에 질소가 풍부한 구아노를 형성하는데, 구아노는 땅과 바다 사이의 중요한 영양적 연결고리다. 북극에서 박테리아가 구아노를 분해하면 암모니아가 나오고 암모니아가 대기 중의 다른 화합물과 결합해서 구름의 응결핵이 되는 작은 입자들을 만든다. 그렇게 해서 만들어진 구름은 빛과 열을 반사한다. 북극을 시원하게 유지하는 데 바닷새도 일조하고 있는 것이다.

전통적인 지질학 이론에서는, 부서진 암석의 광물질 영양분을 강물이 바다로 가지고 가면 해양 생물이 그것을 소비한다. 그리고 해양 생물이 죽어서 대양저에 가라앉으면 암석을 녹여 재순환하는 지질학적 작용에 흡수되고, 그곳이 융기하면 거기에 담겨 있는 영양분이 지표면으로 올라온다. 노던 애리조나 대학교의 생태학자 크리스 도티Chris Doughty는 동료들과 공저한 논문에서 [기존의 이론이] "대기권이나 수권을 통해서 이루어지는 경우를 제외하면 인접한 땅들 사이에서, 또는 대륙과 해류들 사이에서 벌어지는 양분의 순환이 연결되어 있지 않다는 인상을 주었으며 동물은 영양의 소비자로서 수동적인 역할만 하는 것처럼 보이게 되었다"고 언급했다. 하지만 그를 비롯한 몇몇 과학자들은 이 전통적인 그림이 크게 단순화되어 있다는 것을 발견했다. 동물들은 지구의 영양분 순환에서 매우 중요하고 고유한 역할을 수행한다. 생물량으로는 식물에 턱없이 못 미치지만 전체적으로 이동성과 역동성은 동물이 훨씬 더 크다.○

도티와 동료 생태학자들은 동물이 대양 아래 깊은 곳에서부터 육지의 깊숙한 내부까지 영양분이 흐르는 데 기여하는, 새로운 그림을 그리고 있다. 고래, 해파리 등 해양 생물이 바다 표면으로 영양분을 가져와 플랑크톤을 먹이고 다시 플랑크톤은 물고기와 바닷새의 먹이가 된다. 철 따라 이동하는 바닷새와 알을

○ 하지만 타임랩스 동영상들에서 볼 수 있듯이, 우리가 맨눈으로 인식하기에는 너무 느리지만 식물도 상당히 많이 이동한다.

낳기 위해 강을 거슬러 올라가는 물고기가 영양분을 육지로 다시 가지고 온다. 곰, 수달, 독수리 등이 알을 낳는 물고기를 먹고 물고기의 사체를 육지의 내부로 가져가면 거기에서 물고기 사체가 분해되어 숲에 영양분을 준다. 한편, 숲과 같은 육지 생태계에서는 굴을 파는 동물들이 토양을 개선시켜 식물에게 도움을 준다. 그러면 식물은 지각을 광물질 원소로 분해해 영양분이 바다로 다시 돌아가는 과정을 가속화한다. 이러한 생태적 순환 고리가 없다면 영양분은 한 장소에 계속 머물러 있었을 것이고 따라서 생명도 작은 지역에만 한정되어 존재했을 것이다.

몸집이 크고 이동성이 큰 동물의 등장과 발달은 영양의 순환을 확대하고 가속화함으로써 지구를 더 거주 가능하고 회복력 있는 곳으로 만드는 데 일조했다. 스탠포드 대학교 지구과학자 조나단 페인Jonathan Payne은 "이제는 지구의 생명 부양 능력이 시간이 가면서 더욱 커진 것, 특히 복잡성이 높은 다세포 생물을 부양하는 능력이 커진 것이 대체로 생물학적 과정의 결과라고 여겨지고 있다"며 "여기에는 환경 변화에 직면해 생존에 더 유리한 특질을 가진 생물이 자연선택 되는 과정도 있지만, 더 중요하게 여기에는 지구시스템 안에서 안정화에 기여하는 상호작용을 강화하는 생명체가 자연선택 되는 과정, 그리고 더 큰 안정성과 복잡성을 가진 생태계가 자연선택 되는 과정도 포함된다"고 언급했다.

동물은 지구상의 생물 진화 과정에 등장한 이래로 지구 지각의 구조와 화학조성을 계속해서 바꾸어왔다. 6억 년 전에는 대양저의 대부분을 미생물 매트가 덮고 있었고 해류에 흔들거리는 양치식물 같은 수생 식물이 간혹 존재할 뿐이었다. 그 외에는 너무나 생소해서 우리로서는 동물로 분류해야 할지 아예 다른 것으로 분류해야 할지도 알 수 없는, 갑옷 입은 민달팽이 같은 생명체나 주름진 팬케이크 같은 생명체들이 있었고 이들은 원시의 해저 초원을 꿈틀꿈틀 움직이면서 가는 길에 있는 미생물들을 먹고 살았다. 미생물 매트 아래의 기질층에는 산소가 거의 없었고 박테리아 외에는 생명체도 없었다. 그러다 5억 4,000만 년 전에 '캄브리아기 대폭발'이라고 불리는 진화적 혁신이 일어나면서 그때까지와는 매우 다른 형태의 생명체들이 나타났다. 굴을 파는 바다 벌레, 딱정벌레 같이 생긴 삼엽충, 이빨 난 촉수가 있는 거대한 새우, 그리고 할루키게니아Hallucigenia라는 적절한 이름이 붙은 멋진 생물(요즘 사람들이 보면 '고슴도치가 된 핫도그' 같다고 묘사할 법한 모습을 하고 있다)까지 말이다.

지질학적 시간 단위로는 찰나의 순간에, 캄브리아기 대폭발 이전에 살았던 신기한 생명체 대부분이 멸종했다. 고생물학계에서는 운동성이 높아진 캄브리아기의 새로운 동물들이 '실패한 진화적 실험'으로 여겨지는 에디아카라기(선캄브리아 시대의 가장 마지막 시기) 동물군과의 경쟁에서 더 성공적이었다는 가설이 제기되어 왔다. 하지만 최근의 증거들은 또 다른 가능성을 제시한다. 캄브리아기의 생물들이 물리적 환경을 극적으로 재구성하면서 대멸종을 일으켰으리라는 것이다. 캄브리아기에 포식자가 많아지면서 짧고 빳빳한 털, 등뼈, 각껍질 같은 보호용 갑옷들이 진화했다. 이 새로운 광물성 장구들로 무장한 동물들은 먹이를 찾기 위해 바닥을 헤집기도 하고 몸을 숨길 굴을 파들어가기도 하면서 대양저를 전보다 더 효율적으로 동요시켰다. 이러한 초창기 벌레와 절지류들이 미생물 매트를 찢고 들쑤셔서 많은 양의 침전물을 위쪽으로 쳐올렸고(어쩌면 이것이 수중 고착식물들의 여과 시스템을 막히게 했을지 모른다), 대양저에 물이 잘 통할 수 있는 굴과 통로들을 뚫었다. 과학자들은 이것을 '동맥과 정맥의 혈관 시스템'에 빗대곤 한다.

대양저는 아주 오랫동안 미생물 매트에 덮여 봉인되어 있다시피 했지만 이제는 산소와 영양분이 미생물 매트를 뚫고 더 자유롭게 흐르면서 많은 층에 생명이 스며들고 자리 잡을 수 있게 되었다. 이렇게 들썩이는 새 대양저에 새로운 유기 생물체 군들이 적응하고 새로운 종으로 분화하면서, 미생물 매트를 좋아하던 옛 생물은 죽어 사라졌다. '캄브리아기 기질 혁명Cambrian substrate revolution'이라고 불리는 이 대변혁은 현대의 해양이 더 살기 좋고 생물 다양성이 높은 곳이 되는 데 일조했다. 미생물 매트는 지금도 존재하지만, 염분이 아주 높은 호수나 산소가 거의 없는 곳처럼 미생물 퇴적층을 교란하는 동물이 살 수 없는 극단적인 환경에 주로 존재한다.

기록된 역사 시대의 범위 안으로만 한정해 보자면, 동물이 지형에 영향을 미칠 수 있는 능력을 가장 가시적으로 볼 수 있는 곳은 아프리카다. 아프리카는 지상 생물 중 가장 몸집이 큰 종들이 살고 있는 곳이다. 1880년대 말에 이탈리아는 에티오피아 점령 계획의 일환으로 식용과 사역용의 인도산 소를 파병 군대에 공급했다. 항구 도시 마사와에 도착한 소들은 '우역牛疫'이라고 불리는 전염성이 매우 큰 바이러스성 질병을 가지고 왔고, 이 질병은 동부와 남부 아프리카에 걷잡을 수 없이 빠르게 퍼졌다. 우역으로 가축 소 90퍼센트가 죽었고 많은 야생 초식동물도 죽었다. 에티오피아 사람 중 3분의 1이 기아에 빠졌고 탄자니아의 마사이족 3분의 2가 아사했다. 세렝게티에서 풀을 뜯는 동물 중 가장 비중이 큰 누는 개체수가 100만 마리 이상에서 25만 마리로 급감했다. 초식동물의 압력이 사라지면서 풀과 덤불이 통제 불능으로 자랐고, 대형 산불이 자주 일어났다. 매년 세렝게티의 80퍼센트 가까이가 불에 탔고 이는 많은 양의 이산화탄소를 대기 중에 내뿜었다. 어린 나무들이 들판의 화염을 피할 수 있을 만큼 키가 자라기 전에 불에 타 쓰러졌다. 세렝게티는 오랫동안 사바나 지대와 숲 지대가 섞인 모자이크였는데, 1980년 많은 숲 지대에서 나무가 사라졌다.

하지만 그 시기에 소에게 우역 백신을 접종하는 프로그램이 전개되었고, 이로써 야생 초식동물에게 우역이 덜 전파되어 누의 개체 수가 회복되고 있었다. 누가 돌아오면서 풀은 평소 수준으로 줄었고, 이는 다시 산불의 규모와 빈도를 줄였으며, 나무들이 미래의 화염에서 살아남기에 충분할 만큼 키가 커질 수 있게 되었다. 점차로 숲 지대가 조상들의 영토를 되찾았다. 오늘날 세렝게티는 다시 한번 탄소 저장고로 기능하고 있다. 자신이 대기 중에 내놓는 것보다 더 많은 탄소를 흡수한다는 뜻이다. 세렝게티는 동아프리카의 연간 화석연료 소비에서 나오는 탄소 배출을 모두 상쇄할 만큼의 탄소를 흡수한다.

코끼리도 아프리카 사바나와 숲 지대를 변모시킨다. 코끼리는 엄청난 양의 식물을 먹고 나무를 넘어뜨리고 엄니로 물길을 파고 다량의 대변으로 식물의 씨앗을 흩뿌린다. 코끼리의 크기를 생각할 때, 이러한 변화의 많은 부분이 눈에 띄지 않을 수 없을 것이다. 하지만 최근에 연구자들은 한 마리의 코끼리가 땅을 밟는 것만으로도 그 땅을 바꾸어 다른 종들의 운명에 영향을 미칠 수 있다는 사실을 발견했다. 2014년에 우간다의 키발레 국립공원에서 현장 연구를 하던 젊은 생물학자 볼프람 레머스Wolfram Remmers는 코끼리 발자국으로 움푹 패인 자리에 지하수가 고여 생긴 물웅덩이 위로 잠자리 몇 마리가 맴돌고 있는 것을 발견했다. 이곳 하나가 아니었다. 다른 숲 지대에도 코끼리의 육중한 몸무게가 만든 발자국으로 움푹 들어간 곳들이 있었고 각 구덩이에 많게는 190리터나 되는 물이 고여 있었다.

레머스는 이 미니 연못들에 무엇이 살고 있을지 궁금해서 부엌에서 쓰는 체를 구해 탐험을 시작했다. 각각의 웅덩이가 그 자체로 수많은 미생물, 딱정벌레, 파리, 하루살이, 벌레, 거머리, 뱀, 잠자리 유충 등이 살아가는 생태계가 되어 있었다. 숲의 어느 지역에는 코끼리 발자국 웅덩이가 1년 넘게 물이 고인 채로 유지되었는데, 이 웅덩이 연못이 위와 같은 생명체들이 인근에서 접할 수 있는 유일한 연못이었다. 또 다른 연구도 아시아 코끼리의 발자국이 특히 건기에 개구리의 핵심 서식지 역할을 한다는 사실을 발견했다.

코끼리, 매머드 등 몸무게가 몇 톤이나 나가는 거대 초식동물의 발자국은 수천만 년 동안 이렇게 임시 생태계 역할을 했을 것이다. 하지만 10년 전까지는 이를 공식적인 연구를 통해 발표한 과학자가 거의 없었다. 생명이 환경에 미치는 영향은 너무나 범위가 넓고 여러 겹에 걸쳐 있어서, 그것이 취하는 모든 형태를 우리는 아직 다 발견하지 못했다. 가장 크고 역동적인 생명체가 일으키는 영향조차도 말이다. 어떤 동물은 단지 걸어서 발자국을 남기는 것만으로도 지구를 재구성하고 뒤에 새로운 세계를 남겨놓을 수 있다.

오늘날의 홍적세 공원은 울타리가 쳐진 약 20제곱킬로미터의 공간으로, 말, 순록, 엘크, 양, 야크, 소, 들소 등 약 100종의 초식동물이 살고 있다. 공원 경계 밖에는 적어도 한 마리의 울버린이 있고 몇 마리의 북극여우와 불곰이 있다. 홍적세 공원 이야기를 들어본 사람이 기억하는 이야기는 단연 한 가지다. 이곳이 부활한 매머드의 서식지가 되리라는 것이다. 몇몇 과학자들이 유전자 조작을 통해 매머드를 되살리는 데 진지하게 관심을 기울이고 있다. '멸종 생물 복원de-extinction'이라고 불리는 더 큰 운동의 일부다. 하지만 빙하기의 생명체를 되살리는 것은 지모프의 목적이 전혀 아니었다. 니키타 지모프는 이렇게 말했다. "매머드에 대해 미디어가 하는 이야기는 독자와 시청자를 매혹합니다. 하지만 우리의 일은 사람들이 매머드 복제에 대한 어떤 연구도 생각조차 하기 전에 시작되었습니다…. 미래에 누군가가 내 방문을 두드리고 매머드를 가져다준다면 나는 기쁘게 그 매머드를 이 공원으로 데려올 것입니다. 홍적세 공원이 이득을 얻을지도 모르지요. 하지만 우리의 일은 그런 고려와는 별개이고 우리의 목적은 매머드 없이도 달성할 수 있습니다."

그들의 야망 중 일부는 이미 실현되고 있다. 내가 방문한 둘째 날, 니키타와 나는 빠른 배를 타고 연구기지를 출발해 콜리마 강을 따라 홍적세 공원으로 향했다. 한 시간쯤 가서 배를 대자마자 커다란 흙투성이 개 두 마리가 우리 주위를 뛰어다니며 반겼다. 공원 관리인의 개였다. 관리인들은 야생 서식지를 돌보기 위해 이곳에 상주한다. 표시가 되어 있지 않은 공원 입구가 선적용 나무 상자로 만든 집 모양을 하고 있었고, 근처에는 오두막 몇 채와 녹슨 배 몇 척이 있었다. 그리고 나무와 철망으로 된 우리가 있었는데, 아프거나 다친 동물을 위해 사용되고 있었다. 니키타와 나는 키 작은 버드나무 덤불과 껍질이 벗겨지고 있는 회색의 가느다란 낙엽송들이 있는 곳으로 들어갔다. 땅에는 마른 바늘잎이 마치 썩기를 거부하는 것처럼 잔뜩 쌓여 있었다. 니키타가 말했다. "어떤 동물도 이 식물들을 먹지 않습니다. 이 생태계에서는 그리 많은 일이 벌어지고 있지 않아요."

몇 미터를 걸어 들어가니 현저하게 다른 풍경이 나타났다. 풀이 무성하고 분홍과 노랑의 야생화들이 알록달록했다. 드문드문 가지와 잎이 떨어진 채 아직 남아 있는 버드나무들이 보였다. 니키타가 말했다. "5년 전에는 여기도 똑같은 [버드나무와 낙엽송] 숲이었습니다. 완전히 똑같았어요." 소, 야크, 양이 풀을 뜯고, 사람이 풀의 씨앗을 뿌리는 개입을 하면서, 전에 낙엽송 지대였던 곳이 초원으로 바뀌었다. 니키타는 낙엽송은 너무 작고 뿌리가 얕아서 탄소를 많이 고정하지 못한다고 설명했다. 200년이 되어도 책상다리 하나 두께 정도로밖에 자라지 못하는데, 다른 나무가 그 정도 연령이었다면 되었을 굵기보다 훨씬 가는 것이다. "빛 반사율을 눈으로 볼 수 있습니다." 니키타는 어두운 색의 숲과 멀리 있는 연한 색의 풀잎을 대조하는 동작을 취하면서 설명을 이어갔다. 니키타와 동료들은 계절에 따라 다르긴 하지만 풀을 뜯는 동물이 사는 땅 위의 대기는 풀이 없는 땅 위의 대기보다 많게는 13도 가량까지도 온도가 낮으며 평균적으로는 2도 가량 온도가 낮다는 사실을 발견했다. 또한 풀을 뜯는 동물이 사는 토양은 비옥도가 높아지고 뿌리가 잘 자라기 때문에 더 많은 탄소를 저장한다.

하지만 홍적세 공원과 매머드 대초원의 차이는 부인할 수 없게 막대하다. 과학자들은 홍적세 동안 적어도 10억 마리의 대형 초식동물이 이 대륙에 존재했으리라고 추산하며, 대다수는 북쪽의 초원에 살았을 것이다. 세르게이는 숫자를 말할 때 그가 하려는 일의 어마어마한 규모를 부인하려는 듯 대수롭지 않은 어조로 말했다. 그는 현대의 시베리아에 5,000만 마리의 대형 초식동물들이 산다면 너무 기쁠 것 같다고 했다. 그는 그 정도면 영구동토대를 손상시키지 않기에 충분하리라고 본다. 그리고 지금으로서는, 공원 내에 100만 마리가 있으면 만족할 것이다. 그는 그것으로도 안정적인 생태계가 되기에 충분하다고 했다. 하지만 아직 그 목표의 0.1퍼센트에도 도달하지 못했다.

북극은 이러한 규모의 실험을 하기에 이상적인 장소다. 땅이 아주 많고 대부분 야생 공간이다. 하지만 넓고 외지다는 사실이 이 작업을 한층 더 어렵게 만들기도 한다. 지모프가 갑자기 매우 너그러운 후원금을 받게 되거나 동물을 기증받는다고 해도, 시베리아까지 안전하게 옮겨오는 일 등 더 작은 문제들이 있다. 지모프는 20년 넘게 주로 자기 돈과 크라우드 소싱으로 모은 몇천 달러로 프로젝트 자금을 충당했다. 현재 이 공원에 있는 100여 마리의 동물 중 상당수는 이들이 자체적으로 위험한 모험에 나서서 조달해 온 동물들이다. 브란겔랴섬으로 곡절 많은 출동을 했을 때처럼 말이다. 세르게이는 과학계에서 북극 생태학 전문가로 존중받고 있고, 홍적세 공원의 열렬한 팬들도 있다. 하지만 대부분의 과학자들은 그의 원대한 야망을 일종의 미심쩍은 존경을 가지고 바라볼 뿐이다. 의도와 그 배경의 과학 이론은 환영하더라도, 전체적인 체계가 실현 가능하다고는 생각하지 않는 것이다.

니키타가 말했다. "어떤 사람들은 이 공원이 실제로 가능하다고 믿지 않습니다. 너무 큰 노력이 든다, 기후변화는 이미 도래했다, 시간 안에 실현하지 못할 것이다, 말하면서요. 그 사람들 말이 맞을지도 모르죠. 하지만 중요한 것은, 아무것도 하지 않으면 아무 일도 일어나지 않는다는 것입니다. 기록만 하고 있거나 '이러다 우리 다 죽어' 소리만 지르고 있을 게 아니라 현실에서 실제로 무언가를 하지 않는다면, 아무것도 일어나지 않습니다."

지모프의 가장 강한 열망이자 가장 큰 도전 하나는 홍적세 공원에 들소를 다시 들여오는 것이었다. 홍적세의 평원에 많았던 들소는 시베리아 기후를 견딜 수 있는 현존하는 •포유류 중 가장 큰 동물에 속한다. 니키타는 내가 도착하기 몇 달 전에 12마리의 어린 들소를 덴마크의 한 농부에게서 구매해 트럭과 바지선으로 체르스키까지 옮겨왔다. 5주나 걸린 힘겨운 여정이었다. 풀어놓자마자 들소들은 그게 무엇인지 모르는 채로 곧바로 호수로 뛰어들었다. 그리고 뭍으로 비실비실 올라와서는 수풀 속에 숨어버렸다. 이후로 지모프 부자는 들소의 흔적은 많이 볼 수 있었지만 들소 자체를 보지는 못했고 들소들이 어쩌고 있는지 궁금했다.

홍적세 공원을 방문했을 때, 나는 니키타, 세르게이, 그리고 몇몇 공원 관리인과 함께 들소 찾기에 나섰다. ATV가 자주 다닌 경로를 따라 길이 만들어져 있었고, 우리는 반쯤 마른 진흙땅과 스타모스와 갈대가 가장자리에 나 있는 썩은 물 웅덩이를 피해 조심조심 발을 디뎌가며 길을 따라갔다. 공중에는 모기가 아주 많았다. 구름 떼 같은 모기가 가차 없이 우리를 따라왔고 긴 소매 옷을 입고 모기장을 뒤집어썼는데도 소용이 없었다. 들소의 발자국, 배설물, 털이 묻은 잔가지 등은 발견했지만 들소는 보이지 않았고 소리도 들리지 않았다.

이윽고 우리는 파도처럼 기복을 이루는 풍경에 도착했다. 수북한 풀 무더기가 마치 닥터 수스의 그림책에서 튀어나온 것 같았다. 각 무더기는 거대한 버섯 줄기 같은 모양의 흙덩이에서 돋아나 있었다. 그 들판을 가로지르기란 아크로바틱 훈련처럼 힘들었다. 자칫하면 풀 무더기를 넘어뜨리게 되거나 풀 무더기에 가려서 안 보이는 틈 사이로 발이 빠질 수 있었다. 그곳을 다 지나온 다음, 가져온 드론을 날렸다. 드론 카메라로 들소를 찾아보려는 것이었다. 전에도 몇 번 시도해 보았지만 성공하지 못했다고 했다. 하지만 이번에는 우리가 서 있는 곳에서 멀지 않은 위치에서 들소를 발견했다.

우리는 들소를 우리에 몰아넣기 위해 두 그룹으로 나뉘어서 빠르게 이동했다. 우리로 데려가야 들소의 건강 상태를 확인하기가 더 쉬울 터였다. 니키타와 두 명의 공원 관리인은 왼쪽으로 가서 숲속 깊이 들어갔다. 세르게이와 나는 오른쪽으로 가서 나무가 별로 없는 공원 울타리 가까운 길에 서 있었다. 세르게이에게 무엇을 하면 되냐고 물었더니, 쉭쉭 소리를 내라고 했다. "나를 따라하세요. 1미터 뒤에서요. 들소를 보시면 절대로 움직이면 안 됩니다. 내가 멈추면 같이 멈추시는 거예요. 무언가가 무서우시면, 담장 기둥 위로 뛰어올라서 철망을 붙들고 계세요."

우리는 조심스럽게 앞으로 이동했다. 막 싸놓은 똥 무더기가 많았다. 세르게이는 허리를 숙여 떨어진 나뭇가지 하나를 살펴보더니 만족스러운 듯 그것을 챙겼다. 갑자기 니키타와 공원 관리인이 경고 소리를 냈다. 들소를 발견한 것이다. 이들은 "흡흡" 소리를 내고 휘파람을 불면서 들소에게 그들의 존재를 알리고 들소들이 계속 움직이게 했다. 놀란 들소들이 정신없이 숲을 달렸고 세르게이와 나의 바로 앞에까지 와서 멈췄다. 전체 무리는 10마리 가량이었고 작은 뿔, 신중한 눈, 현무암처럼 짙은 색의 짧은 털이 있었다. 어린 송아지들이었지만 무시무시했고, 떼로 몰려 있으니 더 그랬다. 소들은 머리를 흔들면서 발을 굴렀다. 당장이라도 우리를 공격할 것 같았다.

세르게이는 모세처럼 아까 주운 나뭇가지를 들고 조용히 앞에 있는 동물들을 몰면서 러시아어로 읊조렸다. "작은 들소야, 작은 들소야. 이쪽으로 오지 말아라." 들소들은 숲으로 물러갔다. 숲에 있던 니키타와 공원 관리인들이 들소들이 더 멀리 도망가지 못하게 막았다. 들소가 숲에서 우리 쪽으로 나타날 때마다 세르게이가 앞을 막았고, 들소가 다른 방향으로 달려가려 하면 니키타와 공원 관리인들이 길을 막았다. 우리는 이런 식으로 들소 떼를 조금씩 몰아서 사용되지 않는 우리 안까지 들어가게 할 수 있었다. 지모프와 관리인들은 재빨리 나무와 철망으로 된 임시 방책으로 입구를 막았다. 갇힌 들소들은 불안해하면서 우리 안을 이 구석부터 저 구석까지 뛰어다녔다. 울타리를 몸으로 부딪치기도 했다. 나뭇가지를 쌓은 울타리에 불과했지만 그래도 튼튼했고, 들소들은 점차로 안정을 찾았다.

공원 관리인이 들소들을 살피는 동안 세르게이와 나는 공원 탐험을 계속했다. 전형적인 버드나무와 낙엽송 지대를 가로지르고 강을 건너서 0.5제곱킬로미터 정도 면적의 풀밭에 들어섰다. 세르게이는 이곳이 전에는 늪지였다고 알려주었다. 풀을 뜯는 동물들이 풀의 생장을 촉진했고 이로써 수증기의 증발 속도가 높아지고 과다한 물이 다른 곳으로 빠지면서, 이제는 중단 없이 쭉 이어진, 이 공원에서 가장 큰 풀밭이 되었다. 세르게이가 양팔을 활짝 벌리며 말했다. "여기가 이 풍경의 미래입니다."

우리는 물결치는 풀밭을 가로질러 공원 입구를 향해 걸어갔다. 멀리 부드러운 갈색의 소, 살짝 그을은 마시멜로색의 양, 너무나 잘 생기고 근육질이어서 조각품에 생명을 불어넣은 듯 싶은 사하 말이 보였다. 들소와 달리 공원의 베테랑 거주자인 이 동물들은 우리의 존재를 개의치 않았다. 그들은 세상의 가장자리에 있는 이 은신처가 완전히 편안해 보였다. 그들 자신이 육성에 일조하고 있는 풀과 토양과 하늘만큼이나 이곳의 일부로서 말이다. 이 동물들은 자신의 영역을 지키는 청지기이자 자신의 에덴동산을 지은 설계자였다.

가까이 다가가면서 나는 얼룩덜룩한 크림색과 시나몬색의 가죽을 가진 야크에게 특히 매혹되었다. 너무나 우아하게 길고 두꺼운 털이 복부를 다 덮고 있었고 머리에서 난 털은 얼굴을 절반이나 가리고 있었다. 나는 야크가 풀을 뜯고 있는 데서 몇 발짝 떨어지지 않은 곳까지 다가갔다. 야크는 고함을 치지도, 놀라지도 않았고, 다리 하나 움직이지도 않았다. 몇 분 동안은 내가 거기 있는 줄을 알아차리지도 못한 것 같았다. 이윽고 야크는 고개를 들고 머리를 흔들어 머리털을 옆으로 치우고서 흑요석 같은 눈으로 나를 바라보았다. 그리고는 다시 고개를 내리고 풀을 뜯었다.

3장 우주 속의 정원

내 첫 번째 정원은 캘리포니아의 우리 집 옆, 가로 세로 약 1.2미터 1.4미터의 놀고 있던 네모난 땅이었다. 나는 열두 살 어린 나이에 그 땅을 맡게 되었다. 잡초를 싹 뽑고 땅을 갈고 부추, 파슬리, 순무, 토마토 등 허브와 식물 씨앗을 심어서 키웠다. 옥수수 묘목이 내 키의 두 배가 되는 단단한 줄기로 솟아오르는 것에 흥분했던 기억과 삽으로 땅을 파서 슈퍼마켓에 있는 것만큼 굵은 당근을 수확했을 때 흡족했던 기억이 지금도 새롭다. 이 경험이 어찌나 좋았던지 〈새너제이 머큐리 뉴스〉의 독자 투고란에 부끄럽게도 진지하기 짝이 없는 글을 보내기도 했다(다행히도 짧은 글이었다). 나는 독자들에게 텃밭 가꾸기를 독려하면서 자신의 노동으로 '채소'를 수확하라고 촉구했다(엄마는 아직도 이 기사 오려놓은 것을 가지고 계신다).

대학에 가기 위해 집을 떠나고 10년간은 텃밭을 가질 기회가 거의 없었다. 매사추세츠주 케임브리지로 가서 언론 일을 처음 하게 되었을 때 공동체 텃밭의 한 구역을 신청했다. 하지만 답은 3년 뒤에 딱 한 번 받았는데, 아직 자리가 안 났다는 내용이었다. 더 나중에 뉴욕 브루클린에서 지상층에 세를 살게 되었을 때는 비비추, 백합, 수국이 줄지어 있는 정원 관리를 잠깐 도왔다. 하지만 서부로 돌아오고 몇 년이 지난 30대 초반이 되어서야 마침내 내 땅에 정원을 가꿀 수 있게 되었다.

2020년 여름에 나는 파트너 라이언과 오리건주 포틀랜드에 집을 샀다. 남쪽으로 널찍한 뒤뜰이 있는 게 특히 신이 났다. 당시에는 장비들을 넣어 두는 헛간과 방치되다시피 한 잔디뿐이었다. 하지만 우리는 이 뒤뜰이 우리가 원하는 대로 하나하나 처음부터 정원을 만들 수 있는 이상적인 도화지이자 개인 수준에서 지구와 맺는 관계를 바꿀 수 있는 기회가 되리라고 생각했다. 우리는 북극의 땅을 변모시키려는 미래 지향적인 과학자도 아니었고 글로벌 기후를 모델링하는 슈퍼컴퓨터에 접근할 수도 없었으며 접근한다 해도 그것을 다룰 전문성도 없었지만, 지구의 작은 조각인 우리 집 땅이 있었고 그 땅이 번성하게 마음껏 도울 자유가 있었다. 말라비틀어진 잔디 뗏장밖에 없던 곳에서 빠르게 변화하는 기후에 잘 적응하고 탄소를 잘 저장하는 다양한 야생 생물 군락을 일굴 수 있을지도 모르지 않는가!

우리는 즉시 계획에 돌입했다. 미술과 건축을 전공한 라이언이 여러 측면에서 본 설계도 초안들을 그렸다. 긴 네모꼴 땅이 더 환영하는 듯한 형태를 갖추도록 바닥에 구불구불 돌길을 놓고 돌길의 일부에는 키 작은 나무와 관목으로 벽을 세우기로 했다. 정원의 앞쪽에는 연못을 만들어 돌길의 다른 쪽에 있는 바위 정원과 대칭을 이루게 할 생각이었다. 정원 뒤쪽은 막힌 곳 없이 해가 잘 들기 때문에 틀밭을 줄지어 넣어 허브, 베리, 채소를 키우면 좋을 것 같았다. 울타리에는 벽을 타고 자라는 과수나무를 키우고 정원 전체에 걸쳐 꽃가루 매개 동물들이 좋아하는, 꽃이 오래 가는 다년생 꽃식물을 심을 생각이었다.

하지만 맨 먼저 꼭 해야 하는 일이 있었으니, 기존의 잔디를 없애야 했다. 아무렇게나 잘 자라는 긴 풀이나 사초와 달리 꽃, 모종, 다듬은 잔디는 야생 생물에게 양분이나 서식지는 거의 제공하지 않으면서 물과 비료는 아주 많이 잡아먹는다. 서구 문화에서는 (부와 활력의 상징으로서) 파란 잔디밭을 비옥한 공간이라고 생각하는 경향이 있지만 어떤 정원에서든 잔디밭은 가장 생명력 없고 빈약한 부분이기 쉽다.

늦여름에 우리는 뒤뜰에서 약 55평 면적의 잔디를 모두 제거하기 위해 조경업자 테드에게 일을 맡겼다. 그 일이 시작되기를 기다리는 동안 훨씬 작은 앞뜰의 잔디는 우리가 삽과 곡괭이로 직접 해결하기로 했다. 앞뜰의 서쪽 면에는 더글러스전나무를 심고 그 아래에 그늘 정원을 만들 생각이었고, 볕이 더 잘 드는 동쪽에는 해를 좋아하는 색색의 꽃을 심을 생각이었다.

성가신 잔디 일부를 자르고 들어 올려서 그 아래의 땅이 드러나자마자, 풍성한 정원을 만들겠다는 원대한 계획이 너무 순진하고 헛된 꿈이 아니었나 덜컥 걱정이 들기 시작했다. 그때는 토양에 대해 잘 몰랐지만, 이전의 경험으로 미루어보건대 이상적인 정원 토양은 부드럽고, 색이 짙고, 잘 바스러져야 했다. 그런데 앞뜰에서 드러난 땅은 정반대로 건조하고, 색이 누렇고, 단단했다. 삽은 소용이 없었고 곡괭이로도 돌, 벽돌, 시멘트 덩어리에 자주 걸려 몇 센티미터 이상 팔 수가 없었다. 흙덩이를 손으로 쥐어보니 화강암처럼 단단했다. 부술 수 있었던 몇 안 되는 작은 흙덩이는 먼지처럼 푸석푸석했다.

뒤뜰이라고 상황이 더 낫지 않았다. 그해에 있었던 몇 차례의 폭염이 닥친 어느 날 조경업자 테드가 소형 굴착기를 가지고 뒤뜰에 들어와 금속 갈고리로 땅에서 잔디를 들어 올리기 시작했는데, 그가 파내는 흙도 앞뜰에서 내가 파낸 흙과 다를 게 없었다. 단단하고 건조하고 돌투성이였다. 기계로 땅을 긁어서 성기게 만들어보려 했지만 어떤 곳들은 흙이 너무 말을 듣지 않아서 테드가 절망으로 거의 두 손을 들게 만들었다. 테드는 얼굴과 목에서 비 오듯 흐르는 땀을 닦으면서 "콘크리트를 파는 것 같다"고 말했다.

이웃의 이야기를 들어보고 구글맵의 아카이브 이미지들도 살펴본 결과, 우리 집 땅과 그 바로 동쪽에 면한 땅이 한때는 한 집에 속해 있었으며 초췌한 잔디 외에는 정원이라 부를 만한 땅이 전혀 아니었다는 사실을 알 수 있었다. 일부는 주차장이었다. 이후 개발업자들이 옆집을 리모델링하고 이어서 우리가 산 집을 짓는 동안 우리 집 뒤뜰 자리는 공사 현장이었다. 그 다음에 새로 깐 잔디는 10년간 방치되어 있었던 땅을 가리는 초록의 얇은 휘장에 불과했다.

며칠간 땅을 파고 나서 나는 미래의 정원 가운데로 가 삽의 뾰족한 부분을 땅에 꽂아 세우고 몸무게를 실어 내리눌러보았다. 꿈쩍도 하지 않았다. 여러 번 최대한 세게 몸무게를 실어 삽에 힘을 주었고 마침내 몇 센티미터를 밀어 넣을 수 있었다. 무릎으로 앉아서 먼지가 풀풀 피어오르는 흙을 한 줌 쥐어 얼굴 가까이 가져왔다. 충분히 오래 들여다보면 모든 비밀을 알려주기라도 할 듯이 말이다. 그 시점에 나는 절망의 문턱까지 가 있었다. 나와 라이언의 원대한 정원 계획은 너무 성급한 야망이었음이 분명했다. 우리는 정원의 모양과 분위기를 계획하는 데는 그렇게 많은 시간과 에너지를 썼으면서도 정원의 토대 자체에 대해서는 제대로 생각해 보지 않았다. 나는 지렁이, 개미, 식물 뿌리, 아니 생명의 어떤 흔적이라도 찾아보려고 손가락으로 흙을 긁어보았다. 하지만 아무것도 없었다.

여기에서 대체 무엇을 기를 수 있을까?

우리가 앞뜰과 뒤뜰에서 발굴한 훼손의 역사는 인간종이 지구의 흙에 수천 년간 해온 일의 축소판이다. 흰개미부터 몸무게가 4톤이나 나가는 땅늘보까지 우리보다 앞서서 등장했던 모든 동물처럼, 인간도 지구의 지각과 토양을 근본적으로 바꾸었다. 환경 파괴의 위험은 매연을 뿜어내는 공장이나 콘크리트의 거대 도시 이미지로 형상화되곤 하지만, 도시, 길, 기차, 광산, 발전소 등 인간의 인프라는 지구의 거주 가능한 땅 중에서 차지하는 비중이 3퍼센트도 안 된다. 인간의 손에 의해 변모된 땅 중 훨씬 더 많은 부분이 주거나 에너지 생산이 아니라 텃밭의 대형 버전이라고 할 수 있는 농경에 쓰인다. 1,000년 전에는, 빙하에 덮이지 않고 척박하지 않은 땅 중 6퍼센트 이하만 농업에 사용되었다. 오늘날에는 지구의 거주 가능한 땅 가운데 절반이 작물과 가축을 기르는 데 사용된다.

최초의 농민은 땅을 파는 막대기, 괭이, 그밖에 돌과 나무로 만든 간단한 도구를 사용했을 것이다. 이르게는 17만 1,000년 전부터도 네안데르탈인들이 현재의 이탈리아에서 돌과 불을 사용해 약 90센티미터 길이의 회양목 막대기를 만들어 땅을 파는 데 썼다. 뿌리식물과 구황식물을 캐고, 식물을 갈고, 굴을 파는 작은 동물을 때려잡는 데 쓰였을 것이다. 정확한 시기는 알 수 없지만 이 시점보다 훨씬 나중에 인간은 역사상 가장 큰 영향을 미친 테크놀로지라 할 만한 도구를 발명하는데, 바로 쟁기다. 지형학자 데이비드 R. 몽고메리David R. Montgomery는 쟁기의 발명이 인간의 문명에 혁명을 가져왔을 뿐 아니라 "지구의 표면도 변모시켰다"고 말했다.

볏 없는 밭갈이용 쟁기는 적어도 6,000년 전에 메소포타미아에서 나타났다. 나무로 만들었고 사람이나 동물이 끌어서 땅을 긁으면 토양에 얕은 골이 형성되어 거기에 씨앗을 심을 수 있었다. 쟁기는 차차 돌로, 더 나중에는 금속으로 만들어지면서 점점 크고 강력해졌다. 정교한 야금술의 오랜 역사가 있는 인도에서는 2,700년 전에 쐐기 같은 날이 땅을 길게 베듯이 갈 수 있는, 철제 날이 달린 쟁기도 만들었다. 한참 더 뒤에는 보습 위에 넓적하고 구부러진 철판인 볏을 댄 쟁기가 등장해 널리 사용되었다. 이 쟁기는 토양의 위쪽 층을 뒤집을 수 있어서 잡초와 이전 작물의 잔해를 편리하게 땅 아래에 묻을 수 있었다.

쟁기가 등장하면서 인류는 농업의 핵심 딜레마 하나에 직면하게 되었다. 반복적으로 땅을 갈면 결국에는 토양의 비옥도가 파괴된다는 점이다. 단기적으로는 밭갈이, 즉 경작을 목적으로 토양을 들뜨게 해 교란하는 작업이 농민에게 다양한 이득을 준다. 토양을 성기게 만들어 잡초 뽑기가 쉬워지고 분뇨 등 기타 영양분이 잘 흡수되며 작물의 발아와 뿌리 성장을 촉진한다. 하지만 장기적으로는 공생하는 식물, 균류, 미생물을 없애고 토양이 바람이나 물에 잘 쓸려가게 만들어 토양 생태계를 심각하게 교란한다. 농경지의 지속적인 개간과 경운은 숲을 매년 불도저로 미는 것이나 마찬가지다. 토양이 약해지고 보호가 되지 못한다. 토양이 식물 갑옷을 잃으면 바람이나 비가 약간만 닥쳐도 재앙이 된다. 토양에 구조를 부여하는 입자들을 흩어버리게 되기 때문이다. 바로 이러한 종류의 취약성에 극단적인 가뭄이 결합한 재앙의 사례가 1930년대의 더스트볼Dust Bowl이었다.

볏쟁기의 기본 디자인은 수천 년간 달라지지 않았고, 전 세계 사람들이 전에는 경작이 불가능하던 땅을 경작할 수 있게 해주었다. 1813년에 토머스 제퍼슨Thomas Jefferson은 "농민의 쟁기는 마법사의 지팡이와 같다"고 언급했다. 19세기 중반에 농업혁명과 산업혁명은 증기 동력으로 움직이는 상업용 쟁기의 형태로 결합했다. 그리고 곧 이 쟁기는 트랙터처럼 석유와 내연기관으로 작동하는 농기계에 자리를 내주었다. 기계화된 장비들 덕분에 농민들은 한층 더 척박한 땅으로까지 농업을 확장할 수 있었고, 특히 부유한 산업 국가들에서 농업의 전반적인 효율성이 극적으로 높아졌다.

그와 동시에, 화석연료 기계들은 비옥한 토양의 파괴를 가속화했다. 농경, 목초지의 과다한 사용, 산림 파괴 등 인간이 땅을 교란하는 방식은 토양이 생성되는 속도에 비해 평균 10~30배 빠르게 토양을 침식시켜서 수 세기에 걸쳐 축적된 토양을 10년도 안 되는 사이에 고갈시켰다. 2021년의 한 연구에 따르면, 미국의 '옥수수 벨트Corn Belt' 지역 농경지 중 3분의 1이 이미 표토表土를 모두 잃었다. 아프리카와 아시아의 어떤 지역에서는 토양이 다시 채워질 수 있는 속도보다 100배 빠르게 사라지고 있다. 전 세계적으로 일반 농경이 이뤄지는 땅의 약 3분의 1이 수명이 200년도 되지 않으며, 적절한 개입이 없으면 그중 16퍼센트가

한 세기 안에 사라질 것으로 보인다.

광범위한 토양 고갈이 일으키는 가장 심각한 문제는 식물 생장에 필수적인 질소가 빠르게 고갈되는 것이다. 20세기 이전의 많은 사회에서는 농민들이 화석화된 변이나 페루의 연안 섬에서 채취한 새들의 구아노, 그리고 칠레의 아타카마 사막에서 채취한 초석(질산나트륨) 등 몇몇 강력한 비료에 의존했다. 초석은 일반 분뇨보다 질소를 30배까지 많이 가지고 있을 수 있었다. 하지만 19세기 말이면 이러한 제한적이고 잘 알려지지 않은 비료 원천이 바닥날 위기에 처했고, 엄청난 위기가 오리라는 경고등이 울렸다. 이미 많은 양의 곡물을 수입에 의존하고 있었고 경작 가능한 농경지가 빠르게 사라지고 있던 독일, 영국 등 유럽 국가들에서 특히 우려가 컸다. 1898년에 영국고등과학회 회장 윌리엄 크룩스William Crookes는 세계의 밀 경작지가 "받고 있는 압력에 비해 완전히 불균형적"이라며 "모든 문명화된 국가들이 식량이 충분치 않아질 끔찍한 위험에 처해 있다"고 언급했다. 크룩스는, 누군가가 작물에 질소를 공급하는 새로운 방법을 개발하지 않는다면, 이르게는 1930년이면 글로벌 밀 부족 사태가 벌어질 것이라고 내다봤다.

생명체는 모두 질소를 필요로 한다. 질소는 유전자, 단백질, 효소의 주성분이다. 질소는 지구 대기의 78퍼센트나 차지하는 풍부한 기체이지만, 생명체 대부분은 기체 형태의 질소를 활용하지 못한다. 대기 중의 질소 원자 두 개는 거의 가장 강력한 분자 결합을 하고 있어서, 번개 정도나 쳐야 그 결합을 깨뜨릴 수 있지 그 외에 질소의 분자 결합을 깰 만큼 강력한 물리적 현상은 몇 안 된다. 분자를 깨뜨려서 새로운 분자로 결합하기가 매우 어려운 탓에 대부분의 생명체에게 기체 상태의 질소는 소용이 없다. 이 난제에 직면해서 지구는 복잡하게 상호 연결된 과정을 진화시켜냈다. 막대한 양의 질소가 지속적으로 하나의 화학적 형태에서 또 하나의 화학적 형태로 전환되면서 공기와 바다와 땅의 생물과 무생물 사이를 순환하는 것이다. 그리고 이 순환에서 미생물이 핵심적인 역할을 한다. 박테리아 같은 미생물은 대기 중의 질소를 깨뜨려 암모니아, 질산염, 아질산염 등 생물이 사용할 수 있는 분자로 바꿀 수 있는 효소를 진화시킨 유일한 존재다. 질소를 고정하는 미생물 중 일부는 대두, 콩 등 콩과식물의 뿌리에서 공생하고 일부는 흙이나 물에서 독립적으로 산다. 또한 미생물들은 질소가 가득 든 식물, 동물, 균류의 잔해를 분해해 다시 기체 형태로 만든다. 모든 복잡한 생명은 질소를 다룰 수 있는 미생물이 부리는 화학적 마법에 의존한다.

하지만 20세기 초에 우리 인간종은 질소 기체를 분리해 인공적으로 암모니아를 합성하는 방법을 발견했다. 복잡한 생명체의 역사상 전례가 없는 대사건이었고, 이는 지구의 화학적 순환을 극적으로 변모시켰다. 1907년에 이에 못지않게 혁신적인 방법을 통해 독일의 화학자 발터 네른스트Walther Nernst와 프리츠 하버Fritz Haber가 각각 독립적으로 강한 열과 압력으로 질소 기체를 분해하고 질소 원자를 수소와 결합해 암모니아를 만드는 방법을 알아냈다. 하버와 화학 기업 '바스프BASF'의 카를 보슈Carl Bosch, 그리고 보슈의 조수 알빈 미타쉬Alwin Mittasch는 더 적합한 촉매를 사용하는 등의 방법으로 산업적 규모의 생산이 가능하도록 공정을 개선했다. 1913년이면 독일 남서부 오파우의 공장이 연 7만 톤의 암모니아를 생산하고 있었고, 몇 해 뒤에는 독일 동부 레우나에 더 큰 공장이 지어져 연 14만 6,000톤을 생산했다.

하버-보슈 공정은 인간이 발명한 가장 중요한 산업 공정으로 꼽힌다. 처음에 독일은 주로 더 많은 폭약을 만들기 위해 암모니아 합성 기술을 사용했고, 그리하여 제1차 세계대전을 장기화했다.○ 보슈가 베르사유 평화 협상에서 이 공정을 공개하면서 다른 나라들도 암모니아를 합성하게 되었다. 약간의 개선을 거친 뒤 하버-보슈 공정은 전적으로 새롭고 매우 안정적인 질소비료의 원천을 제공함으로써 임박했던 글로벌 식량 위기를 피하고 인구가 막대하게 증가할 수 있게 했다. 20세기 동안 세계 주식 곡물의 총 산출은 7배나 늘었고 전체 인구는 16억에서 60억 명이 되었다. 이제 전 세계 인구의 신체에 있는 질소 중 50퍼센트가 하버-보슈 공정으로 만들어진 것으로 추산된다. 합성 질소비료가 없었다면 오늘날 전 세계의 작물 수확은 절반도 안 되었을 것이고 현재의 인구 5명 중 2명은 존재하지 않았을 것이다.

이 역사적인 대전환이 다 암모니아 합성 때문은 아니다. 20세기 중반에 록펠러 재단과 포드 재단 등 여러 기관이 더 산출이 높은 밀과 쌀, 옥수수 등을 생산하기 위한 작물 개량 연구에 자금을 지원했다. 어떤 것은 더 빠르게 자랐고, 어떤 것은 한 해에 여러 차례 수확할 수 있었으며, 어떤 것은 더 짧고 단단한 줄기

○ 확고한 애국자였던 하버는 제1차 세계대전에 쓰일 독가스도 개발했고 전쟁에서의 활용을 지휘했다. 1915년 5월 그의 아내인 화학자 클라라 임머바르 하버Clara Immerwahr Haber는 군권총으로 자살했는데, 남편의 화학 무기 연구에 반대했던 것도 한 이유였다고 전해진다.

를 가지고 있어서 낟알을 더 많이 지탱할 수 있었다. 고산출 품종들의 발명과 확산이 화학비료, 농약, 관개, 기계화된 농업 장비의 광범위한 사용과 결합되면서 '녹색혁명'이 일어났다. 이는 작물의 산출량을 극적으로 늘렸고 중국, 인도, 브라질, 멕시코 등 많은 개발도상국에서 기아와 영양실조를 없앨 수 있었다. 주된 예외는 사하라 이남 아프리카였는데, 이곳은 운송료가 높고 관개가 제한적이며 인프라가 부족하고 가격 정책이 불평등해서 녹색혁명이 성공하지 못했다.

녹색혁명은 10억 명 이상을 기근에서 구했을 뿐 아니라 세상의 많은 황야와 토양도 파괴에서 구했다. 과거에는 증가하는 인구를 먹일 방법이 농경지를 확장하는 것 뿐이었다. 그런데 하버-보슈 공정과 녹색혁명은 인류를 이러한 제약에서 어느 정도 해방시켰다. 이제 농민들은 같은 땅에서 1960년대의 산출에 비해 거의 세 배나 많은 곡물을 생산할 수 있다. 이러한 발달이 없었으면 미국과 인도를 합한 것만한 면적인 14억 8,000만 헥타르 정도의 황야가 농경지로 전환되어야 했을 것이고 지구는 그것의 서너 배 정도 되는 우림을 잃었을 것이다.

하지만 합성비료 등 현대의 농업 기반은 글로벌 생태계를 왜곡했고 사회경제적 불평등을 증가시켰으며 세계 곳곳에서 토질을 저하시켰다. 녹색혁명 때 도입된 고산출 종자 다수가 아주 많은 물과 비료와 농약을 필요로 했고, 그런 자원을 구할 돈이 없는 농민들은 불리했다. 어떤 곳에서는 단일 경작으로 고산출 종자에 집중하면서 전반적인 식단의 다양성이 크게 줄었고 특히 가난한 사람들 사이에서 더욱 그랬다. 또한 과도하게 사용된 농약과 비료가 새어나가거나 흘러넘쳐서 지하수와 호수와 강을 오염시켰고, 해양에 녹조류가 증가해 데드존이 생겼으며, 꽃가루매개 동물과 그 밖의 야생동물도 피해를 입었다. 몇몇 추산에 따르면, 하버-보슈 공정은 지구의 연간 에너지 공급량의 2퍼센트를 필요로 하며 세계의 이산화탄소 배출에서 1.4퍼센트를 차지한다.

하버는 자신의 발명이 전적으로 유익하기만 한 것도 아니고 지속 가능한 것도 아니라는 사실을 알고 있었던 듯하다. 1920년에 노벨상 수상 강연에서 그는 "이것은 최종 해법이 아니"라고 말했다. "질소 박테리아는 우리로서는 아직 모방할 방법을 모르는, 살아 있는 물질의 정교한 화학을 '자연'이 알고 있고 사용하고 있음을 알려주었습니다. 우리가 그 방법을 알게 될 때까지 임시로 질소비료를 통해 비옥도를 높여 인류에게 새로운 영양학적 풍성함을 주고 화학 산업이 대지에서 돌을 빵으로 바꾸는 농민들을 도울 수 있다면 충분할 것입니다."

앞뜰과 뒤뜰의 땅을 파보고서 라이언과 나는 정원 계획을 대폭 수정했다. 우리는 가능한 모든 방법을 동원하고 우리가 극복할 수 없는 제약에는 적응하면서 먼저 토질부터 개선하기로 했다. 여름의 열기와 건조함이 누그러지면서 살펴보니 상황이 처음에 생각했던 것만큼 절망적이지는 않았다. 뒤뜰 여기저기에 조금씩 땅을 파고 물이 잘 빠지는지 부어보았더니 비교적 부드럽고 색이 짙으며 성긴 땅이 몇 군데 있었다. 우리 뜰의 토양이 분명 이상적이지는 않았으나 전체가 다 끔찍하지는 않았다. 처음에 손과 무릎으로 기면서 땅을 팔 때 느꼈던 절망의 순간은 감상적으로 과장된 면이 없잖아 있었을 것이다.

조경업자 테드는 양질의 흙으로 틀밭을 채워주기로 했고 정원 전체적으로 토양을 개선하는 데 도움이 되도록 흙을 더 가져다주겠다고 했다. 9월 초에 테드와 동료들이 슬링어 트럭을 가지고 당도했다. 돌아가는 컨베이어 벨트가 달린 덤프트럭이라고 보면 된다. 그들은 트럭을 우리 집 진입로에 후진으로 세운 뒤 뒤뜰로 이어지도록 각도를 조절해 컨베이어 벨트를 연장하고 스위치를 켰다. 몇 초 만에 흙이 9미터 길이의 벨트를 따라 우리 집의 한쪽 구석을 위로 지나 빈약한 뜰로 폭포처럼 흘러가기 시작했다. 네덜란드산 코코아 가루처럼 짙고 부드러운 토양이 바람에 날렸고 차고와 울타리가 검은 흙먼지로 뒤덮였다. 콧구멍에는 비옥한 흙의 향이 가득했다. 반 시간도 안 되어서 트럭은 우리 집 뜰에 작은 언덕 하나를 만들어놓았다. 라이언과 나는 며칠을 들여서 외바퀴 손수레로 나무 틀밭에 흙을 옮겼다. 틀밭은 뒤뜰 울타리를 따라 라이언이 미리 설계하고 설치해 두었다. 남은 흙은 뜰 전체에 뿌려서 약 8센티미터 두께의 새로운 층을 만들었다.

우리는 토양의 허약한 기저 상태를 고려해 무성하고 자원을 많이 잡아먹는 식물 대신 척박한 데서도 잘 자라고 가뭄에 잘 견디는 토종 식물을 선택했다. 양분이 부족한 땅에서도 잘 자라거나 적어도 잘 견딜 수 있는 식물들이었다. 돌길을 따라서는 펜스테몬, 히솝, 금계국을 심으면 되겠다고 생각했다. 앞뜰의 동쪽 절반, 뗏장을 걷어내고 돌이 많은 흙을 파느라 죽을 고생을 했던 곳에는 야생화가 무성하게 자라도록 씨를 뿌리기로 했다. 다년생 꽃과 달리 우리가 야생화라고 부르는 것들의 상당수는 척박하고 교란된 토양에서도 빠르게 싹을 틔우고 성장하고 소멸하면서 많은 양의 씨를 생산해 세대가 끊어지지 않도록 진화한 종들이다.

정원 프로젝트를 하면서 초기의 어려움을 극복해 간 과정이 뿌듯하기는 했지만 우리가 꼭 잘하고 있는 것 같지는 않았다. 비옥한 흙을 얇게 한 층 덮는 정도는 기껏해야 피상적인 개입이었고, 임시로 온기를 불어넣는 것 이상은 될 수 없었다. 우리의 풍경에서 번성하는 정원이 지속되게 하려면 토양의 물리적 상태를 초보적으로 가늠해서 몇몇 기본적인 처치를 하는 것보다 훨씬 많은 일이 필요할 터였다. 우리는 토양을 더 깊이 이해해야 했다. 나는 평생 토양에 둘러싸여 있었으면서도 토양에 대해 아는 바가 거의 없다는 사실을 새삼 깨달았다. 정확히, **토양이란 무엇인가**? 그것은 어디에서 왔는가? 어떻게 그것을 육성할 수 있는가?

토양이라고 하면 많은 이들이 떠올리는 부드럽고, 짙고, 비옥한 지각층의 흙은 지구의 진화에서 상대적으로 최근에 등장했다. 우리에게 가장 익숙하고 중요한 유형의 토양은 생명에 의존하며 생명과 떼어낼 수 없다. 그런데 수십억 년 동안 땅에는 크고 복잡한 생물이 없었다. 우리의 살아 있는 지구가 비옥한 표토를 2.5센티미터 정도 생성하는 데만도 수 세기가 필요하다. 지구의 토양 대부분은 수만 년에 걸쳐 형성되었고 어떤 경우에는 수십만 년, 때로는 수백만 년에 걸쳐 형성되었다. 시간이 가면서 익는 과일처럼, 토양도 성숙하려면 시간이 필요하다.

40억 년 전 지구에 초창기 대륙이 형성되었을 때부터, 바람과 열과 얼음이 천천히, 하지만 가차 없이, 노출된 모든 바위를 해체하기 시작했다. 이를 '풍화 작용'이라고 한다. 그 결과로 생성된 암석 입자의 일부는 그 자리에 남았지만 일부는 바람과 물에 쓸려가 다른 곳에 쌓였다. 부서진 암석이 쌓인 층은 다시 더 풍화되어 원시의 회색 토양이 되었다.○

토양의 광물 입자는 크기에 따라 자갈, 모래, 미사微砂[실트], 점토로 나뉜다. 가장 큰 자갈은 직경 2~63밀리미터의 깨진 돌을 의미한다. 모래는 직경이 0.05~2밀리미터로, 알갱이를 맨눈으로 볼 수 있고 손으로 비비면 알갱이를 느낄 수 있다. 미사는 직경이 0.002~0.05밀리미터로, 너무 작아서 현미경으로 보아야 한다. 그리고 직경이 0.002밀리미터보다 작은 점토 입자는 박테리아와 크기가 비슷하다.

미생물들은 틀림없이 생겨나자마자 곧바로 지구 최초 토양의 조성을 바꾸기 시작했을 것이다. 미생물들은 바위를 먹어서 광물 원소를 추출하고 그 원소들을 새로운 화합물로 바꾸었으며, 신진대사의 부산물과 분해된 세포의 형태로 토양에 탄소를 보탰다. 7억 년에서 4억 2,500만 년 전에 단세포 미생물에 이어 더 복잡한 생명 형태가 나타났다. 우선 식물을 보면 오늘날의 이끼, 마름, 태류苔類 등을 연상시키는 조류, 균류, 이끼류 등의 초창기 육상식물이 나타났다. 한편, 고대의 네 발 달린 물고기 틱타알릭

○ 2018년에 지질학자 노라 노프케Nora Noffke와 그레고리 레털랙Gregory Retallack은 빙원이 물러간 그린란드 어느 지역에서 37억 년 된 암석의 노출부를 발견했다. 기록이 존재하는 것 중 가장 오래된 화석화된 토양이 여기에 담겨 있을 것으로 보인다.

은 동물이 바다에서 육지로 올라오는 과정을 상징하는 마스코트가 되었지만, 화석 기록에 따르면 약 4억 4,000만 년 전에 바다 밖으로 기어 올라와 육상 생활에 적응한 최초의 동물은 노래기와 전갈을 닮은 절지류로 알려져 있다. 이들 육상 생활의 개척자들, 육지에 새로이 길을 낸 주인공들은 모두 함께 산酸과 효소로 바위를 분해하고, 굴을 파고, 배설물과 죽은 잔해로 광물층을 풍부하게 함으로써 비옥하고 공기가 잘 통하는 토양의 형성을 촉진했다.

3억 8,000만 년 전쯤에는 우림이 지구 표면의 대부분을 덮었다. 말단부가 산성인 나무와 관목의 뿌리가 찌르고 들어가면서 바위가 깨졌고 이 과정이 토양 생성을 가속화했다. 그와 동시에 뿌리는 흙이 제자리에 있도록 붙잡아주어서 토양의 침식을 막았다. 미생물과 균류가 섬유질이나 리그닌lignin 같은 식물의 거친 조직을 소화할 수 있게 진화하면서, 썩어 분해된 식물이 토양의 중요한 물질이 되었고 토양에 필수적인 영양분을 공급했다. 이어서 이르게는 약 1억 년 전에 풀이 나타나 한때는 지구 육지 표면의 30~40퍼센트를 덮었고, 나중에 세계의 빵 바구니가 될 특히나 깊고 비옥한 토양을 생성했다.

지구에 맨 처음 생긴 토양은 거의 전적으로 광물질이었고 주로 부서진 바위와 (공기나 물이 통하는) 구멍으로 구성되어 있었다. 대조적으로, 오늘날의 토양은 공기와 물과 광물질 입자와 유기물질의 복잡한 메들리라 할 수 있다. '유기물질'은 탄소가 많은 살아 있는 생명체와 그것의 배설물 및 죽은 잔해를 통칭한다. 토양과학자 버먼 D. 허드슨Berman D. Hudson은 저서《우리의 좋은

지구: 토양의 자연사Our Good Earth: A Natural History of Soil》에서 "유기물질이 분해되어 토양에 섞여 들어간 과정은 지구 역사에서 가장 획기적인 사건"이었다며 "4억 년 전에 두드러지게 발생한 이 과정이 현대의 탄소 순환이 생길 수 있었던 전주곡"이었다고 설명했다.

온갖 동물과 식물과 미생물이 가득하게 된 토양, 즉 이들의 지속적인 활동으로 변모되고 이들의 분비물과 잔해로 영양분이 채워진 토양은 탄소, 질소, 인과 같은 필수 원소들의 방대한 '저장고'이자 중요한 '교환의 장소'가 되었다. 이 원소들이 생물과 무생물 사이를 자유롭게 흐르고 암석, 물, 공기 사이에서 순환할 수 있는 장이 된 것이다. 토양 유기물질의 가장 중요한 유형 하나는 부엽토腐葉土다. 짙은 색의 멋있고 신비로운 물질로, 정확한 조성은 아직 완전히 알려지지 않았지만 아마도 분해되다 만 세포와 단백질과 지방, 그리고 광물질 입자와 결합한 탄화수소 등 잘 분해되지 않는 물질들이 토양에 혼합된 것으로 보인다. 토양의 유기물질은 대부분 며칠이면 분해되지만 부엽토는 더 안정적이다. 탄소연대측정법으로 알아본 바에 따르면, 부엽토의 탄소와 일부 잘 분해되지 않고 오래가는 형태의 유기물질은 토양에 수천 년이나 머물 수도 있는 것으로 나타났다. 모두 해서, 지구의 토양은 탄소를 2.5조~3조톤 가량 담고 있다. 대기 중 탄소량의 세 배가 넘고 모든 살아 있는 식물이 담고 있는 탄소량의 네 배가 넘는 양이다.

육지는 지구상의 살아 있는 존재 다수의 서식지이며 살아 있는 존재 상당 부분이 토양에 집중되어 있다. 식물은 토양 생태계에서 가장 비중 있는 일원이며 물을 땅에서 대기로 옮기고 대기 중의 탄소를 잡아들여 몸에 흡수하는, 토양 생태계의 가장 중요한 통로다. 또한 광합성으로 당분 등 유기 화합물을 생성해 뿌리 위와 주변에서 살아가는 미생물과 균근, 균류에게 양분을 제공한다. 식물과 공생하는 미생물과 균류는 그 대가로 식물이 토양에서 물과 양분을 잘 빨아들이도록 돕는다.

토양에는 식물, 그리고 개미, 흰개미, 지렁이 등 비교적 익숙한 동물뿐 아니라 온갖 이상하고 신비로운 생물도 산다. 물이 있는 곳 근처에 모여 사는 사바나 지대의 동물들처럼, 이들은 종종 뿌리 시스템 근처에서 군집을 이룬다. 잘 알려지지 않은 이러한 생물에는 1초의 몇 분의 1도 안되는 찰나에 자기 몸길이의 20배나 뛰어오를 수 있는 작고 화려한 절지동물 톡토기도 있고, 렌틸콩의 10분의 1 크기밖에 안 되는 이끼진드기도 있으며, 아메바처럼 모양이 이러저리 변하는 점균류도 있다. 또한 투명하고 리본 같은 선충류인 회충도 있고, 현미경으로 봐야 보이는 완보동물도 있다. 이 작은 동물은 다리가 여덟 개에 입에는 호스가 달린 곰돌이 젤리처럼 생겼다. 원생동물(여러 종류의 단세포 동물들을 통칭한다)들은 토양 구멍의 얕은 물에서 젤라틴 같은 내부를 뒤틀고 수많은 돌기를 뒤집어서 이동한다. 건강한 토양을 한 숟갈만 떠도 현재 살아 있는 인간 수를 다 합한 것의 몇 배나 되는 생명체가 있다. 비옥한 토양 1그램에는 수십억 마리의 바이러스와 미생물, 수백만 마리의 원생동물과 조류藻類, 수백 마리의 선충, 수십 마리의 진드기와 톡토기, 수천 미터 길이의 필라멘트 같은 균사가 담겨 있을 수 있다.

'생명'처럼 '토양'도 간명하고 정확한 정의로 딱 떨어지게 규정하기 어렵다. 대부분 교과서와 과학 학회는 많은 특성을 나열하면서 길고 장황한 정의를 내리고 있으며, 토양을 물질 또는 매개라고 표현한다. 그런데 주류 과학계에서 토양을 생명의 기저 물질로가 아니라 그 자체를 살아 있는 실체로 보아야 한다는 인식이 높아지고 있는 것 같다. 가장 널리 쓰이는 토양학 교재인 《토양의 속성과 특질The Nature and Properties of Soils》은 지각의 암석이 물, 공기, 생명과 접하면 "무언가 새로운 것, 무언가 다른 종류의 살아 있는 토양으로 변모한다"며 토양을 다양한 일원들과 함께 "자기조절적이고 영속적인 방식으로 기능하는 살아 있는 시스템"이라고 묘사했다.

비슷하게, 토양의 기원과 진화 분야에서 세계적으로 저명한 지질학자인 그레고리 레털랙은 "토양과 생명 모두, 자신의 환경과 물질을 주고받으면서 스스로를 지탱하고 동태적 균형을 유지하는 복잡한 상호작용을 한다"고 설명했다. "일 년마다 떨어지는 낙엽의 리듬, 십 년 주기의 피식자와 포식자 등락의 리듬, 수천 년 주기의 양분 고갈과 재충전의 리듬은 심장박동의 리듬을 만들어내는 근육과 신경의 춤과 비슷하다. (…) 어떤 면에서 생명은 토양이 자라서 키가 커진 것이라고 볼 수 있다."

토양의 진정한 속성을 배워나가면서 나는 우리 집 정원을 완전히 새로운 방식으로 보게 되었다. 전에는 토양이 (무언가의 조건이 되는) 땅의 구조이고 (다시 채워야 하는) 영양분의 저장고라고만 생각했다. 하지만 이제는 뜰의 토양이 그 자체로 살아 있는 실체로 보이기 시작했다. 더 양토Loamy soil가 되도록 간단히 수선하는 정도로는 충분하지 않을 터였다.○ 이 풍경에서 번성하는 정원을 계속 유지하려면 라이언과 나는 토양의 장기적인 건강에 신경 써야 했다. 우리는 정원의 토양 생태계를 회복시켜야 했다.

새로운 결심과 함께, 라이언과 나는 유기물질로 토양에 양분을 채우고 토양의 침식을 막으며 토양에서 살아가는 생물의 다양성을 높이는 방향으로 개입하는 데 초점을 두고 작업에 착수했다. 물을 보존하고 유실을 줄이기 위해 정원의 남서쪽 구석에 빗물 관개 시스템을 설치했다. 라이언은 퇴비화 통을 만들었다. 그리고 정원 전체에 걸쳐, 잘 적어놓지 않으면 품종을 다 기억할 수도 없을 만큼 다양한 다년생 꽃을 심었다. 꽃을 심은 틀밭에는 뿌리덮개를 덮었다. 매년 적어도 한두 번은 해야 할 일이었다. 죽은 식물은 그대로 두어서 그 자리에서 썩게 했다. 마찬가지로 긁어모은 낙엽도 대부분은 토양에 놔두었다. 마지막 수확을 하고 나서 첫서리는 아직 내리기 전에, 우리는 틀밭에 살갈퀴, 진홍토끼풀, 콩, 귀리 등 겨울에 잘 버티는 콩과식물과 풀 씨앗을 심어서 토양이 황량한 채로 있는 시기가 없게 했다. 봄이 되면 그것을 베어서 분해되게 할 것이었다.

토양학에 대해 새로 알게 된 지식을 바탕으로 우리가 만든 가장 중요한 변화는 쇠약해진 풍경에 건강한 식물을 많이 도입한 것이었다. 정원의 땅 밑을 엿볼 수 있어서 시간에 따라 지하가 어떻게 달라졌는지 기록할 수 있었다면 놀라운 재생을 볼 수 있

○ 양토는 약 40퍼센트의 모래, 40퍼센트의 미사, 20퍼센트의 점토의 비율을 한 흙이다. 파기 쉽고 공기가 잘 통하고 물이 잘 빠지기 때문에 정원에 이상적이라고 여겨진다.

었을 것이다. 식물의 뿌리가 땅속으로 파고들어 단단했던 토양이 느슨해지면서 미생물과 균류가 서식하기 좋은 천국이 되었다. 이는 오래 잠자고 있던 화학적 전환과 영양 순환 과정을 일깨웠다. 우리의 발 바로 아래에서 균근이 새로운 그물망을 짜고 있었고, 지렁이, 민달팽이, 또 그 밖의 절지동물들이 토양을 안정적이고 영양분이 풍부한 분뇨 알갱이로 채우고 있었다. 미생물, 조류, 균류는 끈끈한 점액을 내놓았고 그것이 토양의 작은 입자들을 뭉쳐 더 커지게 함으로써 성긴 공간을 생성했다. 지렁이와 개미 등이 깨물고 씹고 굴을 뚫으면서, 토양에 공기가 잘 통하고 서로 다른 층이 잘 섞이게 되었으며 뿌리가 뻗어 나갈 수 있는 방대한 통로들의 네트워크가 생겨났다. 그리고 아마도 가장 근본적으로, 미생물과 균류가 모든 생명체의 잔해를 분해해 토양에 유기물질을 풍부하게 공급함으로써 토양의 저장고를 필수 영양분으로 채웠다. 봄이 되면 형형색색의 나뭇잎이 정원 전체를 덮으면서 뿌리덮개를 덮은 토양을 바람과 풍화로부터 한 층 더 보호해줄 터였다. 그리고 태양의 동력으로 작동하는 폐를 통해 탄소가 다시 한번 빠르게 대기에서 땅으로 흘러들어갈 것이었다. 차차로 우리 땅의 토양은 더 부드러워지고 색이 짙어지고 비옥해질 터였다. 조금씩 조금씩 우리의 흙은 생명으로 돌아오고 있었다.

아스메렛 아세포 베르헤Asmeret Asefaw Berhe는 어렸을 때 토양에 대해 거의 생각해 보지 못했다. 그 시절에 고국 에리트레아는 독립 전쟁 중이었다. 최전방 전선이 지속적으로 이동했고 때로는 베르헤가 부모님과 다섯 형제자매와 살고 있는 수도 아스마라 가까이까지 오기도 했다. 그는 폭탄이 폭발해 일대의 모든 건물과 창문이 뒤흔들리던 것을 기억한다. 산에 오르거나 흙 바닥에서 놀 만한 기회 따위는 없었다. "어린 아이들이 다들 하듯이 그냥 밖으로 나가 자연에서 뛰어놀 수가 없었어요. 지뢰나 뭐 그런 위험이 늘 있었으니까요." 베르헤의 집에는 큰 정원이 있었지만 정원 일을 직접 돕지는 않았고, 흙이 식물을 자라게 하는 매개 이외의 다른 무엇일 수 있으리라고는 생각해 보지 않았다.

1991년에 에리트레아가 해방되고서 베르헤는 아스마라 대학교에 들어갔다. 그해 에리트레아에서 대학 교육을 받기 시작한 단 1,000명 중 한 명이었다. 베르헤는 화학을 전공할 생각이었다. 가장 좋아하는 과목이었고 의사가 되는 것이 장기적인 목표였다. 그런데 앞에 놓인 선택지들을 탐색하던 중에 토양학 개론 수업에 크게 흥미를 느꼈다. 바로 발아래에 이제까지 대체로 간과하고 있었던 완전히 다른 차원의 세계가 있다는 생각이 처음으로 들었다. 토양학 수업의 세 명뿐인 여학생 중 한 명이었던 베르헤는 토양의 혼합적이고 수수께끼 같은 조성과 그 안에 있는 생명의 놀라운 풍부함을 알게 되었다. "토양은 지구시스템에서 우리가 알고 있는 것 중 가장 복잡한 생물 물질입니다. 다른 어떤 물질도 이와 같지 않습니다."

베르헤는 때때로 식구들과 함께 항구 도시 마사와로 갔던 자동차 여행을 기억했다. 에리트레아에서 수도 아스마라부터 마사와까지 가는 길은 '두 시간 동안 세 개의 계절을 볼 수 있는' 것으로 유명했다. 먼저 비교적 시원한 반건조 기후인 해발고도

2,325미터의 아스마라를 출발한다. 구불구불한 산길을 따라 빠르게 내려가면 습도가 꽤 높은 지역이 나타난다. 이곳에는 무성한 우림과 계단식 논이 있다. 그리고 더 건조한 아카시아 숲을 지나서 마지막으로 홍해 해변의 뜨겁고 나무가 없는 사막에 도착한다. 베르헤는 가족 여행 때 신기하게 보았던 드라마틱한 풍경 변화가 단순히 고도와 기온 차이에서만이 아니라 각각의 생태계에서 생명과 토양이 주고받는 고유한 상호작용에서도 영향을 받는다는 사실을 알게 되었다. 환경은 그곳에서 어떤 생명이 자랄 수 있는지를 결정하지만 시간이 가면 그 생명이 자신을 둘러싼 환경을 바꾼다. 생물학과 지질학이, 토양과 기후가, 모두 하나로 결합되어 있었다.

대학을 졸업하고 미국으로 건너와 캘리포니아 주립 대학교 버클리 캠퍼스에서 생물지질화학 박사학위를 받았다. 베르헤는 이곳에서 토양 침식이 탄소 저장과 교환에 미치는 영향을 공부했다. 차차 경력이 쌓이면서 그는 여러 권위 있는 직함을 얻었다. 캘리포니아 주립 대학교 머세드 캠퍼스에서 토양지질화학 교수가 되었고 지구과학 및 지질학 학과장이 되었으며 전미과학공학의학한림원National Academies of Sciences, Engineering, and Medicine의 토양학위원장도 지냈다. 2022년 5월에는 상원이 베르헤를 미국 에너지부 과학국 국장으로 지명했다.

베르헤가 대학에서 깨닫기 시작한 토양과 기후 사이의 근본적인 연결은 그의 핵심 연구 주제가 되었다. "과거에는 광합성을 통해 대기 중의 탄소가 포집되어 토양에 저장되는 속도와 탄소가 다시 분해되어 대기로 나가는 속도가 대략 비슷했습니다.

하지만 벌목, 고도의 경작, 과도한 화학물질 사용 등 현대의 토양 사용 방식에서는 과거보다 더 적은 탄소가 토양에 저장되고 더 빠르게 탄소가 방출됩니다. 우리가 토양을 고갈시킬수록 균형은 더 많이 기울어집니다."

벌목, 농경, 더 일반적으로는 식품 생산을 통해 인간이 대륙의 표면을 변모시킨 방식은 토착 서식지를 없애고 종의 소실을 가속화한 데서만 그치지 않았다. 식품 시스템은 연간 세계 온실가스 배출의 3분의 1을 차지하기도 한다. 여기에는 반추동물과 벼 재배 논에서 나오는 수억 톤의 메탄, 그리고 분뇨와 화학비료에서 나오는 수백만 톤의 산화질소도 포함되는데, 둘 다 이산화탄소보다 강력한 온실가스다. 지난 1만 2,000년 동안 농경으로 인해 지구의 토양에서 1,160억 톤의 탄소가 사라졌다. 이는 인류가 대기에 배출한 전체 탄소의 17퍼센트에 해당한다.[○] 자기강화적인 피드백 고리가 작동해, 기후변화는 해수면을 상승시키고 가뭄과 홍수가 더 자주, 더 강력하게 닥치게 해서 토양 침식과 토질 저하를 가속화한다. 생물학자 조 핸델스맨Jo Handelsman은 저서 《토양이 없는 세상A World Without Soil》에서 "기후와 토양은 밀접한 파트너로서 수천 년간 함께 춤추어왔다"며 이렇게 언급했다. "이 듀오는 최악일 때는 파괴적이지만 (…) 최상일 때는 조화롭게 토양의 건강과 기후의 안정성을 높인다. 인간은 오늘날

○ 기후 과학과 기후 정책에서는 탄소와 이산화탄소의 무게가 온실가스 측정의 일반적인 단위로 사용되며, 때로는 헷갈리기도 한다. 이 책에서는 최대한 일관성을 유지하기 위해 하나의 단락 안에서는 같은 단위를 사용했다. 둘을 변환하려면 1톤의 탄소가 3.67톤의 이산화탄소임을 이용하면 된다. 예를 들어 1,160억 톤의 탄소는 약 4,250억 톤의 이산화탄소다. 이것은 인간이 대기 중에 배출해 온 이산화탄소 총량 2.5조 톤의 17퍼센트다.

이 듀오의 조화를 회복시킬 수 있는 유일한 존재다."

지구의 피부, 호흡, 뼈의 균형을 회복시키려면 빠르고 대대적인 전환이 필요하며, 숲, 초원, 토탄 지대, 습지 등의 생태계를 되살리고 보호하는 일이 그러한 전환의 커다란 부분이 되어야 한다. 특히 심토와 풍성한 식생이 있는 지역을 보호해야 한다. 필요한 또 한 가지 변화는 현재 우리가 식품을 생산하고 운송하고 소비하는 방식을 바꾸는 것이다. 현재의 에너지 인프라에 혁명적인 변화가 필요하듯이 현대의 농업과 식품 시스템에도 혁명적인 변화가 필요하다.

수많은 과학 학회, 농학 학회, 정부 조직들이 육류 소비와 음식물 쓰레기를 줄이는 것부터 유전자 조작 슈퍼 종자를 만드는 것까지 이러한 개혁을 위한 다양한 전략을 제안해 왔다. 이중 토양에 초점을 둔 전략은 고대의 농업 방식을 현대적으로 응용하는 접근이 주를 이루며, 이러한 방식은 지난 수십 년 동안 보존적 농경, 기후 스마트 농경, 재생 농경 등 (일반 농경에 대비되는) 다양한 대안적 접근으로 발달했다. 대안 농경 중 일부는 더 구별되는 특징을 갖지만, 이들 사이에는 공통점이 더 많으며 모두 토양 교란을 최소화하고, 토양 보호를 최대화하며, 다양성에 방점을 둔다는 세 가지 핵심 원칙에 기반하고 있다. 핵심은 토양을 가능한 들쑤시지 않고 다양한 생명이 존재하는 영구적인 생물 군집을 유지하는 것이다. 이러한 원칙은 밭갈이를 많이 하는 기존 농경의 단일 경작과 비교해 토양의 구조를 유지하고 유기물질을 증가시키며 물을 보존하고 작물의 회복력을 높이고 야생 동식물을 부양하는 데 뛰어나다.

토양 교란을 최소화한다는 말은 일반적으로 밭갈이를 오래 혹은 아예 하지 않는다는 것을 의미한다. 무경운 농법이나 저경운 농법을 하는 농민들은 잡초를 뿌리까지 죽이지는 않으면서 솎아내기 위해 몇몇 선별된 제초제를 쓴다. 또한 토양에 가느다란 금을 내주는 파종기를 이용하거나 지난 작물의 줄기를 가지고 금을 내어 그 안에 씨를 뿌린다. 농경지의 토양을 침식에서 보호하는 가장 효과적인 방법은 가을에 피복작물을 심는 것이다. 일반적으로는 콩과식물을 심으며, 겨울과 이른 봄에 그것이 자라면 베어서 썩게 둔다. 그러면 탄소, 질소, 인과 같은 필수 영양분이 토양에 채워진다. 켜켜이 뿌린 퇴비와 뿌리덮개도 물리적인 갑옷이자 유기물질의 보충원이 된다. 다양한 종을 재배하고 여러 작물을 계절별로 돌려 심으면 토양의 양분을 보호하고 해충과 잡초가 너무 많이 생기지 않게 막을 수 있으며 병충해가 돌 때 작물 전체를 망치게 될 확률을 줄일 수 있다.

'기후변화에 관한 정부 간 패널IPCC'은 토지 기반의 여러 개입 중에서도 '보존 농업'을 생태계 복원 노력과 결합하면 매년 20억~40억 톤의 탄소를 격리할 수 있으리라고 추산한다. 저명한 토양과학자 라탄 랄Rattan Lal도 경작지와 초원을 포함해 지구 전체의 토양 생태계를 적절히 향상시키면 2100년까지 3,330억 톤가량의 탄소를 포집할 수 있다고 보는데, 그러면 대기 중 이산화탄소 농도가 산업화 이전 수준으로 돌아갈 수 있다. 세계의 많은 지역에서 보존적 농경의 핵심 원칙을 적용하는 사례가 늘고 있다. 2017년 현재 미국 내 작물 재배 지역의 37퍼센트가 무경운 농경을 하고 있는데, 2012년의 8퍼센트에서 크게 증가한 수치다. 같은 기간 미국에서 피복작물 사용은 1,030만 톤에서 1,540만 톤으로 50퍼센트 늘었다(여전히 미국 전체 경작지 중 5퍼센트 밖에 안 되지만 말이다). 전 세계적으로는 전체 농경지 중 '보존 농업'을 하는 곳이 2000년에서 2019년 사이에 세 배가 되었고 면적으로는 대략 65만 제곱킬로미터에서 200만 제곱킬로미터 이상이 되었다. 오늘날 보존 농업은 세계 경작지의 14.7퍼센트를 차지한다.

밭갈이를 최소화하고, 피복작물을 심고, 식물 다양성을 높이고, 그밖에 보존 농업의 원칙들을 지키면 토양과 인간과 야생 동식물에게 큰 이득이 된다는 데는 과학계의 합의가 있지만, 이러한 일들이 기후변화를 완화하기에 충분할 만큼 탄소를 많이 격리할 수 있을지에 대해서는 논쟁이 있다. 토양의 장기적인 탄소 저장량을 안정적으로 추산하기는 어렵다. 한 가지 이유는 부엽토 등 오래 가는 유기물질의 정확한 분자 조성을 알기가 어렵기 때문이다.° 어떤 전문가들은 방법론상의 문제들로 인해 현재로서는 토양에 대한 연구가 세계 각지에서 운영되는 다양한 농경 조건들을 다 시뮬레이션하지 못하므로 토양이 탄소를 축적하는 역량이 과소평가되고 있다고 주장한다. 하지만 최근의 발견에 따르면, 지구가 더워지며 몇몇 유형의 토양이 탄소 저장 능력을 전에 예측되었던 것보다 더 많이 잃을 수 있는 것으로 나타났다.

○ 어떤 연구들에 따르면, 경운 감소가 전체적인 탄소 포집량을 증가시키기 보다, 단지 측정이 더 쉬운 토양의 위층으로 탄소를 이동시킨 것에 불과할지 모른다. 또한 어떤 조건에서는 유기물질을 토양에 추가하면 이산화탄소와 산화질소를 대기 중에 배출하는 미생물의 활동을 촉진하는 것으로 나타났는데, 또 다른 실험에서는 그와 반대의 효과가 나타났다.

경제적인 제약도 있다. 보존 농업이 장기적으로는 농업 생산성을 높이고 막대한 양의 비료, 제초제, 석유를 구매해야 할 필요성을 줄여줌으로써 수익성이 있을 수 있다. 하지만 그 지점까지 가려면 초기에 상당한 자본 투자가 필요한데 많은 농민에게는 그럴 돈이 없다. 또 토지를 임차해 쓰는 농민들은 돈이 있더라도 그 투자를 자기 돈을 들여서 하고 싶지는 않을 수 있다. 농경은 단기적으로는 오차 범위가 매우 낮기 때문에 종종 단기적인 이윤이 다른 모든 고려를 지워버린다. 환경 저술가 엠마 마리스Emma Marris는 "정부가 토지를 다시 일구는 데 필요한 돈을 농민들에게 지급해야 한다"고 간명하게 주장했다. 마리스에 따르면 몇몇 정부는 "농민을 독립적인 사업가로서 식품을 재배하고 판매하는 사람으로 보기보다 정부의 지원을 받아서 식품 생산, 토양 비옥화, 야생 서식지 등 복잡한 요소들의 조합을 관리하면서 땅을 살피는 사람으로 보는 모델로" 나아가기 시작했다.

아프리카에서는 토질 저하 위기가 이미 농경 시스템의 극적인 전환을 추동했다. 1970년대 말에 가뭄이 길어지고 토양이 척박해지면서 사헬 지역에 극심한 기근이 닥쳤다. 사하라 바로 아래 위치한 사헬 지역은 서쪽의 세네갈부터 동쪽의 에리트레아까지 걸쳐 있는 광대한 반건조 초원, 사바나, 우림 지대다. 수세대 동안 농민들은 주기적으로 자기 땅의 나무와 관목을 둥치만 겨우 남을 때까지 베었는데, 이는 토양을 척박하고 기후에 취약해지게 만들었다. 1980년대 중반에 호주 농학자이자 목사 토니 리나우도Tony Rinaudo의 조언으로 니제르의 소농들이 척박해진 숲에서 선택적으로만 수확을 하면서 숲을 재생하기 시작했다.

그러면서 고대의 농업 형태 하나에서 많은 장점을 새로 발견했다. 바로 '산림 농경'으로, 의도적으로 나무와 관목을 작물 및 초원과 혼합하는 것을 말한다. 나무가 토양을 안정화하고 매서운 바람에서 작물을 지켜주었으며 극단적인 고온에서 그늘을 만들어주었고, 장작과 가축이 먹을 꼴을 쉽게 구할 수 있게 해주었다. 또한 아카시아 같은 콩과식물 나무와 그것의 미생물 파트너는 대기의 질소를 생물학적으로 유용한 형태로 바꾸어주었다. 백아카시아라고 불리는 파이드헤르비아 알비다Faidherbia albida종은 독특한 라이프 사이클을 가지고 있어서 작물에 특히나 좋은 짝꿍이 되었다. 작물이 자라는 우기가 시작되면 백아카시아는 잎을 떨어뜨리고 동면에 들어가서 토양을 비옥하게 하고 작물에 빛이 닿게 한다. 연구들에 따르면, 백아카시아와 기장을 함께 키우면 산출이 거의 두 배가 되는 것으로 나타났다. 이후에 이러한 형태의 산림 농경은 '농민 주도의 자연 재생 농업Farmer Managed Natural Regeneration'이라고 불리게 된다.

1975년에서 2004년 사이에 니제르 진더 밸리의 나무 개체 수가 50배 이상 늘었다. 2009년에 니제르 남부의 농민들은 약 5만 제곱킬로미터에 산림 농경을 해서 연간 50만 톤의 곡물을 추가적으로 생산하고 있었다. 비슷한 방식이 부르키나파소, 말리, 세네갈, 인도, 인도네시아 등에도 확산되었다. 지속 가능한 토양 관리 전문가인 크리스 레이지Chris Reij는 농민 주도의 자연 재생 농업이 "사헬에서, 혹은 아프리카 전체에서 가장 긍정적인 환경적 변모일 것"이라고 말했다. 재생 농경 방식들을 일별한 최근의 한 연구도, 관련된 모든 방법 중 "아마도 다양한 형태와 모습의 산림 농경이 땅 위와 아래 모두에서 [탄소] 포집을 통한 기후변화 완화에 가장 크게 공헌할 수 있을 것으로 보인다"고 언급했다.

베르헤는 이렇게 말했다. "토질 저하는 세계 많은 지역에서 중대한 위기인데도 사람들에게 잘 알려지지 않았습니다. 우리는 토양 시스템이 식품, 연료, 섬유, 그리고 우리가 지구에서 살 수 있게 해주는 모든 생태적 서비스를 지속적으로 제공할 수 있게 도와야 합니다. 하지만 자원을 채워 넣지 않고 뽑아 쓰기만 한다면 토양이 생태적 서비스를 지속적으로 제공해 주리라고 기대할 수 없습니다. 토양의 건강을 보존하고 상당량의 탄소까지 격리하면서 농사를 지을 수 있는 방법이 많다는 사실을 우리는 알고 있습니다. 이제 그것들을 사용하기만 하면 됩니다."

이 글을 쓰는 지금, 포틀랜드의 우리 정원은 되살아난 지 3년이 되었다. 정원의 변신에 우리는 깜짝 놀랐다.

2020년 늦가을에 앞뜰 동쪽 절반의 빈 땅에 다양한 야생화 씨를 섞어 뿌리고 짚과 철망으로 덮어서 새들과 다람쥐로부터 보호했다. 씨는 몇 주 만에 싹을 틔웠고 곧 무성한 어린 식물의 매트가 되었다. 겨울의 냉기를 잘 견딘 이 식물들은 기온이 오르자 맹렬히 자라났다. 4월에는 파란 꽃을 피우는 네모필라의 바다가 펼쳐졌고, 5월 중순에는 하늘하늘한 빨간 양귀비 수백 송이가 쪽빛의 수레국화 옆을 비집고 자라났다. 6월에는 분홍 클라키아와 노란 금계국이 한 무더기 피어나 화사함을 한층 더 보태주었다.

뒤뜰에는 식물을 심기 전에 구조물을 조금 세워야 했다. 한때

조경회사에서 일했고 목공도 독학으로 배운 라이언은 틀밭을 만든 데 이어 가운데 장미 아치와 문을 낸 삼나무 울타리를 짓고, 덩굴이 올라갈 수 있는 격자구조물을 두어 테이블 포도, 라즈베리, 다양한 종을 하나의 둥치에 접붙인 에스펠리어 사과나무를 자라게 하고, 구불구불한 돌길을 만들었다.

그동안 나는 연못을 어떻게 만들지 궁리했다. 조경업자 테드가 파준 구덩이에 플라스틱으로 된 커다란 구유를 넣고 물을 1미터 가량 채웠다. 그리고 물옥잠, 벗풀, 미나리, 물망초, 해오라비사초, 붉은 꽃이 피는 수련 화분을 같이 넣었다. 온라인 포럼에서 만난 열렬한 '연못 애호가'들의 조언대로 '늪지 필터'도 만들었다. 연못 크기보다 작은 크기의 통에 돌, 자갈, 그리고 늪지 조건에서도 자라는 골풀, 진홍로벨리아, 툴바기아 등의 식물을 넣어 높은 곳에 설치한 것이다. 펌프와 지하에 매설한 파이프를 통해 물이 연못에서부터 필터 안의 늪지를 통과해 작은 폭포를 지나 다시 연못으로 들어간다. 이 지속적인 작은 순환이 물에 공기를 불어넣고 늪지 필터에 얽혀 있는 식물 뿌리들이 양분 대부분을 흡수해 조류의 성장을 제한한다.

돌길 건너 연못 맞은편에는 중앙의 큰 바위 둘레에 돌들을 늘어놓고 사이사이에 다육식물, 락 로즈, 에린지움, 개망초, 산톨리나 등 뜨겁고 건조한 환경에 적응한 식물들을 심었다. 중앙과 앞쪽에는 아르베키나 올리브 나무를 한 그루 심었다. 우리 기후에서 특히 잘 자라는 종으로, 검고 향긋한 올리브가 열린다. 바위 정원의 원주를 따라서는 앞뜰과 비슷하게 캘리포니아 양귀비를 심었다. 첫 여름에 이 바위 정원은 다채로운 색상이 논스톱으로 펼쳐지는 축제 같았고 호박벌이 황홀해하며 계속 날아들었다.

나머지 공간에는 라벤더, 펜스테몬, 히숍, 자주루드베키아, 뱀무, 스카비오사, 캄파눌라 등 척박한 땅에서도 잘 자라고 가뭄에 잘 견디는 종을 심었다. 하지만 해가 덜 드는 더 시원한 곳에는 습기를 좋아하는 몇몇 식물도 심었다. 황금 꼬리가 달린 꽃이 별똥별처럼 줄무늬를 그리며 올라가는 매발톱꽃과 해가 뜨면 향긋한 그늘을 제공하는 강렬한 향의 작약 등이었다. 예전 집에서 길렀던 식물도 가져왔지만 절반 이상은 인근 묘목상에서 3리터들이 화분이나 10센티미터 정도 상자에 담긴 모종을 사다 심은 새 식물이었다. 하지만 불과 2년 만에 대부분이 원래 크기의 몇 배로 자랐다. 반대편에는 올리브 나무와 대략 대칭이 되게, 히비스커스 비슷한 꽃을 피우는 커다란 부용과 늦여름에 종잇장 같은 분홍 꽃을 피우는 배롱나무를 심었다. 부용은 처음에 심었을 때 키가 30센티미터 정도밖에 되지 않았지만 이제는 2미터를 넘겼고 폭도 3배가 되었다. 마찬가지로 다른 두 나무도 모두 키가 2미터 가량 되었다.

내가 풀밭, 연못, 바위 정원, 다년생 꽃에 집중하는 동안 라이언은 채소 코너를 담당했다. 중앙의 틀밭 세 곳에는 토마토와 옥수수를 가득 심었고 당근, 가지, 깍지콩도 심었다. 호박도 잘 자랐고 케일과 상추는 연중 따먹을 수 있었다. 주키니도 전국 슈퍼마켓 체인에 공급할 만큼 많이 나왔다. 틀밭에 심은 종류 외에 정원 곳곳에 둔 화분에도 로즈마리, 타임, 파슬리 등 허브를 재배했다.

정원이 주는 가장 큰 기쁨 하나는 지속적으로 찾아오는 야생동물이었다. 우리가 집을 샀을 때 정원에서 규칙적으로 볼 수 있는 야생동물이라곤 잔디 위를 기어다니는 거미뿐이었다. 동물이 이곳을 찾을 이유는 별로 없었다. 하지만 첫해 여름 중반쯤이 되자 곤충들의 활동으로 정원이 들썩였다. 내가 처음 알아차린 방문객은 연못에 들어온 물거미였고 곧 잠자리와 실잠자리가 찾아와 탄력 있는 아치를 그리며 정원을 날다가 무성한 숲에서 휴식을 취했다. 회색 부전나비, 배추흰나비, 팔랑나비, 호랑나비도 꽃들 사이에서 우아하게 날개짓을 했다. 새들도 자주 찾아와 늪지와 덤불에서 쉬어갔다. 가을에는 황금방울새가 수레국화, 루드베키아를 찾아왔고, 겨울에는 노랑머리참새, 검은눈방울새, 얼룩검은멧새가 반쯤 언 연못 위를 총총 뛰어다니고 폭포에서 물을 마셨다. 벌새는 연중 찾아와서 여름의 푸른 펜스테몬이나 늦게 꽃을 피우는 로즈마리의 보라색 꽃처럼 당분이 있는 먹이를 찾아 먹었다. 포유류도 나타났다. 태평양날새앙쥐는 정원의 남서쪽 코너를 자기 집으로 삼았고, 우리가 설치한 트레일 카메라에는 밤에 라쿤 가족이 갈라진 틈마다 손을 넣어보면서 연못에서 노니는 모습이 잡혔다.

나는 벌을 특히 좋아하게 되었다. 가축화된 유럽종인 꿀벌만이 아니라 무지개빛으로 변하는 에메랄드빛 흉갑을 가진 꼬마꽃벌, 나뭇잎으로 지하 은신처를 둥글게 덮어 보호하는 가위벌, 정찰 드론처럼 지치지 않고 꽃 주위를 비행하는 수컷 뒤영벌 등 관심을 잘 받지 못하는 북미 토착종들을 좋아하게 되었다.

개미 한 마리 없던 흙에서 이제는 크로커스 알뿌리를 심으려고 작은 구멍만 파도 곤충의 고치가 나오고 균사가 나오고 길고 통통한 지렁이도 몇 마리 나온다. 하지만 우리 땅의 재생을 일군 주인공은 우리가 아니다. 이 과정의 시작을 우리가 촉발하긴 했지만 대부분의 일은 다른 생명체들이 수행했다.

하지만 우리는 우리의 토양이 3년 사이에 완전히 변모했다고 착각하지 않는다. 자갈 섞인 진흙인 곳과 돌처럼 딱딱한 곳이 아직도 있다. 실험실 분석 결과, 꽃을 피우는 데 중요한 칼륨과 인은 놀랍게도 높은 수준이었지만 질소는 부족했다. 살아 있는 뿌리들의 강건한 토대를 유지하고 식생이 끊김 없이 지속되게 하면서 뿌리덮개, 퇴비화, 피복작물 등을 결합하면 토양의 구조와 비옥도가 틀림없이 개선되겠지만, 우리가 개입해서 돕더라도 이 과정이 그렇게 빨리 이루어질 수는 없을 것이다. 또한 우리의 정원 프로젝트에는 어려움, 수수께끼, 실패도 없지 않았다. 때아닌 서리, 폭염, 폭풍, 가뭄으로 가장 연한 식물을 잃었고, 맹렬한 잡초가 야생화 심은 곳에 밀고 들어오기 시작했으며, 라쿤이 연못 가장자리에서 자라는 식물을 죄다 뜯어 쑥대밭을 만들어놓기도 했다. 너무 자주 그래 놔서, 연못 식물은 라쿤이 쉽게 닿지 못하도록 깊은 물에서만 사는 종으로 바꿔 심기로 했다.

정원은 영속적인 협상이다. 우리가 창조를 도운 정원은 우리의 개입 없이도 알아서 나아가는 풍경이 아니다. 그대로 둔다면 우리가 잡초라고 부르는 토착 식물로 곧 가득 차게 될 것이고 시간이 지나면 수 세기간 이 지역이 그랬듯이 참나무가 드문드문 서 있는 초원이나 사바나 같은 곳이 될 것이다. 우리는 그렇게 되도록 두지 않았고 우리의 정원이 스스로는 절대 되지 못했을 식물 다양성의 방주가 되게 했다. 그와 동시에, 땅의 특성 때문에 우리의 정원 계획은 처음과는 많이 달라졌고 현재 존재하는 식물들을 키우는 데서도 우리는 계속해서 적응하고 타협해야 했다. 정원을 가꾸는 것은 공진화에 관여하는 것이다. 식물과 꽃가루 매개 동물만 공생하는 게 아니라 뿌리와 균류, 미생물과 미소동물, 태양과 토양과도 공생한다. 우리의 정원은 우리만의 것이 아니라 익숙한 생명체들과 알지 못하는 생명체들 모두의 얼룩덜룩한 앙상블이 즉흥 연주와 같은 협업적 공연을 한 결과다.

지구 자체가 정원이라는 개념은 여러 문화권에서 수없이 반복되어온 가장 오랜 은유 중 하나다. 하지만 현대 과학이 지구를 상호 연결된 살아 있는 시스템으로 이해하게 된 것은 그 오랜 은유와 중요한 방식으로 차이점이 있다. 역사적으로, 특히 서구 문화에서, 세상은 수동적인 정원이었다. 세상은 우리가 전적으로 지배하는 목가적인 대상이거나, 비옥하지만 길들여야 할 위험한 야생이었다. 신화와 종교에서 지구가 가진 풍성함의 기원은 더 높은 외부의 권력자로 상정되거나 아예 이야기되지 않는다. 하지만 지구 역사의 대부분에서, 지구는 오늘날 인간종을 비롯해 많은 생물이 누리고 있는 낙원 같은 상태와 전혀 비슷하지 않았다. 또한 지구와 지구에서 살아가는 생명체들은 전혀 수동적이지 않으며 자신의 진화를 만들어가는 주체다.

지구는 스스로에게 씨앗을 뿌리고 스스로를 양육하며 지각 있는 생명체를 통해 스스로를 자각하게 된 정원이다. 지구는 각자가 의식하든 아니든 창조와 유지에 모든 일원이 참여하는 공동체 정원이다. 많은 정원이 그렇듯이 지구는 자신이 통제할 수 없는 재앙을 견딘다. 그리고 많은 정원이 그렇듯이 지구의 생명체는 자신이 의존하는 바로 그 시스템을 우발적으로 훼손하며 때로는 붕괴 직전으로까지 몰고 가기도 한다. 그래도 전반적으로 보면, 생명과 환경은, 정원의 구성원과 정원은, 서로의 지속성을 위해 행동하는 관계를 공진화시켜 왔다. 이러한 호혜적인 유대는 우리가 가늠할 수 없는 방대한 시간 단위에 걸쳐 지구가 놀라운 회복력을 갖게 했다.

우리는 수십만 년 동안 개인의 정원뿐 아니라 (우리 자신도 일원인) 지구의 정원을 가꾸는 법도 터득해 왔다. 하지만 인간종이 가진 '자기인식'이라는 선물이자 부담에도 불구하고, 우리의 진전은 직선적이지 않았다. 우리는 고대의 지혜를 잃어버렸고, 간과했고, 재발견했다. 위기는 실수와 혁신을 둘 다 일으켰다. 오늘날 우리는 지구를 살아 있게 하는 복잡한 생태적 상호의존에 대해 그 어느 때보다 잘 알고 있으며 이 지식을 적용하는 것이 지금보다 더 중요했던 때는 없었다. 우리는 우리가 지구의 주인이라는 개념을 거부하는 동시에 우리가 지구에 미치고 있는 과도한 영향을 인식해야 하고, 우리를 비롯한 모든 살아 있는 생명이 동일한 정원의 구성원임을 인식하고 그 정원의 수많은 청지기 중 하나로서의 역할을 받아들여야 하며, 이 세계에 우리가 지속적으로 존재하리라는 것이 당연하게 주어진 사실이 아님을 인정해야 한다. 우리는 대기의 막으로 감싸인 채 가늠할 수 없는 속도로 우주의 공허를 날아가는 살아 있는 암석의 표면을 기어다니는 수많은 유기체 중 하나에 불과하다. 우주는 우리에게 관심이 없으며, 살아 있는 행성도, 또 그 안의 어떤 생명체도 유지되지 못할 최대의 엔트로피를 향해 가차 없이 움직인다. 지구는 아름다운 저항이고 위험한 기적이다. 지구는 우주의 공허 속에 존재하는 정원이다.

드물게도 비가 내리고 난 어느 여름날 아침에 정원에 나가보았다. 작은 물방울이 모든 잎과 가지에 매달려 수정처럼 빛나고 있었다. 갓 파낸 순무에서 나는 것 같은 풍성한 땅 냄새가 훅 끼쳐 왔다. 전에는 회색의 이끼 덩어리 같았던 연못 주변이 이제 초록색 스폰지 같아졌다. 늪지 필터 아래에서는 개똥지빠귀가 먹을 것을 찾으면서 잎을 공중으로 날려 보내고 있었다.

늪지 필터 옆에 무릎을 대고 앉아 황제나방 알을 보려고 박주가리를 확인하다가 아직 풀줄기에 붙어 있는 얇은 막을 발견했다. 최근에 탈피한 실잠자리의 흔적이었다. 바로 그 아래에서는 폭포와 연못의 표면이 만나는 곳에서 거품 방울들이 생겨나고 또 터지고 있었다. 각각의 거품 방울이 둥그런 작은 거울처럼 내 모습과 나무와 꽃의 윤곽, 하늘과 구름을 휘어진 모양으로 비추고 있었다. 거품 방울마다 또 다른 버전의 정원이 있었고, 각각의 거품 방울에 가능한 수많은 세계 중 하나가 담겨 있었다.

2부
물

로드아일랜드주 노스 킹스타운의 윅포드 항구에 도착했을 때는 6월 어느 날의 이른 아침이었다. 바다는 비교적 잔잔했고 독특한 금속성의 광택을 띤 모습이 마치 누군가가 문질러서 펴 보려 한 구겨진 호일 같았다. 젊은 해양학자 비툴 아가르왈Vitul Agarwal이 선체에 '캡튼 버트'라는 이름이 쓰인 연구용 트롤선 옆에서 내게 손을 흔들었다. 다이아몬드 패턴 스웨터와 청바지 차림의 아가르왈이 배에서 인사를 하고서 은발 위로 야구 모자를 눌러 쓴 선장에게 나를 소개해 주었다.

몇 분 뒤 우리는 시동을 걸고 천천히 나라간셋만으로 향했다. 항구에서 멀어지면서 배가 속도를 냈다. 낮게 걸린 태양이 바다 위로 빛의 꽃잎을 드리우고 있었다. 배의 바로 뒤에서는 과일과 악어 모양의 차양이 바닷물에 펄럭거렸다. "오늘 여기에서 많은 걸 발견하게 될 것 같아요." 아가르왈이 거품이 이는 앞쪽을 손으로 가리키면서 말했다. "색깔 때문인가요?" 내가 물었더니 그가 고개를 끄덕였다.

목적지까지 가는 데는 얼마 걸리지 않았다. 우리가 지나가고 있는 이 만의 비교적 얕은 지역에서는 개중 깊은 곳에 속했다. 6.5미터 정도밖에 되지 않았다. 1957년 이래 이런 종류로는 세계에서 가장 오래 이어지고 있는 측정을 하러 매주 과학자들이 이곳에 와서 해양에서 가장 풍부하고 중요한 생명체를 조사한다. 거의 다 너무 작아서 맨눈에는 보이지 않지만, 이들이 없었다면 우리 행성은 지금도 생명 없이 황량했을 것이다. 그만큼 지구 생태계에 필수적인 이 존재는 바로 플랑크톤이다.

플랑크톤의 어원인 그리스어 '플랑크토스planktos'는 '떠돌아다니다', '부유하다'라는 뜻이다. 밀물 썰물과 파도를 따라 떠다니며 사는 다양한 수중 생명체의 방대한 집합을 통칭하는 말이다. 지구의 거의 모든 수중 환경에 플랑크톤이 살고 있다. 바다는 물론이고 강, 호수, 습지, 간헐 온천, 연못, 웅덩이, 심지어는 빗물에도 산다. 떠다닌다는 특징 때문에 그런 이름이 붙었지만 플랑크톤이 전적으로 수동적인 존재는 아니다. 많은 플랑크톤이 국지적으로 상당한 속도와 힘으로 움직인다. 어떤 종류는 부력을 조절해 깊은 곳과 얕은 곳 사이의 꽤 긴 수직 거리를 날마다 오간다. 플랑크톤의 전체 종 수는 알려져 있지 않지만 적게 잡아도 수십만은 된다. 크기는 대부분 2.5센티미터도 안 되고 대다수는 현미경으로만 보이지만 꽤 큰 동물 중에도 물 위를 흐느적거리며 떠다니기 때문에 플랑크톤이라고 불리는 종이 있다. 플랑크톤의 크기 스펙트럼에서 박테리아와 바이러스가 가장 작은 종류에 해당하고 가장 큰 쪽의 어떤 해파리는 촉수를 다 뻗으면 길이가 40미터나 된다. 그리고 그 양극단 사이에 온갖 신비롭고 신기한 생명체들이 있다. 지구를 바꾸는 막강한 힘을 가졌음에도, 아직 많은 비밀이 연구되어 있지 않고 알려져 있지도 않다.

아가르왈은 민트색 고무장갑을 끼고 어처구니없이 큰, 그리고 믿을 수 없이 촘촘한 그물망이 달린, 손잡이 없는 '잠자리채'를 집어들었다. 그물망 입구는 금속 링으로 열려 있고 좁은 꼬리 쪽에는 '고기받이'라고 부르는 작은 플라스틱 항아리가 달려 있었다. "이렇게 표본을 채취하고 모아서 나중을 위해 보존합니다. 물은 그물망으로 빠져나가게 하고 작은 고기받이에 표본을 잡습니다. 우선은 이것을 가라앉혀야 합니다."

그는 밧줄을 이용해 잠자리채를 배 옆으로 내리고서 티백으로 차를 우리듯이 위아래로 들썩들썩 움직였다. 그물망이 고집불통으로 가라앉지 않고 표면에 부푼 채 떠 있었다. "가장 좋게는 해류가 와서…" 아가르왈이 말을 시작할 때 갑자기 잠자리채의 그물망이 팽팽히 펴졌다. "이렇게요. 보셨어요? 이렇게 펴져요." 곧 잠자리채의 꼬리쪽 상당 부분이 가라앉아 눈에 보이지 않았다.

아가르왈은 그물코의 크기가 각기 다른 채를 몇 개 더 준비했다. 어떤 것은 20마이크론으로 백혈구 직경과 비슷하고 어떤 것은 1,000마이크론으로 굵은 모래알과 비슷했다. 이 그물망에 다양한 미생물이 잡히면 아가르왈이 그중 일부를 실험실로 가져갈 것이었다. 아가르왈은 15분 정도 기다렸다가 잠자리채 그물망 중 하나를 건져 올려서 고기받이를 뗀 뒤 필터를 통과시켜 내용물을 플라스틱 용기에 담았다. 얼핏 보기에는 먼지가 들어간 물과 그리 다르지 않아 보였지만, 자세히 보니 물이 살아 있다는 것을 분명하게 볼 수 있었다. 내가 먼지라고 생각한 짙은 색의 점들은 그냥 떠 있는 게 아니라 씰룩거리면서 몸을 움직이고 있었다. 더 작은 것들은 뛰어오르거나 빙빙 돌기도 했다. 용기의 수면 근처에서는 10센트 동전만한 해파리 몇 마리가 맥동치듯 움직이고 있었는데, 속이 다 비치게 얇아서 빛이 달라질 때마다 나타났다 사라졌다 하는 것 같았다.

아가르왈이 과일잼 병을 닮은 작은 유리병을 가리키며 말했다. "전체를 저기에 모을 거예요." 그는 일련의 필터를 통과시켜 가며 하나의 용기에서 또 다른 용기로 조심스레 표본을 옮겼다. 필터를 통과한 깨끗한 물은 거의 다 버리고 남아 있는 혼탁한 액체를 집중적으로 모았다. 이 과정도 차를 우리는 장면을 연상시켰다. 다만 이번에는 티백이 아니라 풀어진 찻잎이 떠올랐다. 찻잎 찌꺼기를 소중히 건지고 물을 버린다는 점은 거꾸로였지만 말이다.

아가르왈이 표본을 작은 유리병에 모으니 애플 사이더 같은 꿀색이 났다. 원반 모양, 노 젓는 배 모양, 부메랑 모양 등 각양각색의 미니 생명체 수천 마리가 스스로의 의지로 움직이고 있었다. 어떤 것은 벼룩처럼 수면에서 뛰어올랐다. 한 지점에서 다른 지점으로 순간이동을 하는 듯했다. 어떤 것은 만타가오리처럼 액체마냥 미끄러지듯 나아갔다. 또 어떤 것은 마치 굴을 파듯 머리를 박으면서 물을 뚫고 나아갔다. 병 속의 에너지 넘치는 미생물 중에는 마치 미니어처 갑각류 같아 보이는 것이 많았는데 아가르왈이 '요각류橈脚類'라고 부른다고 알려주었다. 요각류가 이 병에 든 생명체의 상당 비중을 차지했다. 희미한 호박색의 이 들썩이는 물에는 현미경 없이는 보이지 않는 작은 생물도 가득했다. "육안으로 보이는 플랑크톤 한 마리당 적어도 10마리, 아니 아마도 100마리의 눈에 안 보이는 플랑크톤이 있을 겁니다. 이 표본 하나에만도요." 그가 큰 눈으로 나를 보더니 다시 바다를 보았다. "그러면 이 바다에는 얼마나 많은 생명체가 있을지 생각해 보세요."

지구가 생기고 첫 5억 년 정도 동안 막대한 폭우가 이제 막 생겨난 육지를 뒤덮었다. 지구는 소수의 화산섬을 제외하고는 초기 대양에 완전히 덮인, 진정으로 '워터월드'였다. 지금도 대양이 지구 표면의 70퍼센트를 덮고 있고 바다는 지구상의 모든 물의 96퍼센트를 차지하고 있다. 처음에는 바닷물이 딱히 짜지 않았다. 하지만 시간이 가면서 비, 바람, 빙하, 파도가 두꺼워지는 대륙지각을 풍화시켰고 광물질과 나트륨, 염화이온 같은 염분이 빠져나와 바다로 흘러 들어갔다. 바닷물은 증발하지만 염분기는 그대로 남으므로 점차 농도가 짙어졌다.○ 그렇다면, 해양은 대기와 육지의 요소들까지 섞여 있는 혼종이라고 말할 수 있다. 해양은 지구의 커다란 가마솥이고 이 솥에 지구의 세 가지 주요 권역[암석권, 수권, 대기권]이 합류해 각각이 가진 원소들이 들어와 합쳐진다.

바닷물이 짜지 않았으리라는 점 말고도 원시 대양은 수많은 점에서 우리가 알고 있는 바다와 매우 달랐다. 대륙과 대기가 어느 정도는 생물학적 구성물이듯이 대양의 결정적인 특질들도 그 안의 생명이 만들어낸 결과다. 해양 단세포 동물은 지구가 생기고 나서 거의 곧바로 진화했지만, 더 크고 복잡한 생명이 나오기까지는 수십억 년이 걸렸다. 그동안 다양한 미생물이 내놓은 신진대사의 부산물이 원시 대양의 화학조성과 상호작용을 하면서 각기 다른 시기에 바다를 초록으로, 빨강으로, 분홍과 보라로,

○ 평균적인 해양 염도는 지구의 역사에서 계속 달라져 왔고 지리에 따라서도 차이가 있다. 하지만, 아직 완전히는 밝혀지지 않은 이유로 이온을 추가하고 제거하는 다양한 과정이 균형을 이루어서 현재의 해양 염도가 일정하게 유지되고 있다.

검정으로, 우윳빛으로 물들였을 것이다. 5억 3,000만 년 전 '캄브리아기 대폭발' 때 최초의 물고기가 바다에 살기 시작했고 이는 해양의 먹이 사슬을 혁명적으로 바꾸었다. 하지만 생명이 우리가 오늘날 알고 있는 해양의 조성을 만들어내기까지는 시간이 더 많이 걸렸다. 지구상의 모든 생명이 의존하게 된, 근본적인 전환이 있기까지 말이다. 이 전 지구적인 전환에서 가장 중요한 참여자는 물고기도 아니고 비교적 크고 상징적인 바다 생물도 아니다. 그 주인공은 가장 작고 초라해 보이는 플랑크톤이다.

로드아일랜드에 취재를 가기 전에, 대양의 작은 거주자들에 대해 미리 좀 더 알아보려고 플랑크톤의 사진을 보면서 그들의 아름다움에 매혹된 채 여러 시간을 보냈다. 더 크고 익숙한 해양 생물도 그렇듯이 플랑크톤은 종종 단단한 각껍질이나 뼈대에 의존해 몸을 지탱하고 보호한다. 플랑크톤의 신체 구조가 보여주는 다양성과 조각적인 정교함은 놀라웠다. 어떤 성게나 가리비나 소라고둥도 댈 게 아니었다. 가까이서 보니 샹들리에처럼 생긴 플랑크톤도 있고 고리버들 바구니처럼 생긴 플랑크톤도 있고 설탕 공예품처럼 생긴 플랑크톤도 있었다. 어떤 것은 풍차 날개처럼 생겼고 어떤 것은 귤의 바퀴 모양 단면 같았고, 어떤 것은 리본 사탕처럼 보였다. 솔방울, 작살, 코바늘, 구불구불한 골프 티, 거꾸로 된 버섯 모자, 무지개, 불꽃놀이처럼 생긴 것도 있었다. 19세기에 몇몇 자연학자들은 만화경 같은 아름다움에 고무되어서 보석 같은 플랑크톤을 현미경 슬라이드에 넣고 말털이나 돼지털 한 가닥으로 어렵사리 위치를 잡아 뛰어난 모자이크와 만다라를 창조했다. 이러한 미니어처 작품은 수집가들에게 높은 값어치를 인정받았고 빅토리아 시대의 살롱에서 손님들을 기쁘게 했다. 내가 본 현대의 고화질 사진도 놀라웠지만, 나는 플랑크톤의 만화경을 눈으로 직접 보고 싶었다. 이 말은 아주 강력한 현미경이 필요하다는 뜻이었고 그것을 작동할 줄 아는 사람을 알아야 한다는 뜻이었다.

나라간셋만에서 플랑크톤 표본을 수집한 날 오후에 로드아일랜드 대학교 해양학 대학원에서 아가르왈을 다시 만났다. 바닷가에서 몇 걸음 떨어져 있지 않았다. 아가르왈은 실험실의 현미경 앞에 몸을 구부리고 앉아 있었다. 그는 매주 플랑크톤을 세고 분류하면서 많은 시간을 여기에서 보낸다. 그의 옆에는 낡은 현장 가이드가 몇 권 있었는데 이 지역의 플랑크톤을 상세하게 그린 스케치가 담겨 있었다. 그리고 플라스틱 버튼이 줄지어 있는 계수기가 있었다. 각각의 버튼에는 각기 다른 종의 이름이 라벨로 붙어 있었다. 아가르왈은 이것을 통해 나라간셋만에서 플랑크톤 군집의 구성이 시간이 가면서 어떻게 변해가는지 파악하고 있었다. 우리 뒤쪽으로는 60년간 수집한 이 대학의 플랑크톤 아카이브 중 일부가 있었다. 아가르왈은 상자 하나를 열어서 유리병을 몇 개 꺼냈다. 병 안의 액체는 사프란색부터 호두색, 초록 이끼색까지 다양했다. 각각에는 아이오딘으로 고정한 플랑크톤 표본이 들어 있었다. 아이오딘은 플랑크톤의 세포 구조를 보존해서 오랫동안 연구할 수 있게 해준다.

아가르왈은 나더러 현미경 앞에 앉으라고 했다. 그날 일찍 우리가 채취한 플랑크톤을 보여주려는 것이었다. 근처의 모니터가 현미경에 연결되어 확대 이미지가 화면에 나오고 있었기 때문에 우리 둘은 같은 이미지를 동시에 볼 수 있었다. 현미경의 초점을 맞추는 동안 마디마디로 된 기다란 생명체가 몸을 비틀고 있는 것이 시야에 들어왔다. 돈벌레가 떠올랐다. "케토세로스Chaetoceros입니다." 아가르왈이 말했다. 각 마디가 광합성을 하는 단세포 플랑크톤이었다. 각각 이산화규소로 만들어진 각껍질이 있고 튀어나온 돌출부로 서로가 사슬처럼 연결되어 있었다. 슬라이드에 있는 다른 플랑크톤들은 얇게 편으로 썬 아몬드, 아령, 오래 걸어둔 크리스마스 트리의 별 장식, 마티니잔에 올리는 이쑤시개에 꽂은 올리브 등을 닮아 있었다. 그다음으로는 지극히 복잡한 고드름 같은 플랑크톤이 보였다. "이 길고 바늘 같은 것은 식물성플랑크톤인데요, 아마 또 다른 규조류일 거예요." 아가르왈이 어떤 종인지 알아보려고《로드아일랜드 나라간셋만의 식물성플랑크톤 가이드Guide to the Phytoplankton of Narragansett Bay, Rhode Island》라는 제목의 누렇게 변색된 책자를 넘기며 말했다. "생명은…" 그는 말을 시작하고 잠시 멈추더니 이어서 이렇게 말했다. "복잡합니다."

'플랑크톤'이 긴밀하게 가까운 종들의 그룹을 지칭하는 말이 아니라 생명의 나무의 상당히 많은 부분을 아울러서 물에 떠다니는 다양한 유기체를 통칭하는 말이므로, 과학자들은 플랑크톤을 (때로는 겹치기도 하는) 하위 범주들로 다시 구분한다. 크게는 둘로 나뉜다. 식물 같은 식물성플랑크톤과 동물 같은 동물성플랑크톤. 하지만 꽤 많은 종이 둘의 특성을 다 가지고 있다. 시아노박테리아 등 해양의 식물성플랑크톤은 지구의 첫 광합성 생물로, 오늘날에도 지구에서 벌어지는 광합성 중 절반이 이들의 세포에서 일어난다. 식물성플랑크톤은 도처에 존재하지만 여전히 알려지지 않은 신비를 많이 품고 있다. 이를테면 1980년대가 되어서야 샐리 치솜Sallie Chisholm('페니'라고 불린다), 로버트 올슨Robert Olson 같은 해양학자들이 세포를 셀 수 있는 레이저 장비를 바다에 가지고 나가서 프로클로로코쿠스Prochlorococcus라고 불리는 시아노박테리아를 발견할 수 있었다. 지구상에서 가장 작고 가장 풍부한 광합성 생물인데, 바닷물 한 방울에 이것의 세포가 약 22만 개 있는 것으로 추정되고 지구 전체에는 약 3,000자[3*10의 27제곱] 개가 있는 것으로 추정된다. 그런데도 워낙 작아서 그때까지 아무도 존재를 알아차리지 못하고 있었다.

널리 분포하는 또 다른 식물성플랑크톤 집단으로는 '규조류'라고 알려진 단세포 조류가 있다. 규조류는 유리질로 된 외골격이 있다. 단단하고 통기성 있으며 종종 야광인 이산화규소(유리의 주성분) 캡슐로 자신의 몸을 감싸고 있는 것인데, 쿠키 깡통의 몸체와 뚜껑처럼 아귀가 딱 맞물린다. 미생물 조류의 또 다른 그룹인 석회비늘편모류도 갑옷을 두르지만 유리질이 아니고 백악질이다. 이들은 탄산칼슘으로 겹겹의 비늘처럼 생긴 껍질을 만든다. 탄산칼슘은 석회암과 대리석을 구성하는 물질이며 한때는 분필의 재료로 널리 사용되기도 했다.○

식물이 육지 먹이 사슬의 맨 아래 토대를 구성하듯이, 식물성플랑크톤도 바다에 양분을 공급하는 토대다. 동물성플랑크톤은 그들의 초록색 사촌인 식물성플랑크톤을, 그리고 서로를 잡

○ 오늘날에는 분필을 주로 석고[황산칼슘]로 만든다.

아먹는다. 방사충은 규조류처럼 이산화규소로 각껍질을 만드는 동물성 단세포 플랑크톤이다. 이들의 갑옷은 원뿔형 또는 구형에 격자 모양이 있고 흥미롭게 툭 튀어나온 가시와 돌기들로 장식되어 있다. 화려한 문양의 금속 골무나 우주의 스푸트니크 위성을 연상시킨다. 유공충은 모래, 침전물, 탄산칼슘, 심지어는 다른 플랑크톤의 죽은 잔해를 가지고 다양한 모양의 각껍질 방을 만든다. 열린 관 같은 것도 있고, 앵무조개 같은 것도 있으며, 열대 과일 리치같이 생긴 것도 있다. 대부분의 단세포 플랑크톤과 달리 유공충은 놀랍도록 크게 자랄 수 있어서 길이가 약 18센티미터나 되기도 한다. 섬모충은 종 모양의 껍데기가 있어서 라틴어 어원의 뜻이 '짤랑짤랑거리다'이다. 입 주위의 털을 이용해 더 작은 미생물을 잡아먹는다. 와편모조류는 팽이의 꼭대기를 닮았는데, 리본이나 채찍처럼 보이는 긴 촉수를 사용해서 물에서 빙빙 돌고 셀룰로스로 된 막으로 스스로를 보호한다. 셀룰로스는 식물 세포의 단단한 벽을 만들어주는 유기 화합물이다. 와편모조류종의 절반은 다른 미생물을 잡아먹고 절반은 광합성을 한다. 어떤 것은 쿡 밀치면 저세상 푸른 빛을 띠면서 파도, 고래와 잠수함의 측면, 모래에 찍힌 발자국 등이 반짝반짝 빛나게 만든다.

가장 작은 플랑크톤을 더 큰 플랑크톤과 물고기 유충, 갑각류가 잡아먹고 다시 이것을 청어, 오징어, 물개, 돌고래 등 더 큰 바다 생물이 잡아먹는다. 궁극적으로 가장 작은 플랑크톤이 모든 해양 생물을 부양하는 셈이다. 지구상에 존재해 온 가장 큰 동물 중 하나인 수염고래의 어떤 종은 작은 물고기, 크릴, 플랑크톤만 먹고 산다. 미생물의 풍성함과 중요성을 말해주는 증거다. 바닷물 한 방울에 평균 수만 마리의 플랑크톤이 있고, 더 많은 경우도 있다. 폭풍이나 바람이나 해류가 영양분이 풍부한 심해의 물 중 일부를 표면으로 옮겨오거나 강에서 농경지나 주거지의 비료가 쓸려 내려와 바다에 들어오면 특정한 유형의 플랑크톤(와편모조류와 규조류 등)이 평소보다 더 빠르게 증식한다. 찻숟가락 5분의 1 정도의 물에 수백만 개의 세포가 있을 수도 있다. 플랑크톤이 이렇게 증식하면 때로는 성층권에서도 보이며 거의 멕시코만한 약 200만 제곱킬로미터 넓이로까지 확대되기도 하다. 플랑크톤은 너무 작고 도처에 있어서, 바다에 사는 생물이라기보다는 바다 자체의 원자처럼 보인다. 플랑크톤이 없으면 현대의 해양 생태계, 즉 우리가 알고 있는 대양의 개념은 붕괴할 것이다.

아가르왈이 플랑크톤을 세던 실험실의 복도 맞은편에 그의 지도교수이며 플랑크톤 생태학자이자 해양학 교수인 수잔 멘덴-도이어Susanne Menden-Deuer의 연구실이 있다. 그곳을 찾아간 첫날 주차장에서 멘덴-도이어를 만났다. 그는 고동색의 코듀로이 바지와 회색 카디건 차림에 금발을 뒤로 땋은 차림으로 연구실을 구경시켜 주었다. 에른스트 헤켈Ernst Haeckel의 요각류 그림과 퓨젯사운드 지도가 걸려 있었다. 멘덴-도이어는 전에 퓨젯사운드에서 지내면서 연구를 했다. 책상에는 다육식물 두 개가 라푼젤 머리처럼 배배 꼬인 잎을 아래로 늘어뜨리고 있었다.

어렸을 때부터 멘덴-도이어는 생물의 세계에 호기심이 많았다. "언니가 그러는데 내가 완두콩 안에 무엇이 들어 있는지 꼭

봐야 해서 그것을 열어보지 않고는 먹지 않았다고 하더라고요." 그는 1990년대에 독일 본 대학교에서 생물학을 공부하던 중, 호주 시드니의 뉴사우스웨일스 대학교에 가서 늘 매료되었던 해양학 연구를 할 수 있는 장학금을 받게 되었다. 시드니에서 멘덴-도이어는 해변까지 걸어 가기에 멀지 않은 곳에 살았고 스노클링을 자주 즐기며 때때로 최면에 걸릴 듯 알록달록 아름다운 갯민숭달팽이들의 군집을 보았다. 멘덴-도이어는 실험의 일환으로 야생 성게에게 먹이를 주는 연구 다이버로 일자리를 얻었다. 그래서 학생 다이빙 동아리에 가입했고, 미래의 아내 타티아나 라이니어슨Tatiana Rynearson을 만났다. "우리는 다이빙에 푹 빠졌습니다." 들뜬 태양이 입맞춤하던 그해에 멘덴-도이어의 인생 전체가 바다와 결합된 것 같았다.

해양학 박사학위를 받고서 두 사람은 같은 대학에서 교수직을 얻기 위해, 혹은 교수가 아니더라도 급부를 공유할 수 있는 어떤 자리라도 얻기 위해 고전했다. 마침내 둘 다 로드아일랜드 대학교에서 교수직을 잡았고 이후로 계속 여기에서 일하고 있다. 라이니어슨의 연구실은 불과 몇 호실 건너에 있다.

연구를 하면서 멘덴-도이어는 미세함과 거대함 사이의 숨은 연결에 점점 더 관심이 커졌다. 세포 하나의 펄럭임과 지구 행성 전체의 리듬 사이의 연결에 말이다. "저의 접근방식은 개개의 플랑크톤종이 모두 중요하며 소규모 상호작용이 중요하다는 사실을 인식하는 것입니다." 멘덴-도이어가 말했다. "하지만 결국 중요한 것은 전 지구적인 규모입니다. 제 연구를 이끄는 질문은 어떻게 미세한 과정들을 측정해서 그것을 큰 그림과 연결할 수 있을까입니다. 지구라는 행성은 하나의 시스템이고 그 시스템 안에서 모든 것이 상호 연결되어 있습니다. 플랑크톤은 원소들이 지구 곳곳을 계속해서 이동하는 데 핵심적인 역할을 합니다. 말 그대로 생물지질화학적 순환을 작동시키는 엔진이지요. 플랑크톤은 지구를 거주 가능한 곳이 되게 해줍니다. 플랑크톤은 수십억 년 동안 지구를 생명이 살 수 있는 곳으로 만들어왔습니다."

그런데 플랑크톤이 하는 일에 대해 우리가 듣는 이야기는 종종 이와 반대다. 고래의 먹이가 되는 것을 논외로 하면, 플랑크톤에 대해 우리가 듣는 가장 익숙한 이야기는 플랑크톤이 많아지면 바다가 오염된다는 것이다. 플랑크톤이 이상증식하는 것을 '적조 현상'이라고 하는데(주황, 노랑, 갈색, 분홍색도 띨 수 있지만 이렇게 불린다) 때로는 물과 공기에 독성을 퍼트려 물고기, 조개, 새, 그리고 (인간도 포함한) 포유류를 병들고 죽게 한다. 증식한 미세조류가 죽기 시작하면 그것을 분해하는 미생물이 인근의 산소를 죄다 소비해 버려서 다른 생물들을 질식시키게 되고 '데드존'이 생긴다. 하지만 적당량의 플랑크톤 증식은 독성을 만들지도 않고 다른 생명체에게 산소 부족을 일으킬 만큼 빠르게 증식하지도 않는다. 오히려 플랑크톤은 환영받는 뷔페 식사다. 극적이긴 하지만 '해악'과 '풍성함'이라는 이중적 역할은 플랑크톤이 갖는 진정한 중요성의 아주 일부만 말해줄 뿐이다. 플랑크톤의 성장과 행동, 플랑크톤의 삶과 죽음, 즉 플랑크톤의 존재가, 바다의 화학과 궁극적으로 지구 자체의 화학을 조절한다.

1930년대에 미국 해양학자 앨프리드 레드필드Alfred Redfield는 전 세계의 깊은 바다에서 채취한 물 샘플들에서 질소와 인의 평균 비율이 식물성플랑크톤의 세포에 있는 질소와 인의 평균 비율과 일치한다는 사실을 발견했다. 그 비율은 16대 1이었다. 수십 년의 연구를 토대로, 레드필드는 플랑크톤이 "깊은 바다의 화학조성을 단순히 반영만 하는 것이 아니라 창조하기도 한다"고 주장했다. 죽은 플랑크톤이 깊은 바다에 가라앉으면 박테리아가 그것을 분해해 각각의 화학 원소들로 분리하면서 대양 깊은 곳에 정확히 동일한 비율의 질소와 인을 공급한다는 것이다. 또한 그는 육지의 미생물이 그렇게 하듯이, 수중의 플랑크톤도 생태계의 피드백 고리 안에서 질소를 다양한 화학적 형태로 계속해서 바꾸는 방식으로도 이 비율을 조절한다고 주장했다.

대양의 질소량이 인에 비해 줄어들어 영양분이 부족해진 생물들이 고전하기 시작하면 질소를 고정하는 데 특화된 미생물이 번성한다. 이들은 암모니아 등 생물학적으로 유용한 형태의 질소를 바다에 공급해 부족한 질소를 다시 채워 넣는다. 질소 농도가 너무 높아지면 질소가 많은 환경을 좋아하는 다른 종류의 플랑크톤이 질소를 고정하는 플랑크톤보다 더 많이 번성한다. 그와 동시에, 더 많아진 플랑크톤이 죽어서 가라앉으면 산소가 별로 없는 깊은 곳으로 더 많은 탄소가 내려간다. 그러면 호흡 과정에서 암모니아를 질소 기체로 다시 바꾸는 미생물의 성장이 촉진되고, 질소와 인의 비율이 더욱 안정화된다.

레드필드 시절 이래로 과학자들은 대양의 항상성 조절 메커니즘이 레드필드가 생각했던 것보다 훨씬 복잡하며 원소들의 대양 내 비율도 특히 국지적인 수준에서는 그가 알아낼 수 있었던 것보다 더 정교한 방식으로 변동한다는 사실을 알게 되었다. 어쨌든 많은 연구가 레드필드의 기본적인 통찰을 입증했고 '레드필드비'라고 불리는 것의 존재를 확인했다. 이 화학적 균형의 정확한 과정은 해양학에서 아직 알려지지 않은 가장 중요한 신비 중 하나지만 말이다.

플랑크톤은 장단기 모두에서 지구 기후를 조절하는 탄소 격리 과정의 핵심 행위자이기도 하다. 생애 내내 지구는 반복적으로 광범위한 빙하기를 겪어왔다. 그럴 때면 많은 생물이 멸종하고 전반적으로 생명의 서식이 제약되었다. 하지만 지구는 매번 회복되었을 뿐 아니라 차차로 다시 번성했다. 어떻게 그럴 수 있었을까? 빙하기가 시작되었다가 얼음이 다시 물러가는 사이클은 대륙의 위치가 이동하고 해류가 움직여 열을 재분배하면서, 그리고 지구의 궤도, 흔들림, 기울어짐의 변화로 지구가 받는 태양열의 양이 달라지면서 조절된다. 하지만 때로는 살아 있는 지구 자체의 자기안정화 과정이 중요하게 작동한다. 이러한 회복력의 상당 부분은 지구상의 모든 생명체에 들어 있는 풍부하고 유쾌한 한 가지 원소의 다재다능함 덕분인데, 바로 탄소다. 탄소가 공기, 땅, 바다를 오가며 생물과 환경 사이를 지속적으로 순환하는 과정이 궁극적으로 지구의 온도 조절 장치로 기능하는 것이다.

대기 중의 이산화탄소는 해양의 표면에서 지속적으로 물에 녹는다. 그러면 태양을 좋아하는 식물성플랑크톤이 수면에서 이산화탄소를 흡수해 광합성을 하면서 세포에 탄소를 저장한다. 동물성플랑크톤과 미생물이 식물성플랑크톤을 먹어서 분해할 때 그 탄소의 상당 부분이 물의 얕은 곳으로 배출된다. 산소를 소비하면서 이산화탄소를 배출하기 때문이다. 먹히지 않은 식물성플랑크톤은 며칠이나 몇 주 정도 사는데, 죽고 나면 서로에게 부딪혀서, 그리고 동물성플랑크톤의 배설물°과 합쳐져서 작은 덩어리가 되어 가라앉기 시작한다. 이렇게 심해에 눈처럼 내린 탄소는 차갑고 밀도 높은 깊은 바다에서 수천 년간 머물게 된다. 이 영구적인 '바다눈'의 일부는 심해 생물의 먹이가 되지만, 일부는 계속 가라앉아 대양저에서 배설물의 퇴적층을 형성해 수백만 년 동안 단단한 돌의 형태로 탄소를 가둔다.

한편, 화산에서 분출된 이산화탄소는 대기의 수증기와 결합해 탄산을 형성하고 비가 되어 땅으로 떨어진다. 이 비는 약한 산성을 띠기 때문에 지각과 상호작용을 하면서 지각을 녹인다. 이러한 화학적 풍화 작용으로 다양한 광물질, 염분, 그 밖의 분자들이 생겨나 강물을 타고 바다로 가서 해양 생물의 양분이 된다. 어떤 시아노박테리아, 플랑크톤, 산호, 연체동물은 풍화 작용에서 나온 칼슘과 중탄산이온을 사용해 껍데기, 방패, 골격, 암초를 만들고, 퇴적되어 스트로마톨라이트라고 불리는 미생물 암석을 형성한다. 이러한 생명체들이 죽으면 탄소가 풍부한 잔해가 바닥에서 지층을 이루고 점점 짓눌려서 석회 퇴적층이 된다. 오랜 시간이 지나면 지각 작용이 새로 융기하는 산맥과 분출하는 화산의 형태로 탄소를 다시 지표로 올려보낸다. 이렇게 해서 사이클이 완성된다.

° 그렇다, 플랑크톤도 똥을 싼다.

지구가 뜨거운 한증막 상태가 되면 비가 세차게 내리고 또 자주 내려서 암석의 풍화 작용이 평소보다 가속화된다. 그러면 바다에 광물질이 더 풍부하게 공급되어 바다 생물이 먹을 양분이 많아지고 화산이 대기에 내놓는 것보다 빠른 속도로 대기에서 탄소가 제거된다. 수십만 년에서 수백만 년에 걸쳐 이러한 피드백 고리가 지구를 식힌다. 반대로, 얼음이 바다와 대륙 대부분을 덮어버리면 물의 순환이 사실상 멈추고 플랑크톤 등 바다 생물의 생산성이 떨어져 이산화탄소가 대기 중에 쌓이면서 점차 지구가 더워진다. 고생물학자 피터 워드Peter Ward와 지질생물학자 조 커쉬빙크Joe Kirschvink는 "즉 이 전체적인 과정이 대체로 생명에 의해 조절되고, 동시에 궁극적으로 지구에 생명이 존재할 수 있게 해준다"고 언급했다. 지구의 자기안정화 과정 중 일부는 생물학적인 과정이 아니지만, 생명은 35억 년 전에 처음 등장했을 때부터 탄소 순환과 지구의 온도 조절에 긴밀하게 관여해 왔다.

과학자들은 식물성플랑크톤이 사라지면 대기의 이산화탄소가 두 배가 될 것이라고 추정한다. 이는 5,000만 년 전 에오세 초기 이래로 지구가 경험해 본 적이 없는 수준인데, 그때 지구의 평균 기온은 오늘날보다 약 8도가 높았고 북극에서 악어가 헤엄쳤다. 거꾸로, 플랑크톤이 많고 양분이 높은 해역이 최대로 생산적인 상태가 되면 대기의 이산화탄소가 절반으로 줄어 산업화 이전 수준보다 내려가면서 새로운 빙하기가 올 것이다.

플랑크톤을 포함해 바다의 다양한 생명체들이 바다눈이 되어 침전된 것이 오늘날 대양저의 60퍼센트를 이룬다. 유니버시티 칼리지 런던의 고미생물학자 폴 바운Paul Bown은 퇴적층의 맨 위층은 고체와 액체가 섞여 있고 거품 같은 질감이라고 설명했다. 그보다 약 30~60센티미터 아래로 가면 압력이 증가해 그 안의 물이 눌려서 빠져나오고 치약 같은 질감이 되며 차차로 더 압축되면 단단한 돌이 된다. 그러다 지구의 내부에서 녹거나, 대륙판이 충돌하거나 바다가 낮아질 때 지표로 다시 올라온다.

영국 도버 해협의 절벽 '화이트 클리프'를 조금 갉아내 강력한 현미경으로 들여다보면 뒤엉켜있는 입자들을 볼 수 있을 것이다. 더 자세히 보면 뚜렷한 모양을 판별할 수 있는데, 작은 막대기들이 마치 아치형 돌담을 이루는 돌기둥들처럼 깔끔하게 늘어서서 납작한 원형이나 부채 모양을 하고 있는 형태를 볼 수 있다. 지극히 운이 좋다면 동그란 컵 받침들이 뭉쳐 돌이 된 것처럼, 막대기들이 원호를 그리며 늘어서서 만들어진 납작한 원반들이 공처럼 뭉쳐 있는 모습을 비교적 온전하게 보존된 상태로 볼 수 있을 것이다. 이런 것을 볼 수 있는 이유는 화이트 클리프가 단순한 바위가 아니라 화석이기도 하기 때문이다. 화이트 클리프의 토대를 구성하는 광물질, 즉 위에서 언급한 것 같은 현미경으로만 보이는 정교한 아치, 원반, 구 모양의 물질은 백악기인 1억 4,500만~6,600만 년 전에 살았던 석회비늘편모류의 겉껍질이다.

사실 알프스산맥의 넓은 지역을 포함해 지구상의 백악층과 석회암층 상당 부분이 플랑크톤, 산호, 조개류 등 바다 생물의 잔해다. 기자의 피라미드, 콜로세움, 노트르담 성당, 엠파이어 스테이트 빌딩 등 석회암으로 만든 인간의 장엄한 건축물은 해양 고생물의 비밀스러운 기념물이다. 돌로 변신하는 플랑크톤은 석회비늘편모류만이 아니다. 수백만 년 전, 도구를 사용한 초창기 인류는 플린트암과 규질암의 장점을 발견했는데, 대부분의 암석과 달리 단단하고 날카로우면서 깨뜨리기도 좋았다. 본인들은 몰랐겠지만, 그들은 규조류와 방사충의 압축된 겉껍질로 (말하자면, 유리질로 된 그들의 유령으로) 화살과 도끼를 만들고 있는 것이었다. 석기가 우리 조상들의 식단, 문화, 기술에 일대 혁명을 일으켰으므로, 플랑크톤의 잔해가 인류 진화의 경로를 규정했다고도 말할 수 있을 것이다.

플랑크톤과 마찬가지로 바다의 다른 많은 생물도 탄산칼슘으로 골격이나 단단한 껍질을 만든다. 조개, 고둥, 앵무조개, 성게, 산호 등이 그렇다. 산호는 공생하는 미생물, 조류, 그리고 산호충이라고 불리는 젤리 같은 작은 동물이 뭉쳐 군집을 이룬 형태를 말한다. 단단한 골격이나 겉껍질을 만드는 모든 생물 중에서 자유롭게 물을 떠다니는 플랑크톤이 이제까지 지구에 가장 큰 영향을 미쳤다. 석회비늘편모류처럼 석회로 무장한 플랑크톤이 진화하기 전에는 바다를 통한 탄소와 칼슘의 이동이 지금과 매우 달랐다. 석회 퇴적층은 훨씬 작았고 산호가 많은 얕은 대륙붕에만 존재했다. 하지만 2억 년~1억 5,000만 년 전에 석회 껍질을 가진 플랑크톤이 진화해 바다를 채웠고 궁극적으로 지구 기후를 지배하는 장기적인 탄소 순환의 중요한 고리가 되었다. 동시에 이들은 깊은 해저에 거대한 석회층을 만들었고 이것이 위기 때 바다의 화학적 성질을 안정화했다. 지구 역사 내내 때때로 강력한 화산 활동이 엄청난 양의 이산화탄소를 대기로 내뿜었고, 이는 바다에 용해되어 물을 극적으로 산성화시키면서 기록상 최악의 대량 멸종을 가져왔다. 하지만 죽은 플랑크톤으로 형성된 석회석층이 산성화된 바다에서 용해되어 탄산염이온을 내놓고 pH를 높이면서 산성화를 어느 정도 상쇄했고, 이를 통해 바다 생명을 보호했다.

하지만 지난 몇 세기 동안 우리 종이 전례 없는 속도로 대기에 탄소를 뿜어내면서 이 자연 완충 장치가 심각하게 손상될 위험에 처했다. 바다는 이미 1850년보다 평균적으로 30퍼센트나 산성도가 높다. 금세기 말에는 산성도가 두 배가 되어서 지구 생태계에 파괴적인 결과를 초래할지 모른다.

해양 산성화는 수많은 종의 신진대사, 번식, 배아 발달, 포식자 탐지 등 광범위한 생물학적 과정을 교란한다. 바닷물의 음향 특성을 변화시켜 돌고래와 고래가 반향을 이용해 대상물의 위치를 파악하는 것도 방해한다. 가장 직접적으로 고통 받는 생물은 해양 먹이 사슬의 바닥에 있는 생물이다. 이산화탄소와 바닷물 사이의 화학반응은 탄산칼슘 농도를 낮춰 석회화 플랑크톤을 포함해 여러 석회화 생물이 껍질과 골격을 구성하는 것을 훨씬 더 어렵게 만든다. 그리고 pH가 너무 낮아지면 이들은 말 그대로 녹기 시작한다. 플랑크톤은 다른 모든 해양 생물에 영양을 공급하는 존재다. 산호만 보더라도 해양 생물 다양성의 25퍼센트를 지원한다. 그런데 지구온난화와 해양 산성화가 현재의 속도로 진행된다면 전 세계적으로 석회화 플랑크톤의 개체 수가 감소하고 어쩌면 사라질지 모른다. 우리가 알고 있는 열대 산호초는 금세기가 끝나기 전에 붕괴할 가능성이 크고 일부 지역에서는 점액질의 해조류와 해면이 그 자리를 차지할 것이다. 연어,

참치, 고등어, 대구, 청어, 게, 바닷가재, 새우, 굴, 홍합, 가리비, 조개 등도 개체 수가 감소할 것이다. 전 세계의 해양 생태계가 과거의 얇고 병약한 버전으로 쪼그라들지도 모른다. 지난 6,000만 년 동안의 어떤 바다와도 비교할 수 없을 정도로 황량한 공간으로 말이다. 2100년이 되기 전까지 탄소 배출을 완전히 중단하는 데 성공하더라도 해양의 화학조성이 다시 안정화되고 생명체가 회복되는 데는 수만 년에서 수십만 년이 걸릴 것이다.

플랑크톤은 우리 머리 위의 바다도 바꾼다. 어떤 플랑크톤은 자신의 세포에서 '디메틸설포니오프로피오네이트DMSP'라고 불리는 황 화합물을 합성한다. 이것이 얼어붙을 정도의 기온과 자외선, 또 염도의 변화에서 플랑크톤을 보호해 주었을 것이다. 이러한 플랑크톤이 죽으면 DMSP는 바다로 들어가고 미생물이 그것을 분해하는데, 여기에서 기체 '디메틸설파이드DMS'가 나온다. DMS가 대기로 올라가면서 산소와 반응해 황 에어로졸을 만들고 이것이 구름의 응결핵이 된다. 이 상호작용은 육지로부터 멀리 떨어진 대양에서 특히 더 중요하다. 여기에는 검댕, 먼지 등 육지에서 구름의 응결핵으로 기능하는 입자들이 희소하기 때문이다.

1987년에 제임스 러브록과 몇몇 과학자들은 해양 플랑크톤과 구름 사이의 연결고리가 지구 기후를 안정화하고 있다는 주장을 담은 논문을 펴냈다. 이 가설을 제기한 사람들의 성의 머리글자를 따서(로버트 찰슨Robert Charlson의 C, 제임스 러브록의 L, 마인라트 안드레에Meinrat Andreae의 A, 스티븐 워런Stephen Warren의 W) 클로CLAW 가설이라고 불린다. 이 가설은 다음과 같은 피드백 고리를 제시한다. 바다 표면의 기온이 높아지거나 바다 표면에 닿는 햇빛의 양이 증가하면 플랑크톤이 번성하고 더 많은 DMS가 생산된다. 이것이 구름의 형성을 촉진하고 구름은 더 많은 태양빛을 반사한다. 이는 지구를 식히고 플랑크톤 증식을 늦춘다. 몇 년 뒤 러브록은 또 다른 가능성을 추가해 이 개념을 확장했다. 대양의 온도가 너무 높으면 양분이 풍부한 심해의 물을 표면으로 가지고 올라오는 물리적 과정이 일어나지 않아서 플랑크톤의 성장이 제한되고 구름의 생성이 줄어들며 궁극적으로 지구온난화를 악화시킬 것이라고 말이다. 매우 단순화된 이 모델은 여전히 논쟁적이고 틀림없이 많은 세부적 복잡성을 간과한 것이겠지만, 최근의 연구들은 적어도 부분적으로는 이 가설이 옳다는 것을 확인해 주고 있다. 플랑크톤, 구름, 기온의 관계를 설명하는 종합적인 이론과 지구온난화 위기와 관련해 이 관계가 갖는 중요성은 아직 활발하게 연구가 이뤄지고 있는 주제다.

플랑크톤은 모래사장, 바다의 포말, 바다 냄새와 같은 해안의 가장 매혹적인 특징들을 만들어내는 비밀 작곡가이기도 하다. 버뮤다 호스 슈 베이 해변의 분홍빛 모래사장을 포함해 세계에서 가장 아름다운 해변들이 그런 색상을 띠는 것은 플랑크톤의 다채로운 껍질과 뼈 덕분이다. 플랑크톤의 증식이 줄고 플랑크톤이 죽으면, 바람과 파도가 분해된 플랑크톤의 단백질과 지방을 산호 조각, 해초, 물고기 비늘 같은 다른 유기물 찌꺼기와 섞는다. 이러한 혼합물이 발포제 역할을 해서 마치 '플랑크톤 머랭'처럼 두터운 거품층으로 부풀어 오르는 기포를 생성하고 이것이 해안으로 쓸려간다. 한편, 플랑크톤이 죽고 분해되면서 생성되는 황 에어로졸(위의 가설에서 구름을 만드는 응결핵과 동일한 것이다)은 바다 공기에 삶은 사탕무를 연상시키는 특유의 냄새를 일으킨다. 그 향이 바다 벌레와 조류가 만든 염분기 있는 브로모페놀과 특정한 해초의 성페로몬에서 나오는 강한 '바다 냄새'와 합쳐진다. 비옥하지 않은 행성의 해변에서는 바다 냄새가 나지 않을 것이다. 적어도 우리가 아는 바다 냄새는 아닐 것이고, 아무 냄새도 나지 않을지도 모른다. 당신이 바다 공기를 마실 때, 당신은 말 그대로 바다 생물을 들이쉬는 것이다.

도처에 존재하고 크기가 작으며 널리 잘 퍼지기 때문에, 플랑크톤이 미치는 영향력의 범위는 대양과 연안을 훨씬 넘어선다. 매년 바람이 막대한 양의 사하라 모래 먼지를 대서양을 건너 아마존 우림에 가져다 놓는데 그 양이 2,770만 톤에 이른다. 세미트레일러 트럭 10만 대 이상의 분량이다. 아마존 우림에 도착한 이 모래 먼지는 수조 개체의 식물에 철, 인 등 필수 영양분을 공급한다. 비옥함을 가져다주는 이 먼지는 단순히 작은 암석 입자가 아니다. 이것은 고대 규조류의 뼈이고, 한때는 북미의 오대호를 다 합한 것보다도 큰 호수였다가 지금은 움푹 들어간 거대 모래 구덩이가 된 보델레 함몰지Bodélé Depression에서 온 것이다. 플랑크톤은 죽고 나서 오랜 세월이 지나서도 대양, 사막, 정글로 필수 영양분을 순환시키면서 계속해서 지구를 부양하고 구성하고 있다. 물에 떠다니는 세포에서 바다 아래의 돌무덤이 되기까지, 또 바람에 날리는 사막의 먼지가 되기까지, 영겁의 세월에 걸친 변모 과정에서 플랑크톤은 생명과 환경 사이의 호혜성과 지구의 영속적인 환생을 체현한다.

로드아일랜드 방문 막바지에 나는 멘덴-도이어에게 수년 동안 바다에서 추출한 표본 중에서 가장 독특하고 아름다운 플랑크톤을 보여달라고 했다. 멘덴-도이어는 컴퓨터 파일을 하나 열었다. 수백 장의 놀라운 사진이 있었고 어떤 것은 연구 일지의 표지로 쓰이고 있었다. 우리는 소리굽쇠, 민들레 씨앗, 옥구슬 끈, 알렉산더 콜더Alexander Calder의 구체관절 인형 같은 모습을 한 규조류와 와편모조류의 이미지에 경탄했다. 멘덴-도이어는 장식 시계 앞면의 둥근 원주처럼 생긴 플랑크톤을 특히 좋아했다.

"이건 매우 재미난 종이에요. '에우캠피아 조디아쿠스Eucampia zodiacus'라고 불리는데 '조디악[황도십이궁]'에서 나온 이름이죠. 실제로는 3차원으로 나선형을 이루고 있는데 사람들이 처음 현미경으로 보았을 때는 납작하게 보였어요. 그래서 2차원 원형의 모양에 따라 이름을 지은 거죠."

"그러면 실제로는 슬링키[용수철처럼 생긴 철사 리본 장난감]네요?"

"네, 맞아요."

멘덴-도이어는 뉴미디어 예술가 신시아 베스 루빈Cynthia Beth Rubin과 협업한 작품을 보여주었다. 2016년에 '오픈 스카이 갤러리Open Sky Gallery'의 일환으로 전 세계 수십 명의 예술가가 만든 동영상들이 홍콩에서 가장 높은 건물인 108층짜리 국제상업센터 빌딩의 약 7만 7,000제곱미터 LED 스크린에서 상영되었다. 베스 루빈과 멘덴-도이어가 만든 동영상도 제출되었고 [비경쟁작] 가작으로 당선되었다. 크릴, 해파리, 미생물 플랑크톤 등이 등장하는 꿈결 같은 흑백 작품이었고, 대부분은 남극 탐사 동안 촬영한 것이었다. 5월의 어느 저녁에 몇 분간 이 작은 해양 생물들의 실루엣이 700만 명 인구가 사는 도시의 인간이 지은 가장 높은 구조물 중 하나에서 눈길을 끌면서 떠다니고 튀어오르고 움찔댔다.

이 영상을 보니, 현대 문명의 독창성을 선보이고 기념하기 위해 7개월 동안 진행되었던 1900년 파리 세계박람회에 대해 알게 된 사실 하나가 떠올랐다. 5,000만 명이 넘는 사람들이 파리에 와서 관람차, 무빙워크, 에스컬레이터를 타고, 유성영화를 보고, 전등 궁전Palace of Electricity을 돌리는 거대한 증기 동력 발전기에 경탄했다.

파리는 르네 비네René Binet라는 상대적으로 알려지지 않은 건축가에게 박람회장의 입구이자 여러 공공 광장에 설치된 티켓 부스 중 하나가 들어갈 조형물의 디자인을 맡겼다. 비네의 문은 여러 개의 웅장한 아치 위에 벌집 모양을 한 거대한 돔을 올린 형태로 구성되었으며, 정점에는 현대적인 파리의 패션을 하고 박람회 참석자들을 환영하기 위해 팔을 뻗은 여성의 동상이 서 있는 높은 첨탑이 있었다. 주로 철과 석고로 만들어진 이 문은 장식용 돌, 비잔틴 문양, 화려한 카보숑컷의 유리로 덮여 있었고 내부에서부터 파란색과 노란색 조명 수천 개가 구조물을 비추었다.

이 구조물은 웅장함과 화려함을 내뿜으며 진기한 것들의 전시가 펼쳐지고 있음을 공식적으로 내보이고 있었지만, 그와 동시에 섬세하고 경쾌하며 뚜렷하게 유기체적인 면도 가지고 있었다. 당대의 한 작가는 "입구에서 공룡의 척추뼈를, 돔에서 벌집의 방을, 꼭대기에서 산호를 보았다"고 적었다. 하지만 비네에게 주된 영감을 준 것은 공룡도 벌도 산호도 아니었다. 그의 진짜 뮤즈는 훨씬 덜 알려진 존재들이었다. 비네는 이 조형물을 디자인하는 동안 독일 과학자 에른스트 헤켈이 그린 스케치를 보러 파리의 도서관에 자주 갔다. 오늘날 헤켈은 동물, 식물, 곰팡이를 표현한 생생하고 매혹적인 그림들과 특히 대성공을 거둔《자연의 예술적 형상》에 수록된 스케치들로 가장 잘 알려져 있다. 세심하고 치밀하게 관찰한 형태를 예술가의 눈으로 배열해 아름다운 대칭을 이루게 그린 그의 스케치는 벽화, 벽지, 액자 그림부터 티셔츠, 토트백, 샤워 커튼에 이르기까지 상상할 수 있는 모든 형태로 수없이 재현되었다.○

헤켈은 해면동물, 해파리, 또 이들의 친척들과 같은 바다 생물에 매료되었고 이는 그의 첫 저서들의 주제가 되었다. 그는 특히 자신의 엄격한 미학적 기준에 딱 들어맞는 정교하면서도 정확한 방산충放散蟲의 기하학적 구조를 좋아했다. 그는 방산충을 직접 수집해 오른쪽 눈으로는 손을 보고 왼쪽 눈으로는 현미경을 보면서 몇 시간 동안 스케치를 했다. 바로 이것이 비네를 사로잡은 이미지들이었다. 그는 1899년 헤켈에게 보낸 서신에서 "1900년 세계박람회의 기념비적인 입구를 짓고 있다"며 "전체 구성부터 가장 작은 세부사항까지 모든 것이 당신의 작업에서 영감을 받았다"고 알렸다.

○ 당대에 헤켈은 찰스 다윈의 연구 일부를 널리 알렸고 본인의 영향력 있는 진화론도 발달시켜서 명성을 얻었다. 하지만 그의 이론 중 일부는 오류가 있어서 지금은 폐기되었다. 그는 '생태학', '계통발생' 등 오늘날에도 쓰이는 몇몇 과학 용어를 만들기도 했다. 한편, 그는 우생학을 지지했고, 역사학자들에 따르면 그가 쓴 글 중 일부는 나치와 파시즘 이데올로기에 기여했다.

기자의 피라미드와 노트르담 성당의 석회암 전면이 플랑크톤의 비밀스러운 기념물이라면, 비네의 작품은 명시적인 기념물이라고 할 만하다. 돌, 금속, 유리로 이루어진 비네의 유기적 조각품은 진화에 바치는 찬사였고, 특히 인간이 설계한 구조물에 필적하고 종종 인간의 구조물을 능가하기도 하는, 놀라울 정도로 복잡하고 아름다운 구조물을 만들어내는 진화의 힘에 대한 예찬이었다. 플랑크톤이 지구 생태계에 얼마나 중요한지에 대해 우리가 지금 알고 있는 사실들을 생각하면, 문자 그대로 인간의 성취를 기리는 축제로의 관문인 이 우뚝 솟은 아치는 한층 더 새로운 의미를 갖는다. 영예의 전당 형태로 확장된 플랑크톤은, 보통은 보이지 않는 것을 매혹적인 것으로 만들고 보통은 조용한 것을 반향하게 만든다. 마치 이렇게 말하는 것 같다. **내가 없었다면 당신은 여기에 없었을 것이라고. 내가 없었다면 이 모든 것이 불가능했을 것이라고.**

플랑크톤이 바다와 공기에 산소를 불어 넣고 대양의 화학조성을 조율하지 않았다면, 그리고 전 지구적 기후의 핵심적인 조절자가 되지 않았다면, 숲도, 초원도, 야생화도, 공룡도, 매머드도, 고래도 없었을 것이다. 20세기 초에 무빙워크와 전등을 감탄하며 바라보는 직립보행 유인원도 없었을 것이다. 플랑크톤이 없었다면 지구에는 어떤 종류의 복잡한 생명도 없었을 것이다. 수많은 바이러스, 박테리아, 단세포 생물이 없었다면, 아직 분류되지 않은 채 우리가 플랑크톤이라고 통칭해 부르는 신비로운 존재들이 없었다면, 대양은 우리가 전혀 알아볼 수 없는 무언가가 되었을 것이다. 지금처럼 헤아릴 길 없는 경이로움으로 가득한, 아직 발견되지 않은 수많은 종과 아직 탐험되지 않은 수많은 서식지가 있는 방대한 생태계가 아니었을 것이다. 생명이 탄생한 곳도, 생물권의 토대도 아니었을 것이다. 대양은 그저 고요함만이 가득한 방대하고 외로운 물이었을 것이다.

산타카탈리나섬은 무성한 숲이 있을 법해 보이지는 않았다. 남부 캘리포니아 연안에서 약 35킬로미터 떨어진 이 섬은 뜨겁고 건조한 여름과 온화한 겨울이 있는 지중해성 기후다. 바위로 된 지형에 약간의 숲 지대와 드문드문 참나무, 활엽수 수목, 체리, 외래종 야자와 유칼립투스 같은 나무들이 있지만, 훨씬 더 넓은 지대는 만자니타, 세이지, 크리스마스 베리, 레모네이드 베리, 메밀, 서양배 모양의 선인장 등 가뭄에 잘 견디는 향기로운 관목과 풀, 선인장이 섞여 있는 곳이다. 하지만 카탈리나와 자매 섬들은 지구에서 가장 맹렬히 자라는 숲이 있는 곳이기도 하다. 여기에도 무성한 잎, 하층 식생, 바닥이 있지만 이 숲은 토양을 필요로 하지 않고 목질을 가진 구성원도 없다. 또한 높이가 40미터 가까이 뻗을 수 있지만 섬의 기슭이나 지평선에서 볼 수 없다. 이 숲을 찾으려면 언덕, 해변, 그 위의 잎과 땅과 하늘에서 한발 물러서서, 액체 거울을 통과해 평행 세계 속으로 들어가야 한다.

로레인 새들러Lorraine Sadler는 카탈리나의 해저 숲을 아주 잘 안다. 검은 머리에 커다란 팔 동작과 빠른 말씨가 대화에 생기를 불어넣는 사람인 새들러는 30년 넘게 채널 제도에서 스노클링과 스쿠버다이빙을 했다. 대학을 졸업하고서는 마리나 델 레이의 해양 실험실에서 일했다. 신경과학자 에릭 캔델Eric Kandel이 훗날 노벨상을 안겨줄 학습 및 기억에 대한 연구에 사용한 점박이 바다민달팽이를 얻은 곳이 바로 여기다. 바다민달팽이는 이례적으로 큰 뉴런을 가지고 있어 연구자들이 확보해 실험에 사용하기가 쉽다. 새들러는 1980년대 말에 카탈리나로 와서 스쿠버다이빙 강사이자 고압실 기술자가 되었다. 새들러는 '여성 스쿠버 협회Women's Scuba Association'의 창립 회원이고 '여성 다이버 명예의 전당Women Diver Hall of Fame'에도 이름을 올렸으며 오랫동안 해양학을 가르친 교육자이기도 하다. 학생들은 새들러가 바다와 바다 생물에 대해 그치지 않는 열정을 가진 선생님이라고 입을 모은다.

한여름의 어느 고요한 아침에 나는 투 하버스에서 새들러를 만났다. 200명 정도의 정착 주민이 살지만 공식 행정구역으로는 성립되어 있지 않은 공동체다. 카탈리나의 북서쪽 지협에 위치해 있고 잡화점이 하나 있다. 우리는 좁은 비포장도로를 따라 하울랜드 랜딩이라고 불리는 만으로 갔다. 그곳에서 잠수복을 입고 스노클 마스크를 끼고 허리에 무게추를 달고 오리발을 손에 들고서 회색과 분홍의 자갈이 깔린 해변까지 가파른 길을 따라 걸어 내려갔다. 바다 수영을 해본 지가 몇 년은 되었기 때문에 적응하는 데 시간이 걸렸다. 차가운 물살 속에서 마스크 끈을 조절하려 애쓰다가, 처음 사용해 볼 생각에 잔뜩 들떠있었던 수중용 공책을 떨어뜨리고 말았다. 새들러가 쉽게 잠수를 해서 건져주었다. "너무 감사합니다." 나는 물에 빠진 감자가 할 수 있는 최대한으로 우아하게 말했다.

우리는 절벽에서 멀리 떨어지지 않은 지점에서 본격적으로 스노클링을 시작했다. 나는 눈을 아래로 고정하고서 수중 세계 속으로 점점 더 들어갔다. 내가 본 어느 열대 산호초 못지않게 생기 넘치는 공동체였다. 다만, 우리 아래로 보이는 것은 프리즘 같은 산호의 성벽이 아니라 하늘하늘하고 푹신해 보이는 해초와 잘피였다. 에메랄드빛, 적갈색, 연초록색이 색색이 층을 이루고 있었다. 해저 식생의 풍요로움과 다양성을 보니 이른 봄에 북서부 연안의 자연보존지역에서 등산을 하던 때가 생각났다. 양치식물, 마디풀, 검은딸기나무 등이 두텁게 뭉쳐서 자라고 있었고 나무들이 비에 젖은 것만큼이나 이끼도 흠뻑 덮여 있었다. 이곳 바다에서는 귤색의 화려한 가리발디 자리돔이 붉은 해조류로 만든 보금자리 옆에서 그 안에 있는 수천 개의 알을 살피면서 구애의 춤을 추었다. 수면 근처에서는 한 무리의 정어리가 쏜살같이 지나갔고, 켈프[다시마류]처럼 보이게 보호색과 형태를 한 날씬하고 줄무늬가 있는 물고기 켈프피시들이 해류를 타고 왔다 갔다 했다. 바닥에서는 근처 바위의 색과 질감을 오차 없이 모방한 문어가 보였다. 통상 잘 보이지 않는 야생동물을 낮 시간대에 보다니 황홀했다.

다 흥분되고 즐거웠지만, 처음에는 카탈리나의 해저 숲이 익히 들었던 것만큼 인상적이지 않으면 어쩌나 걱정이 되었다. 지금까지 본 식생은 아름답긴 해도 규모가 꽤 작았다. "조금 더 나가서 저쪽에 뭐가 있는지 볼까요?" 새들러가 절벽 가까운 곳을 벗어나 대양 쪽으로 안내하면서 말했다. 더 깊은 바다로 나아가다 보니, 켈프의 땅딸막한 무더기들이 보이기 시작했다. 중간중간 외로운 긴 줄기가 하늘을 향해 올라온 채로 바위 사이에서 자라고 있는 케일 같아 보였다. 그러고 몇 분이 지나자, 난데없이 우리는 높고 빽빽하게 자라 있는 키 큰 켈프 숲에 갑자기 완전히 둘러싸였다. 길이가 대양저부터 바람이 부는 수면까지 뻗어 있었고 각각이《잭과 콩나무》에 나오는 콩나무처럼 어마어마했다. 우리가 보러 온 바로 그 숲이었다. 자이언트 켈프, 마크로시스티스 피리페라Macrosystis pyrifera는 모든 해초종 중에서 가장 크고 광합성을 하는 모든 생물 중에서 가장 빠르게 자라는 것에 속한다. 이상적인 조건에서 자이언트 켈프는 하루에 60센티미터 넘게도 자랄 수 있다. "어느 만에서는 하루에 90센티미터나 자라는 것도 보았어요." 새들러가 말했다.

새들러와 나는 허리에 찬 무게추의 도움을 받아서 켈프 숲 안으로 들어가 모든 층을 관찰했다. 우리가 아직 바닥이 보이는 켈프 숲의 가장자리에 있었을 때, 새들러는 켈프가 '흡착뿌리'라고 불리는 뿌리 같은 구조물로 바위에 단단하게 달라붙어 있는다고 알려주었다. 또 공기 주머니가 많이 있어서 '줄기'(전문용어로는 병stipe)가 위로 잘 뻗어 올라가게 돕는다. 구불구불한 '잎'(공식 용어로는 엽상체frond 또는 엽편blade)[이 책에서는 '잎몸'과 '잎날'이라는 표현도 함께 사용했다]은 올리브색부터 겨자색까지 다양했다. 수면 위로 무더기처럼 올라와 있는 부분은 색이 더 짙어 보였고 어떤 부분은 거의 초콜릿색이었다. 가장 어린 작은 잎은 만져보면 종이처럼 얇았고 가장 큰 잎들은 질감이 가죽과 고무 사이의 무언가 같았다. 잎몸이 해류에 흔들거리자 얼룩덜룩한 켈프농어와 블루퍼치 같은 물고기가 잠깐씩 드러났다. 아마도 포식자를 피해 여기 숨어 있었을 것이다. 카탈리나에서만도 150종의 물고기가 서식지와 먹이를 켈프 숲에 의존한다. 바다사자와 점박이물범은 종종 켈프 무더기에서 사냥을 한다. 많은 새와 포유류(고래 등)가 폭풍이 오면 자신과 새끼들을 켈프 숲 안에서 보호한다. 수달은 켈프를 새끼 수달을 묶는 줄로 사용한다. 새끼를 켈프 잎으로 감아서 자신이 먹이를 찾으러 가서 없는 동안 새끼가 해류에 떠내려가지 않게 하는 것이다.

새들러는 손으로 빗질하듯 켈프를 쓸어내리면서 작은 달팽이, 벌레, 갑각류 등 옹이 진 흡착뿌리부터 수면에 떠다니는 잎몸들의 무더기까지 켈프의 모든 부분에 살고 있는 생물들을 손으로 가리켰다. “너무 멋지죠.” 새들러가 말했다. “이 잎날 하나에 있는 온갖 생물종을 보세요. 이 자체가 하나의 서식지이고 하나의 생태계입니다.” 나는 새들러의 권유로 켈프의 일부를 물 위로 들어 올려보았다. 하지만 한 줌조차도 충격적으로 무거워서 머리 위로 몇 초밖에 들고 있지 못했다. “들어 올리기 말고 다른 걸 해보죠. 이렇게 하는 것을 켈프 크롤링이라고 하는데요, 켈프 숲 상층부 사이를 이동할 때 좋아요.” 새들러가 얽혀 있는 잎들을 붙잡고 몸을 앞으로 밀면서 수면에서 민첩하게 이동하는 시범을 보여주었다. 오랜 경험을 말해주는 동작이었다. 최선을 다해 흉내를 내보았지만 내 동작은 걸쭉한 소스가 든 사발에서 굴러다니는 완두콩 같았다.

이 스노클링 여행을 오기 전에는 살아 있는 해조류와 접해본 적이 거의 없었다. 북부 캘리포니아에서 보낸 어린 시절에 우리 식구는 해변에 자주 갔고 형들과 나는 해변에서 해초를 모아 모래성을 장식하고 공기주머니를 기포 포장지처럼 터뜨리며 놀기도 했다. 부패해 냄새가 나는 해초 뭉치들을 밟지 않으려고 조심해서 걸었던 기억도 난다. 썰물이 빠지고 남아 있는 웅덩이들을 탐험했을 때는 그 안에 작은 해초도 많이 있었겠지만 전기라도 맞은 듯 움츠리는 진홍색 게나 말미잘을 구경하는 데 집중하느라 신경을 쓰지 않았던 것 같다. 십대 때 한 번은 몬테레이만에서 켈프가 잔뜩 있는 수역을 가로질러 카약을 탔다. 하지만 그때도 내가 가장 분명하게 기억하는 것은 켈프가 아니라 바다수달이 바닥에 배를 대고 균형을 잡으면서 바위에 조개를 부딪쳐 깨뜨리는 모습이었다. 그랬던지라, 원서식지에서 살아 있는 자이언트 켈프를 보는 스릴에는 마음의 준비가 되어 있지 못했다. 물결을 따라 하늘하늘거리는 수천 개의 해저 잎들을 보고서야, 그 잎들이 나 있는 황록색의 거대하고 무성한 줄기 안팎을 왔다 갔다 해보고서야, 이것을 왜 켈프 **'숲'**이라고 부르는지를 진정으로 이해할 수 있었다.

켈프는 해초 중 한 종류에 불과하고 해초 자체도 해조류의 일부다. '플랑크톤'이나 '미생물'처럼 '조류藻類'도 생명의 나무에서 각기 먼 가지로 진화했지만 모종의 공통점을 가지고 있는 다양한 종을 두루 통칭해 부르는 용어다. 조류는 현미경으로 보아야 하는 단세포 생물(규조류, 와편모조류, 석회비늘편모류 등)부터 거대한 다세포 생물(자이언트 켈프, 황소 켈프 등)까지, 강, 빙하, 나무껍질, 나무늘보의 털 등 온갖 서식지에 살면서 광합성을 하는 약 5만 종의 생물을 통칭한다. 켈프와 같은 해조류는 식물처럼 보이고 식물처럼 행동하지만, 식물로 분류하는 데 모두가 동의하는 것은 아니다.[○] 대부분의 육지 식물과 비교하면 해조류는 해

○ 해조류, 식물, 그밖에 광합성을 하는 여타의 생물을 어떻게 분류하는 것이 가장 좋을지에

부학적으로 더 단순하다. 물과 양분을 빨아들이는 진정한 뿌리가 없고 필요한 것들을 세포로 직접 흡수한다. 또 식물이 액체를 몸 전체에 걸쳐 운반하는 데 사용하는 복잡한 내부 배관 기관도 가지고 있지 않으며 꽃을 피우지도 않고 씨앗을 생성하지도 않는다.

켈프 숲은 바위가 많은 해변과 시원하고 영양분이 많은 물을 좋아하며, 매우 잘 자라서 전 세계 해안의 약 25퍼센트에 광범위하게 분포되어 있다. 남극도 포함해 모든 대륙에 존재한다. 해조류 전체는 더 널리 퍼져 있어서 온대 지방과 열대 지방에 모두 존재한다. 또한 지구의 대양과 연안에는 다른 종류의 해저 식생도 많다. 방대한 맹그로브, 염습지, 잘피 초원 등 몇 가지만 말해도 이 정도이며 나이가 수십만 년이나 되었을 가능성이 있는 것들도 있다.[○○]

과학자들은 해양 식생을 수 세기간 연구해 왔지만, 최근에서야 해양 식생이 지구 기후의 조절과 해양의 화학조성 조율에서 수행하는 역할의 중요성을 측정할 수 있는 도구를 갖게 되었다.

대해 과학자들은 의견이 일치하지 않는다. 과학자 대부분은 해조류를 크게 녹조류, 홍조류, 갈조류의 세 가지로 나누며 각각이 수많은 종을 포함하고 있다. 녹조류에는 갈파래, 해캄 등이 있으며 일반적으로 얕은 곳에 산다. 김처럼 말려서 압착해 밥을 싸 먹는 종류는 홍조류다. 그리고 갈조류에는 켈프나 모자반처럼 아주 거대한 종류도 있다. 엄밀히 정의하자면 육지에 사는 것만이 진정한 식물이지만, 더 포괄적인 범주 체계에서는 식물계를 육지 식물의 진화적 조상인 녹조류까지 포함하는 것으로 보며, 가장 너그러운 범주 체계에서는 대부분의 해조류도 다 포함하는 것으로 본다. 따라서 해조류가 식물이냐 아니냐는, 놀랍게도, 개인이 정할 문제다.

○○ 잘피는 논쟁의 여지 없이 식물이다. 식물과 잘피의 진화적 관계는 고래와 돌고래의 관계와 비슷하다. 육지 식물로 진화했던 잘피는 세포 구조를 바꾸고 잎의 기공을 잃고서 1억 년 전에 바다로 돌아왔다. 하지만 뿌리, 내부의 배관 기관, 꽃을 유지하고 있다. 작은 갑각류와 바다 벌레들이 꽃가루를 옮겨준다.

육지 생명과 마찬가지로 해양 식물과 대형 해조류도 그들보다 앞서 존재한 미생물들이 만들어놓은 생태적 변모에서 이득을 얻었다. 그리고 해양 식생은 대양을 한층 더 살기 좋게 만들어서 궁극적으로 훨씬 더 복잡하고 다양한 생물의 공동체가 존재할 수 있게 했다. 이러한 힘을 보여주는 가장 놀라운 사례로 '물개구리밥 사건Azolla event'이라고 불리는 가설적 시나리오를 들 수 있다. 5,000만 년 전쯤, 지구는 증기가 끓어오르는 한증막이었고 북극에 악어, 거북이, 야자수가 살았다. 심해 퇴적물 코어의 분석 결과는 작지만 에너지 넘치는 수중 양치식물인 물개구리밥이 반복적으로 증식해 북극 대양에 두꺼운 매트를 형성했을 가능성을 시사한다. 물개구리밥은 이틀 안에 생물량이 두 배나 될 만큼 증식이 빠르다. 이 물개구리밥 매트가 광합성을 하면서 대기 중에서 방대한 탄소를 가져왔고 죽은 조직이 가라앉아 대양저에 묻히면서 탄소의 상당 부분이 대양저에 격리되었을 것이다. 80만 년 정도에 걸쳐 물개구리밥이 아주 많은 탄소를 대기 중에서 깊은 바다로 격리해 지구를 식히면서 지구가 한증막 같던 상태에서 오늘날 우리에게 더 익숙한, 극지방에 방대한 빙하와 해양 빙하가 존재하는 기후가 되었으리라는 것이 물개구리밥 가설이다.

오늘날의 해양에서 켈프 숲은 해수면 아래로 들어오는 햇빛의 분포, 해류의 속도와 방향, 바다눈이 가라앉는 속도에 영향을 미쳐서 수중에 고유한 기후와 서식지를 창조한다. 켈프 숲 내에서 어떤 해류는 최대 10배까지 느리게 흐르며, 와류渦流도 인근의 켈프가 없는 지역에 비해 25~50퍼센트 더 약하다. 또한 산호초, 맹그로브, 습지와 마찬가지로 켈프 숲은 파도 높이를 최대 60퍼센트까지 줄여서 폭풍우로부터 해안 서식지를 보호한다. 이 해저 숲의 비교적 잔잔한 물은 많은 생물의 포자, 알, 유충에게 이상적인 번식지다.

또한 해초는 대양저를 재구성하고 대양저의 가장 고집 센 존재 중 일부를 다른 곳으로 이동시키기까지 한다. 격동적인 해류와 강한 파도가 해초를 그들이 있는 곳에서 찢어 떼어내면 때로는 흡착뿌리가 붙잡고 있던 땅의 일부도 함께 떨어진다. 떨어져 나간 해초가 충분히 많은 공기주머니를 가지고 있어서 높은 부력을 유지할 수 있는 경우에는 커다란 돌덩이도 가지고 움직일 수 있다. 한 무리의 풍선 기구가 코끼리를 들어 올리는 것과 비슷하다. 해초가 살아 있는 홍합, 조개, 굴, 가리비 등을 부양시키는 것이 관찰되기도 했다. 그렇게 몇 미터부터 수천 킬로미터까지 이동한 뒤, 해초는 자신이 실어온 돌, 조개, 침적토 등과 함께 해변으로 쓸려오거나 대양 바닥으로 가라앉는다.

육지의 숲이 전 지구적 탄소 순환의 핵심 요소라는 것은 과학자들이 오래 전부터 알고 있었지만, 해양 식생의 중요성은 최근까지 잘 알려져 있지 않았다. 습지, 맹그로브, 잘피 초원 등이 목질 조직, 지하에 퍼져 있는 뿌리 시스템, 그리고 뿌리가 지탱해 주는, 두껍게는 약 10미터나 되는 퇴적층에 수십 년에서 수천 년간 탄소를 저장할 수 있다는 사실은 이제 잘 밝혀져 있다. 하지만 뿌리가 없고 하늘하늘한 몸체를 가진 맛있는 해초가 어떻게 탄소를 그렇게 오랫동안 격리할 수 있는지는 명확하지 않았다. 오히려 많은 과학자들이 해초가 대부분 빠르게 분해되거나 먹혀서 탄소를 대양과 대기로 다시 돌려보낸다고 가정했다. 탄소가 대양과 연안 생태계에 어떻게 저장되는지(이를 '블루 카본[푸른 탄소]'이라고 부른다)를 연구한 과학자들마저도 과거에는 해초가 유의미한 탄소 저장 기능을 한다고는 잘 생각하지 않았다. 하지만 최근의 증거는 해초와 기타 조류가 전 지구적 탄소 순환에서 적어도 5억 년 동안, 어쩌면 길게는 20억 년 동안 중요한 요소였으리라는 점을 시사하고 있다.

사우디아라비아 투왈에 위치한 킹 압둘라 과학기술대학교의 해양생태학자 카를로스 두아르테Carlos Duarte와 동료들은 해초가 연안 식생 중 가장 생산적이고 방대한 생명체이며 그 가치를 인정받지 못하고 있는 거대한 탄소 저장고라고 주장했다. 많은 해초가 바위가 많은 연안 근처에 살지만, 거기에 늘 머물러 있는 것은 아니다. 바람과 파도가 때로는 시카고만큼 넓은(약 600제곱킬로미터) 켈프 덩어리와 해초 섬을 낚아채서 원래 지역에서 멀리 옮긴다. 그리고 옮겨진 곳에서 해초는 점차 작은 입자로 분해된다. 두아르테는 세계 곳곳의 해양에서 수행된 조사 결과 연안에서 약 5,100킬로미터 떨어진 곳에도 해초의 DNA가 "도처에 존재하는" 것으로 나타났다고 말했다. 해초 조각들은 약 6킬로미터 깊이의 바다속에서도 발견되었고, (깊은 바다의 거대 공벌레처럼 보이는) 심해 등갑류의 내장에서도 발견되었다. 강한 해류는 해저 협곡 사이를 이동하며 많은 양의 해초를 대양저로 옮긴다. 한 추산에 따르면, 몬테레이 반도 근처에 있는 해저 협곡 하나에서만도 13만 톤의 켈프가 매년 깊은 바다로 들어간다. 북대서양의 폭풍은 바하마 대륙붕의 켈프를 무려 70억 톤이나 2킬로미터 가까운 깊이의 대양저로 이동시키는 것으로 보인다. 일단 해초가 1.5킬로미터 깊이 이하로 가라앉으면 대부분의 포식자나 미생물이 닿지 못해 분해가 되지 않고, 그 안의 탄소는 '거의 영구적인 시간대' 동안 격리된다.

나무 등 육상 식물과 마찬가지로 해초도 이당류, 테르펜, 디메틸황화물 등 탄소가 풍부한 화합물을 지속적으로 분비한다. 이유가 명확하게 알려지지는 않았지만 이러한 분자 중 일부는 화학 신호 전달, 면역계 방어, 풍부한 마이크로바이옴[특정 환경에 존재하는 미생물의 총합]의 육성에 관여할 가능성이 크다. 이렇게 배출된 이당류 및 기타 화합물의 일부는 나중에 해초 조각들과 함께 해저 퇴적층에 묻힌다. 어떤 해초는 분해에 저항성이 매우 크다. 예를 들어, 갈조류인 블래더랙은 고도로 특화된 박테리아만 소비, 분해할 수 있는 질긴 이당류가 건조 생물량 중 4분의 1을 차지한다(생물학자 얀 헨드릭 헤헤만Jan-Hendrik Hehemann에 따르면 이 박테리아는 "자연 물질을 생화학적으로 분해하는, 우리가 아는 가장 복잡한 경로 중 하나"를 사용해 블래더랙을 분해한다).

이러한 사실들이 밝혀지면서, 이제 많은 해양생태학자들이 해초가 전에 생각했던 것보다 훨씬 더 많은 탄소를 격리한다고 보고 있다. 매년 해조류가 포집한 이산화탄소 약 6억 1,000만 톤이 해안가와 심해의 퇴적층에 격리되는 것으로 추산된다. 맹그로브, 염습지, 잘피 초원, 켈프 숲을 다 합하면 육지의 산림보다 평방미터 당 20배나 많은 탄소를 저장할 수 있으며, 이미 연간 31억 톤에 달하는 이산화탄소를 격리하고 있을 수도 있다. 이는 해양으로 들어오는 이산화탄소의 약 3분의 1에 해당한다. '에너지 미래 이니셔티브Energy Futures Initiative'가 꾸린 한 전문가 패널은 켈프 등 해초를 양식하면 매년 대기 중 이산화탄소를 50억 톤 이상 줄일 수 있을지 모른다고 추산했다.

그런데 바다 식생에 대해 이와 같은 사실이 알려지기 시작한 시기는 바다 식생을 위험에 빠뜨리는 인간의 활동이 정점에 오른 시기이기도 하다. 21세기 초 무렵 세계는 30퍼센트의 잘피 초원과 3분의 1에서 2분의 1 정도의 맹그로브를 잃은 상태다. 켈프 군락은 매우 역동적인 생태계여서 한 계절에서 다음 계절 사이에 극적으로 성장했다가 축소되기도 하고, 재앙 뒤에 매우 빠르게 회복되기도 한다. 하지만 평균적으로는 지난 50년 동안 전 세계의 켈프 숲이 지구온난화, 잦은 폭풍, 남획, 오염 등 여러 스트레스 요인으로 인해 큰 폭으로 감소했다. 호주 태즈메이니아나 북부 캘리포니아 같은 곳에서는 수달과 같은 중요한 포식자가 없어지고 해류가 달라지면서 성게가 켈프 군락 전체를 먹어치웠고, 켈프 군락이었던 곳이 황량해지면서 수질이 떨어지고 영양분 순환이 저해되었다.

해양 식생에 대한 생태학적 이해가 깊어지면서 세계 각지의 과학자와 양식업자들이 해양 숲과 초원의 생물 다양성을 보호하고 기후 위기의 몇몇 측면을 완화하는 방법으로서 보존, 복원, 양식을 결합하는 데 점점 더 많은 관심을 기울이고 있다. 이미 식용과 의료용으로 양식이 많이 이루어지고 있는 데다 매우 빠르게 자라는 특성 덕분에 해초가 해양 양식, 탄소 포집 스타트업, 실험실 개량 품종인 슈퍼 켈프를 이용하는 복원 프로젝트 등 기후와 관련된 다양한 모험에서 관심의 초점이 되었다. 많은 전문가들이 이와 같은 전망에 진지하게 관심을 기울이고 있지만 해초가 화석연료 산업의 또 다른 희생양이 되거나 기후 활동가들의 또 다른 가짜 구원자가 될지 모른다는 우려도 제기된다. 해양의 숲이 갖는 생태적 힘은 부인할 수 없지만, 인간은 다른 종들과 함께 일해 나가기보다 다른 종들을 이용하고 복속하려 하면서 심각한 파급 효과를 일으켜 온 오랜 역사가 있다. 이 사이클을 깨는 것이 지금 그 어느 때보다도 시급하다.

마티 오들린Marty Odlin이 고등학교 1학년이었을 때 역사 과목의 리 선생님이 수업 중에 이렇게 물으셨다. 너희의 삶에서 가장 의미가 클 사건은 무엇일까? 오들린은 "소련 붕괴요"라고 대답했다. 그러자 리 선생님은 이렇게 말씀하셨다. "아니야. 아마도 기후변화와 싸우는 일일 거야." 오들린이 기억하기로, 리 선생님은 탄소를 격리하는 방법으로서 숲의 보존과 복원이 얼마나 중요한지에 관심이 많으셨다. 오들린은 메인주의 어부 집안에서 자랐다. 그 이듬해 여름에 그는 어렸을 때부터 늘 하던 대로 어선에서 일손을 도왔다. 선원들은 캐스코만 바로 외곽에서 가재를 잡으면서 해초를 말렸다. 한 선원이 해초가 하루에도 몇십 센티미터나 자랄 수 있고 지하에서 숲을 형성한다고 알려주었고 오들린은 깜짝 놀랐다. "그 이야기가 한동안 뇌리를 떠나지 않았던 기억이 납니다." 그리고 그 이야기가 리 선생님이 하신 말씀과 차차로 연결되었다고 했다. 나중에 오들린은 [선생님이 말씀하신 산림 외에] 해초도 기후 위기를 다루는 데서 어떤 역할을 할 수 있지 않을까 생각하게 되었다.

오들린은 대학에서 예술, 건축, 기계공학을 공부했다. 졸업 후에는 제품 디자인과 제조 분야에서 일했고, 그다음에는 컬럼비아 대학교에서 '지속 가능한 공학을 위한 교육 센터Education Center for Sustainable Engineering' 부감독으로 일했다. 그러다 2011년에 메인주로 돌아와서 부모님을 도와 가족이 소유한 어선단을 경영했다. 이후 6년 동안 어업의 내부적인 작동에 매력을 느끼면서 어업에 매진했다. 그와 함께, 어업의 역사, 경제, 생태에 대해 연구했다. 아이슬란드와 덴마크의 어업 현장에 가보고서 해양 자원을 지속 가능하게 수확하는 방식, 그리고 기술 혁신이 이에 기여할 수 있는 잠재력에 깊은 인상을 받았다.

오들린의 부모님이 어선단을 매각하고 은퇴하시고 나서 그는 직접 어선을 장만할까 고민해 보았다. 하지만 결국에는 완전히 다른 일을 시도해 보기로 했다. 2017년에 그는 양식 회사 '러닝 타이드Running Tide'를 설립했다. "조개와 해초 양식의 생태적 이득을 활용하는" 새로운 기술 개발에 초점을 둔 회사였다. 처음부터 그는 해초를 탄소 저장에 사용하는 것이 이 회사의 주요 사명이라고 생각했고, "나무판과 아두이노 제어 기판으로 원형을 만들고 [전자제품 판매점] 라디오섁에서 부품을 구매해" 뒤뜰에서 방법을 연구하기 시작했다. 이 글을 쓰는 시점에, 러닝 타이드는 30명 이상의 직원을 두고 있으며 1,500만 달러 이상의 투자도 받았다. 벤처캐피탈리스트 크리스 사카Chris Sacca, 그리고 전자상거래 회사 쇼피파이와 챈 주커버그 이니셔티브 같은 고객사들이 이곳에 투자했다.

메인주 포틀랜드에 위치한 러닝 타이드 본사는 실리콘 밸리의 해커 작업실을 부두의 어업 창고에 갖다 붙여놓은 것 같았다. 어느 봄날 아침, 내가 문을 두드리자 사업개발부장인 아담 바스크Adam Baske라는 네모난 턱에 약간 주근깨가 있는 남자가 나와서 몇 대의 컴퓨터와 해초 번식 주기가 그려진 화이트보드를 보면서 이야기를 나누고 있는 동료들을 소개해 주었다. 나는 바스크를 따라 근처의 하역장으로 가서 투명 플라스틱 띠로 된 커튼을 통과해 일련의 튜브와 센서에 연결된 파란색 플라스틱 탱크들이 있는 오두막으로 들어갔다. "여기가 미국에서 가장 큰 해초 종묘장이에요." 그가 웃으며 말했다. "미국의 해초 종묘장 대부분은 75리터짜리 작은 수족관인데 이것은 945리터가 넘습니다. 우리는 모든 일을 가능한 한 크게 하려고 합니다." 그가 탱크 중 하나의 뚜껑을 들어 올리자 플라스틱 끈으로 연결된 긴 형광등들이 보였다. 수십 개의 PVC 파이프가 녹색 물속에서 흔들거렸다. 각각은 얇은 흰색 밧줄로 단단히 감겨 있었다.

바스크는 이 종묘장에서 밧줄에 해초 포자를 주입하고 약 30일간 키운 뒤 바다로 가져가 부표에 밧줄을 옮기면 한두 달 안에도 거의 4~5미터나 자란다고 알려주었다. 그들은 자이언트 켈프의 호박색 사촌인 '슈거 켈프'에 초점을 맞춰 다양한 종을 실험했다. "가장 많은 탄소를 가장 빨리 빨아들이는 종이면 무엇이든 찾고 있습니다." 그가 설명했다. "어떤 해역인지에 따라 각기 다른 종이 그 역할을 할 수도 있지요." 또한 러닝 타이드는 해변의 부화장과 먼바다의 재배장(필요에 따라 연중 올렸다 내렸다 할 수 있다)을 모두 활용해 대규모로 굴을 양식하는 방법도 개발하고 있다. 굴은 탄소 배출량이 적은 매우 바람직한 식품일 뿐 아니라 바다로 흘러가는 과도한 비료와 폐기물을 흡수해 수질을 개선하고 유해 조류의 번식을 막는다.

그날 조금 더 늦은 시간에 나는 러닝 타이드가 개발한 미니 해초 양식장의 시범 모델을 보기 위해 바스크, 오들린, 그리고 책임자 클레어 파콰이어Claire Fauquier를 따라 캐스코만으로 가는 배를 탔다. 전날은 계절답지 않게 따뜻했는데 이날은 기온이 크게 떨어졌고 먹구름이 머리 위로 모이고 있었다. 민머리에 짧은 턱수염과 콧수염이 있는 오들린은 회색 비니 모자와 우비, 짧은 바지 차림으로 추위를 누그러트리기 위해 여분의 수건을 덮고 쪼그리고 앉아 있었다. 그리고 계속해서 업무 전화를 받았다. 클리프섬의 해안에 도착하자 오들린은 배 밖으로 몸을 기울이고서 추의 무게 때문에 낑낑거리며 물밖으로 노란색 부표를 끌어올리기 시작했다. 부표를 당기자 마치 거대한 식물성 해파리의 촉수 같은 긴 해초 묶음이 물을 뚝뚝 흘리며 나타났다. 잎날의 색은 자이언트 켈프와 비슷했지만 훨씬 더 가늘고 주름이 많았다. 특이하게도 공기주머니가 없었다.

"이렇게 생겼습니다." 오들린이 나를 보고 활짝 웃으면서 말했다. "탄소를 흡수하는 기계지요. 마이너스 부력을 정말 조금만 받는데, 매우 놀라운 거예요. 여기 약 180킬로그램의 해초가 있는데요, 그것이 부표를 아래로 별로 끌고 들어가지 않아요. 적은 양으로도 많은 탄소를 포집할 수 있다는 뜻이지요. 이것이 이 모델의 핵심입니다. 모든 것이 되도록 탈물질화되어야 해요."

러닝 타이드는 해초가 가득한 수천 개의 부표를 해류에 태워 심해 평원이라고 알려진 바다의 매우 깊고 평평한 지역으로 보낼 계획이다. 부표를 생분해성 재료(아직 정해지지 않았지만 아마도 재생 폐목재와 석회암이 될 것이라고 생각하고 있다)로 만들어서 차차 분해되게 함으로써 해초가 3~9개월 성장하면 가라앉게 할 예정이다. 해초가 1킬로미터 이상의 깊이에 도달하면 거기에 담긴 탄소는 수천 년, 어쩌면 영겁의 시간 동안 심해에 남아 있게 될 것이다. 오들린과 동료들은 이 시스템을 이용해 대기 중 이산화탄소 수십억 톤을 격리하겠다는 야심 찬 목표를 가지고 있다. 기업들이 과거와 현재의 배출량을 상쇄하기 위해 러닝 타이드의 탄소 격리 서비스를 돈을 내고 사용할 수도 있을 것이다. 러닝 타이드는 비용을 톤당 50~100달러로 낮출 수 있기를 바라고 있다.

많은 기후 전문가들이 탄소를 포집하는 모험적인 프로젝트가 화석연료를 재생에너지로 대체하는 본질적인 임무에서 우리의 관심을 흩트려서는 안 되지만 기후 위기를 다루는 데서 보완적인 역할을 할 수는 있을 것이라고 보고 있다. 내가 만나 본 몇몇 해초 과학자들은 해초를 탄소 격리에 이용하는 것에 대해 조심스러운 낙관을 표했다. 그러면서도 긴 단서와 우려를 곧바로 덧붙였다. '풀 투 리프레시'나 '파이코스' 등 러닝 타이드와 비슷한 회사들은 부표로 만든 미니 해초 양식장이나 태양열 로봇 양식장을 바다로 보내려 하는데, 어떻게 그것들을 계속 추적하면서 제대로 기능하고 있는지 모니터링 할 것인가? 선박에 충돌하거나 프로펠러와 엉키거나 야생동물을 위험에 빠뜨리거나 너무 일찍 가라앉거나 가라앉지 못하거나 바다를 떠다니는 또 다른 오염 물질이 되면 어떻게 하는가? 해초가 해양 환경에 적응해 종종 양분이 부족한 대양에서 상당히 큰 규모로 자라게 되면 어떻게 하는가? 만약 그렇게 된다면, 플랑크톤들을 경쟁에서 압도해 해양 생태 사이클을 예기치 못하게 교란하지는 않을까? 아직 어떤 사람도 지구 기후에 차이를 가져올 수 있는 규모는 고사하고 그 근처에라도 갈 만한 규모로 해초를 인공적으로 기르고 가라앉히는 걸 시도해 보지 못했다. 이러한 접근이 대기 중의 탄소를 성공적으로 격리한다 해도 이렇게 많은 유기물질이 알 수 없는 깊은 바다의 서식지에 들어가면 예기치 못한 결과가 초래될 것이다.

"우리는 해초의 가능성을 그린워싱 하고 싶지는 않습니다." '비글로 해양과학연구소Bigelow Laboratory for Ocean Sciences'의 해양생태학자로, 해초에 대해 방대하게 연구한 니콜 프라이스Nichole Price가 말했다. "해초를 가라앉힐 때 그것이 어디까지 갈 수 있을지에 대해서는 수많은 질문이 있습니다. 해초가 해저에 도달하면 산소가 없는 공간을 만들어서 많은 해양 생물을 죽이지는 않을까요? 가는 도중에 어딘가에 칭칭 감기면 어떻게 될까요? 흥미로운 작업이지만, 확실히 더 많은 연구가 필요합니다. 하지만 모든 투입 요소와 비용을 고려했을 때, 해초가 실제로 순탄소저장고가 되리라는 점을 보여주는 계산이 나온다면 정말 좋겠습니다. 시작하기에 유용한 정보를 줄 만한 모델링과 분석이 많이 있습니다."

오들린은 자신과 동료들이 직면해야 할 많은 어려움과 합당한 우려들을 잘 알고 있으며 그것들을 해결하기 위해 과학자들과 함께 일하고 있다고 말했다. 그렇더라도 그는 자신이 하려는 모험에 어느 때보다도 열정적이다. "저는 엔지니어이고 모든 일을 신중히 고려합니다. 하지만 이것이 효과가 있으리라는 것을 알고 있습니다." 그가 말했다. "저는 해초를 가라앉히는 것이 영구적으로 탄소를 격리하는 방법이 되리라는 것을 알고 있습니다. 100만 톤, 200만 톤이라도 다 중요합니다. 우리는 어떤 작은 것이라도 없애야 합니다. 두 가지 주요한 질문은, 얼마나 큰 규모로 할 수 있을 것인가와 비용은 얼마일 것인가입니다. 값으로 가치를 매길 수 없는 일을 지키기 위해 비용을 따져야 한다니, 아이러니죠. 지구온난화를 막는 것에는 값을 매길 수 없습니다. 인류에게 닥친 존재론적 위협이니까요. 실제로 해초 양식을 통한 탄소 격리를 대규모로 진행하는 데 성공할 수 있다는 보장은 없습니다. 하지만 세상은 우리가 뭐라도 하는 것을 필요로 합니다. 아닌가요?"

대양을 누비며 떠다니는 미니 해초 양식장은 새로운 것일지 모르지만 해초와 인간은 오랫동안 가까운 관계였다. 고고학적 증거들에 따르면 인류는 적어도 1만 4,000년 전부터 식용과 의료용으로 해초를 수확했다. 어떤 연구자들은 1만 년 전에 아시아에서 아메리카로 이주했던 사람들이 카누를 타고 오늘날의 일본에서 알래스카로, 그리고 다시 아래로 칠레까지, 태평양의 해변을 따라 자원이 풍부한 '해초 고속도로'를 지나갔을 것이라고 추정한다. 태평양 연안의 원주민들은 야생 해초가 있는 곳을 마치 정원처럼 관리했다. 태평양 북서쪽 원주민들은 어린 야생 해초를 생으로도 먹고, 향나무 상자에서 말려서도 먹고, 황소 켈프의 기다란 가닥을 다듬고 꼬아서 낚싯줄, 그물, 밧줄로도 썼다. 해초의 속이 빈 부분은 관, 호스, 저장 용기 등에 사용되었다. 북미의 양쪽 연안 모두에서 원주민들은 습기를 유지하고 맛을 내기 위해 조리 도구에 해초를 깔고 조개, 바닷가재 등의 해산물을 굽거나 쪘다.

고대 문서와 점토판에는 5세기 이후 아시아에서 해초를 수확하고 소비한 사실이 기록되어 있지만, 해초를 사용하는 관행은 훨씬 이전에 시작되었다. 서기 700년경 일본의 다이호 율령大寶律令은 지방이 중앙 정부에 세금을 내도록 했는데, 종종 비단, 칠기, 해초 등 특산품의 형태였다. 16세기에 일본 어부들은 물고기를 담기 위해 만든 대나무 통발에서 해초가 쉽게 자란다는 사실을 발견했다. 이들은 쇼군의 명령에 따라 대나무 통발과 동백나무 가지를 하구에 넣어 해초 양식을 시작했고 수 세기에 걸쳐 방법을 개량했다. 또한 1800년대에 일본인들은 제지 기술을 활용해 건조 김을 대량으로 생산했다. 한편 중국인들은 붉은 해초로 상쾌한 여름철 간식의 재료 '우무'를 만들었다.

고대 그리스의 철학자이자 식물학자 테오프라스토스Theophrastus는 깊은 대서양의 거대한 해초 숲, 특히 [지브롤터 해협에 있는] '헤라클레스의 기둥' 근처에서 자라는 "놀라운 크기"의 슈거 켈프에 대한 묘사를 남겼다. 대 플리니우스Pliny the Elder는 통풍과 부은 발목에 해초를 처방한 기록을 남겼다. 그리스 시인 니칸드로스Nicander는 해초가 뱀에 물린 상처의 치료제라고 설명했다. 카오리 오코너Kaori O'Connor는《해초: 전 지구적 역사Seeweed: A Global History》라는 저서에서 고대 아랍 선원들이 "다양한 종류의 해초에 익숙했고 해초에서 바람, 조수, 수심, 해저의 상태에 대한 정보를 얻을 수 있었기 때문에 항해 보조 수단으로 사용했다"고 언급했다. 일부 기록에 따르면 해초는 수면에서 계속 타오르며 불을 뿜는, 공포스러운 그리스의 화염 방사기 같은 무기로부터 아랍 해군을 구하기도 했다. 알렉산드리아의 조선공 아브드 알-라흐만Abd al-Rahman이 갈조류에서 추출한 난연제로 군함을 코팅한 덕분이었다. 이것의 핵심 화합물인 알긴산은 오늘날에도 방염 직물에 사용된다.

수천 년 전, 아일랜드, 웨일스, 스코틀랜드에서는 연안의 수렵 채집인들이 견과류, 열매, 이끼류와 함께 해초를 채취했다. 12세기에 쓰인 현존하는 가장 오래된 아이슬란드의 법률서에는 '덜스'라고 부르는 홍조류를 다른 사람의 소유지에서 채집할 법적 권리에 대한 논의가 나온다. 초창기 농부들은 해초를 밭에 비료로 뿌렸고 가축 꼴로도 먹였다. 스코틀랜드의 일부 외딴 섬에서는 그곳의 해안에서만 자라는 토착 품종의 양이 거의 전적으로 해초만 먹도록 진화했다고 한다. 해양 이구아나를 제외하면 해초만 먹는 거의 유일한 육상 동물이다. 17세기에는 유럽 여러 지역의 사람들이 커다란 가마에서 해초를 태워 나트륨과 칼륨이 풍부한 재로 비누와 유리를 만들었다.

오늘날 전 세계적으로 매년 3,000만 톤 이상의 해초가 양식되고 있다. 가장 오래되고 규모가 크며 집약적인 양식장은 아시아에 많은데, 중국, 인도네시아, 한국, 일본, 필리핀이 현대 생산의 97퍼센트 이상을 차지한다. 약 130제곱킬로미터 면적의 한 중국 양식장에서만도 말린 갈조류 8만 톤을 포함해 매년 24만 톤

이상의 해산물이 생산된다. 8만 톤은 중국 전체에서 생산되는 갈조류의 3분의 1이다. 음식으로서 해초는 상상할 수 있는 거의 모든 방법으로 섭취된다. 날로 먹기도 하고, 다지거나 저미거나 채치기도 하고, 굽거나 볶거나 끓이기도 하고, 훈제를 하거나 가루를 내거나 절이거나 발효하거나 말리거나 젤리로 만들기도 한다. 해초 미식가는 와인에 대해 이야기하듯이 가장 좋아하는 해초 맛을 정교하게 묘사한다. 음식 작가 해롤드 맥기Harold McGee는 해초가 화학적 성질과 조리 방법에 따라 베이컨, 조리된 옥수수, 홍차, 건초 등의 향이 나고 비린내, 꽃향, 매운 향도 날 수 있다고 설명했다. 다양한 해초에서 추출한 화합물은 에그노그, 라자냐, 생선살 튀김, 코울슬로, 케첩, 냉동 치즈케이크 등 온갖 다양한 식품을 걸쭉하게 만들고 유화하고 숙성하는 데 널리 사용된다. 또한 해초는 과학자들이 배양 접시에서 미생물을 배양하는 데 사용하는 한천, 의료용 정제, 상처 소독 드레싱, 치과용 인상 틀 재료의 공급원이기도 하다.

해조류 양식업은 여전히 아시아가 가장 강력하지만 세계의 다른 지역에서도 점점 더 인기를 얻고 있다. 2014년에서 2016년 사이에 노르웨이에서는 해조류 양식 전용 해안 지역이 세 배로 늘었다. 노르웨이 과학자들은 노르웨이가 광대한 해안선을 따라 해초 양식을 확장한다면 2050년까지 2,000만 톤을 수확할 수 있을 것으로 내다본다. 롱아일랜드 해협의 텀블 제도에서는 브렌 스미스Bren Smith가 미국 최초의 '3차원' 양식장을 세웠다. 밧줄, 부표, 닻으로 된 구조물을 사용해 비교적 좁은 지역에서 다양한 종을 재배한다. 계절에 따라 갈조류, 가리비, 홍합 등이 해수면 근처에 수평으로 매달린 밧줄에 길게 늘어뜨려져 자란다. 그 아래 물에 잠긴 곳에서는 굴과 조개가 자란다. 약 8만 제곱킬로미터 면적의 이 양식장에서 매년 약 100톤의 슈거 켈프와 25만 마리의 조개류를 생산하고 오염 물질과 과도한 영양분을 흡수하는데, 이 모든 것이 경작 가능한 땅, 담수, 비료 없이 이루어진다.

현재로서 세계의 해초 양식장은 이산화탄소를 연간 250만 톤밖에 포집하지 못한다. 인간이 매년 대기 중에 배출하는 360억 톤에 비하면 너무 적은 양이다. 하지만 해초 양식장은 현재 전 세계에 약 1,550제곱킬로미터 밖에 되지 않고, 이는 야생 해초가 사는 지역의 0.04퍼센트 정도에 불과하다. 게다가 야생 해초가 사는 지역도 오염, 해수 온도 상승, 먹성 좋은 성게, 인간이 촉발한 생태적 재앙 등으로 인해 지난 몇 세기에 걸쳐 줄어들었다. 사우스퍼시픽 대학교의 해양식물학자 앙투안 드 라먼 뉴르트 Antoine De Ramon N'Yeurt와 동료들은 해초 양식장이 대양의 9퍼센트를 차지하게 된다면 매년 적어도 190억 톤의 이산화탄소를 포집할 수 있을 것으로 보고 있다. 9퍼센트는 러시아의 두 배나 되는 방대한 면적이니, 이것은 너무나 야심 찬 목표다. 하지만 이러한 극단적인 숫자는 해초의 막대한 잠재력을 보여준다. 설령 해초를 가라앉혀 탄소를 격리하는 것이 비용이 너무 많이 들거나 환경적 피해가 크거나 또는 그 밖의 이유들로 실현 불가능하다 해도, 해초의 생태적 이득을 증폭할 다른 방법들이 많이 있을 것이다. 해초 양식장을 전 세계에서 약간만 늘려도 야생의 해초 서식지를 복원하는 작업과 결합한다면 탄소를 줄이는 데 상당한 도움이 될 것이다.

물론 양식 해초가 모조리 수확되고 소비되면 그 안에 있는 모든 탄소가 빠르게 대기로 돌아갈 것이다. 하지만 최근의 연구에 따르면, 야생이든 양식이든 해초가 자라는 곳은 어디든지 해초의 퇴화한 조직과 해초에서 배출된 당분이 지속적으로 바다 아래로 가라앉아 대양저에 정착해서, 이제까지 알려진 것보다 훨씬 많은 양의 탄소를 장기적으로 격리할 수 있다. 또한 해초 양식장은 해류의 속도를 늦춰 더 많은 유기물질이 가라앉을 수 있게 함으로써 해저 퇴적층의 형성을 도와 탄소 격리를 촉진할 수 있을지도 모른다. 두아르테, 프라이스 등 수십 명의 연구자가 바로 이 가능성을 알아보기 위한 국제 협업 연구 프로젝트를 시작했다. 이들은 북미, 유럽, 아시아(일본의 300년 된 양식장과 우주에서도 보이는 중국의 광대한 양식장도 포함해서)의 해초 양식장에서 퇴적층 코어를 채취해 탄소 함량 등을 측정하고 있는데, 초기 결과는 고무적이다.

탄소를 포집하고 수질을 개선하는 것에 더해, 해초 등 해양 식생은 해양 산성화를 최소화하거나 적어도 국지적인 수준에서는 되돌릴 수 있을지도 모른다. 지난 몇 년간 몇몇 연구가 해초와 잘피가 물에서 이산화탄소를 흡수해 pH가 높은 은신처를 형성한다는 것을 보여주었다. 여기에서 게, 굴, 홍합 등(양식과 야생 모두)의 각껍질이 산성화된 물에서 부식되지 않게 보호받는 것으로 나타났다. 이러한 연구의 상당 부분은 태평양 연안에서 이루어졌다. 이 해역에서는 바람과 해류가 깊은 바다의 물을 표면으로 가져오는데, 이 물은 영양분은 많지만 산성도가 높다. 인간이 수십 년 전에 대기에 뿜어놓은 탄소를 흡수한 물이라고 할 수 있다. 과학자와 양식업자의 협업팀이 시애틀 북서쪽 바다에서 진행한 실험 결과, 밧줄로 만든 구조물에서 슈거 켈프와 황소 켈프를 키웠을 때 이 안에서 자란 큰 굴, 홍합, 달팽이 등이 실험 지역 밖의 것들에 비해 껍질 손상이 적은 것을 발견했다. 오리건주와 워싱턴주의 현장 연구에서도 잘피 근처에서 자란 어린 참굴과 올림피아굴이 20퍼센트 더 빠르게 자라고 생존 가능성도 더 큰 것으로 나타났다. 또 캘리포니아주의 연구자들은 팔로스 베르데스 반도 인근 해역에서 해초 숲을 복원했더니 국지적인 pH 수준이 일시적으로 최대 0.4가 높아지는 것을 발견했다. 이는 산성도가 많게는 60퍼센트나 줄어든 것이다.

최근 몇 년 사이 육지 농경에서 나오는 온실가스 배출을 극적으로 줄이기 위해 해초를 사용한다는 아이디어에 관심을 보이는 과학자, 양식업자, 사업가들이 많아지고 있다. 소, 양, 염소 등 반추동물의 장내 미생물이 소화 과정에서 식물 조직을 분해할 때 부산물로 메탄이 배출되는데, 그 양이 어마어마하다. 메탄은 대기 중에 이산화탄소만큼 오래 머물지는 않지만 배출되고 첫 20년 동안 이산화탄소보다 80배나 강력하게 열기를 붙잡아둔다. 전 세계적으로 축산은 인류의 온실가스 배출 중 15퍼센트 정도를 차지한다. 아직 많지는 않지만 증가하고 있는 종류의 연구에서, 소에게 소량의 해초(깃털 같은 홍조류나 아스파라곱시스 Asparagopsis 속에 속하는 것들 등)를 먹이면 고기나 우유의 맛을 변질시키지 않으면서 메탄 배출을 많게는 80퍼센트까지 줄일 수 있는 것으로 나타났다. 이러한 해초에는 메탄을 생성하는 장내 미생물의 활성을 줄이는 화합물(브로모포름 화합물 등)이 있는 것으로 보인다.

하지만 해초를 탄소 격리에 이용한다는 아이디어도 그렇듯이, 열광은 근거를 가리는 휘장 역할을 하게 되기 쉽다. 아스파라곱시스는 키우기가 까다롭고 대규모로 양식할 수 있는 방법을 알아낸 사람은 아직 아무도 없다. 지구의 15억 마리 소가 먹을 만큼 충분한 양을 재배하는 것은 물론이고 말이다. 잠재적 독성이나 기형 출산 등도 포함해 가축에게 해초를 먹일 때 발생할 수 있는 장기적인 영향은 아직 다 알려지지 않았고 해초에 노출되었을 때 장내 미생물의 진화 방향이 어떻게 영향을 받을지도 우리는 알지 못한다. 소에게 해초를 먹이는 것이 메탄 배출을 유의미하게 줄일 수 있을지, 아니면 고명을 얹는 정도의 효과밖에 없을지는 계속해서 연구가 있어야만 알 수 있을 것이다.

카탈리나의 켈프 숲에서 스노클링을 한 날 오후에 로레인 새들러와 나는 리틀 하버라고 불리는 만으로 가기 위해 섬의 반대쪽으로 차를 몰았다. 태평양의 비슷한 만들처럼 이 만도 작고 평범했다. 십여 명의 사람들이 상쾌한 날씨를 즐기면서 카약을 타거나 패들 볼을 하거나 접이식 의자에서 쉬고 있었다.

나는 새들러가 나를 왜 여기에 데려왔는지 잘 모르고 있었다. 우리는 연안의 이쪽에서 스노클링을 할 계획은 아니었다. 하지만 새들러는 이 지역에서 해변으로 쓸려온 다량의 해초를 발견하곤 했다고 말했다. 갈조류의 갈색 커튼이 해안선을 따라 파도에 이리 밀렸다 저리 밀렸다 하고 있었다. 축 처진 켈프 잎, 찢어진 공기주머니, 검어진 해초 더미, 거대한 라면이나 메밀국수처럼 생긴 으스스한 무더기 등 해초의 잘린 신체 부위 모두에 모래가 흩뿌려져 있었다. 새들러는 색색의 물고기가 그려진 티셔츠와 네온 분홍색의 레이스가 달린 청록색 운동화 차림으로 눈을 아래로 고정한 채 열심히 해변을 탐험했다. 때때로 허리를 숙여 해초 무더기를 살펴보거나 반쯤 모래에 파묻힌 것을 헤쳐보기도 했다.

어느 시점에 새들러는 흡착뿌리, 줄기, 잎날이 모두 있는, 손상되지 않은 거대한 해초가 파도에 밀려다니는 것을 발견했다. 폭풍으로 바닥부터 통째로 뜯겨져 올라온 것 같았다. 썰물이 빠지고서 우리는 줄기를 잡고 해초 전체를 해안가로 끌고 왔다. 새들러는 무릎으로 앉아서 크기는 수박 크기 정도에 모양은 납작해진 깔때기 모양을 한 흡착뿌리를 살펴보기 시작했다. 겉모습은 화분 안에 너무 오래 있었던 뿌리마냥 빽빽하게 뭉쳐 있었고 한때 바위를 움켜쥐었던 오목한 밑면은 커다란 새 둥지를 뒤집어 놓은 것과 비슷한 모습이었다.

새들러는 주요 생체 견본을 가까이에서 연구할 기회에 신나 하며 그 흡착뿌리의 아래쪽에 꼬여 있는 줄기들을 떼어냈다. "놀랍네요! 늘 볼 게 너무 많아요." 나는 새들러 옆에 무릎으로 앉아서 더 자세히 들여다보다가 해초가 해초 이상임을 깨닫고 너무 놀랐다. 새들러는 흡착뿌리의 모든 가능한 표면에 보이지 않는 미생물이 살고 있고 작은 수생 절지동물인 이끼벌레가 만든 흰색의 각질이 있다고 설명했다. 모든 갈라진 틈에는 생물의 핵심 특징을 보여주는 것들(깃털, 조개껍질, 또 다른 더 작은 해초 등)이나 생물 자체가 가득했다. 새들러는 계속해서 흡착뿌리를 구석구석 살펴보면서 거기에 있는 것들의 이름을 알려주었다. 프릴 모양이 섬세하게 팔랑이는 홍조류는 마치 미니어처 명금류의 깃털 같았다. 유령 같은 석회질의 관벌레도 있었다. 어린 불가사리도 있었고 달팽이, 새우, 그리고 굴을 파는 작은 조개도 있었다.

1834년에 티에라델푸에고에서 켈프 숲을 마주친 찰스 다윈은 그 안에 있는 생명의 다양한 향연에 매료되었다. 그는 일기에 "모든 종류의 살아 있는 생명 다수가 이 켈프에 긴밀하게 의존하고 있다"고 적었다. "거대하게 얽혀 있는 뿌리들을 흔들면 작은 물고기, 조개, 갑오징어, 게의 모든 종류, 성게, 불가사리…. 다양한 형태의 기어다니는 동물이 우수수 떨어진다. 이 거대한 해양 숲에 비견될 만한 것이라면 남반구에 있는 지상의 열대림이 유일할 것이다."

'거대하게 얽혀 있는 뿌리들'에 대해 생각하면 생각할수록 그 의미가 더욱 깊게 다가왔다. 여기, 자신의 존재로 대양을 더 거주 가능한 공간으로 만들고 자신의 성장과 쇠락이 세계 연안 생태계의 운명을 좌우하는 생명체로 구성된, 정글 속의 정글이 있었다. 이것은 수만 년 동안 인류가 의존해 온 생명체의 계류장이었다. 그리고 이제 우리 종이 이 생명체의 힘을 새로운 방식으로 활용하려 하고 있다. 새들러와 내가 해변에서 살펴본 흡착뿌리는 우리의 지구처럼 복잡하고 비옥하고 신비로웠다. 그 안에 무한해 보이는 복잡성이 숨겨져 있었다. 더 자세히 볼수록 무언가 새로운 것이 계속 더 드러났다.

인류세에 살고 있는 우리는 계속해서 동일한, 그리고 매우 비극적인 곤경에 직면한다. 점점 더 발달하는 과학을 통해 우리는 마침내 생명과 환경이 오랜 시간에 걸쳐 공진화하면서 만들어온 지구적 리듬의 암호를 조금씩 해독할 수 있게 되었다. 동시에, 우리는 지구의 생태계를 광범위하게 파괴하고 가차 없이 화석연료를 소비함으로써 바로 그 리듬을 왜곡하고 파괴하고 있다. 우리는 생명이 지구를 안정화하고 조절하는 많은 방식을 빠르게 알아가고 있다. 동시에, 우리 종이 너무나 자주 그와 정반대로 행동해서 지구를 위기로 몰아가고 있다는 사실도 빠르게 알아가고 있다. 허둥지둥 해법을 찾으려 하면서 우리는 우리가 살고 있는 놀랍도록 복잡한 생태계의 중요성을 인식하고 나아가 측정도 할 수 있게 되었지만, 붕괴가 시작될 때 자신 있게 개입할 수 있을 정도의 지식은 아직 알고 있지 못하다.

하지만 우리의 살아 있는 지구가 가진 복잡성과 어마어마한 다양성은 희망과 용기와 끈기를 가져볼 만한 이유도 된다. 바로 그 복잡성이 지구가 이토록 거대한 회복력을 가질 수 있는 이유이기 때문이다. 지질학적 기록이 보여주듯이 이 세상의 생태계는 망각의 절벽 앞에 섰을 때조차도 가능성으로 가득하다. 우리 종이 지구의 생태계를 정복하려 하는 게 아니라 생태계의 **일부로서** 존재하는 법을 배운다면, 결코 지속이 가능하지 않은 산업과 경제 시스템을 고수할 게 아니라 지구와 근본적으로 새롭게 관계를 맺음으로써 현 위기의 원천을 다뤄 나간다면, 몇십 년 안에 완전한 재앙은 막을 수 있을 것이고 고통을 최소화할 수 있을 것이며 궁극적으로는 더 나은 세상을 만들 수 있을 것이다. 그 세상은 우리가 아는 지구와 정확히 같지는 않겠지만, 봄이면 여전히 새들이 노래하고, 눈이 산골짜기의 계곡에 물을 공급하며, 바다 아래에서 키 큰 숲이 자라는 세상일 것이다.

6장 플라스틱 행성

카밀로 해변은 늘 바다의 부서진 잔해와 놀라운 경이로움이 함께 쌓이는 곳이었다. 무역풍과 해류, 그리고 지리적 조건이 한데 합쳐져서 하와이섬 남동쪽 끝의 외지고 미개발된 초승달 모양의 암석과 모래사장이 있는 이 해변으로 세상의 온갖 것이 흘러들어와 모이는 것이다. 카누를 만들 나무를 찾으러 카밀로 해변에 온 하와이 원주민들은 무려 태평양 북서부의 침엽수림에서부터 표류해 온 거대한 통나무들을 발견하곤 했다. 바다에서 실종된 이들의 시체도 종종 이곳으로 떠내려왔다. 그리고 전해지는 이야기에 따르면, 믿음직한 카밀로 주변의 해류를 이용해 사랑하는 사람에게 메시지를 띄우기도 했다고 한다.

더 최근 들어서는, 100년 전만 해도 없다시피 했지만 지금은 지구시스템 어디에나 존재하게 된 엄청난 양의 물질로 새로이 오명을 얻었다. 1970년대부터 20세기 말까지, 해변 수집가, 캠핑객 등 카밀로에 온 사람들은 모래사장을 이불처럼 온통 뒤덮고 있는 플라스틱 쓰레기를 마주쳤다. 쌓여 있는 높이가 3미터나 되는 광경을 보았다는 사람들도 있다. 언론은 카밀로를 "플라스틱 해변"이라고 부르면서 세계에서 "가장 더러운" 해변 중 하나라고 묘사했다.

2000년대 중반에 베테랑 선원이자 환경운동가 찰스 무어Charles Moore는 직접 카밀로에서 쓰레기 더미를 볼 기회가 있었다. 그는 그보다 몇 년 전에 태평양의 플라스틱 오염에 관해 논문과 기사를 쓰기 시작했고, 이 주제는 빠르게 그의 삶과 일에서 중심이 되었다. 1997년에 하와이에서 남부 캘리포니아로 항해를 하면서 그는 하와이 제도를 둘러싸고 시계 방향으로 도는 거대한 해류인 '북태평양 환류'를 통과하게 되었다. 며칠 동안 다른 배를 한 척도 보지 못했다. "그런데 갑판에 서서 깨끗한 바다여야 할 수면을 보았을 때, 시야가 닿는 최대한 먼 곳까지 플라스틱이 뻗어 있는 광경을 마주했다." 그는 이렇게 기록했다. "있을 수 없는 일 같았지만, 깨끗한 곳을 찾을 수가 없었다…. 하루 중 어느 시간에 봐도 모든 곳에 플라스틱 잔해가 떠다니고 있었다."

북태평양 환류에는 떠다니는 쓰레기가 집중되어 있는 곳이 적어도 두 곳 있는데, 이날 무어는 그중 하나인 '태평양 거대 쓰레기 지대'의 한복판을 통과한 것이었다. '지대'라고 불리지만 플라스틱 조각, 부서진 낚시 도구 등 플라스틱 폐기물이 모여 떠다니는 소용돌이이지 단단한 쓰레기 섬은 아니다. 정확한 크기는 불확실하지만, 연구자들은 면적이 약 160제곱킬로미터(스페인 면적의 세 배 이상)에 달하며 1조 8,000억 개의 플라스틱 조각이 포함되어 있으리라고 추정한다. 지구상의 모든 사람에게 나눠주면 각자 200조각씩 갖게 되는 양이다. 이 분야의 개척적인 연구에서, 무어와 동료들은 이 쓰레기 지대 내에 플라스틱이 플랑크톤보다 6배나 많다는 것을 발견했다.

무어는 2011년 저서 《플라스틱 바다》에서 카밀라에 도달하기 위해 "날카로운 용암석과 흙 밖에 없는 험한 비포장길을 한 시간이나 달려야 했다"고 묘사했다. 이 해변은 "세계적인 관광지의 특징을 다 가지고 있었다. 안개가 끼는 산을 배경으로 초승달 모양의 만이 있었고 용암석이 패인 틈에 생긴 조수 웅덩이들이 있었으며, 웅얼대듯 부서지는 파도가 있었고 모래사장처럼 보이는 것도 있었다." 하지만 그는 이곳이 "말 그대로 쓰레기 하치장"이기도 했다고 언급했다. 무어는 "플라스틱 스프레이 노즐, 무언가가 들어 있던 병들, 신발 조각, 네슬레 커피 뚜껑, 칫솔, 부탄 라이터 등을" 발견했고, "낚시 그물은 수 톤어치나 있을 정도"였다. 작은 플라스틱 조각들이 도처에 있었고, 모래 위만이 아니라 모래 아래에도 파묻혀 있었다. 모래를 파보니 "반짝이는 작은 구슬들"이 나왔다. 그는 그것이 각종 상품에 녹여져 들어가는 플라스틱 원료 펠릿pellet인 것을 곧바로 알 수 있었다.

놀랍도록 낯선 물질도 있었다. 순전히 지질학적인 물질도 아니고 순전히 인공적인 물질도 아닌 것이, 바위와 플라스틱이 융합된 기이한 키메라처럼 보였다. 용암이 흐를 때 열기로 결합된 것이려나 싶었다. 하나는 회색 플라스틱이 떠다니다가 현무암에 녹아서 들러붙은 것처럼 보였다. 또 어떤 것은 매우 색이 화려했는데, 일부는 반쯤 녹은 그물이 들러붙어 만들어진 것 같았다. 몇 년 뒤에 캐나다 온타리오주의 웨스턴 대학교에서 열린 강연에서 무어는 이러한 이름 없는 '복합 응결 물질'을 보여주면서, 지질학자들이 카밀로에 가서 이 물질들에 대해 자세히 조사해주시면 좋겠다고 말했다. 그 강연을 주최한 지구과학 교수 퍼트리샤 코코란Patricia Corcoran이 기회를 포착했다. 강연의 청중이었던 켈리 재즈백Kelly Jazvac도 환경 오염에 관심이 있던 터라 조사를 돕기로 했다.

2013년 여름, 코코란과 재즈백은 현지인들에게 물어가며 지프를 타고 무어가 갔던 동일한 용암석과 흙길을 달렸다. 차에서 내려 해변에 도착하자마자 무어가 말했던 복합 응결 물질을 아주 많이 발견할 수 있었다. 어떤 것은 포도알만큼 작았고 어떤 것은 전자렌지만큼 컸다. 어떤 것은 용암석 구석구석에 고무나 양초가 스며든 것처럼 보였고, 어떤 것은 나무, 돌, 조개, 산호, 플라스틱의 혼란스러운 혼합물이었다. 고장 난 쓰레기 압축기가 토해낸 쓰레기 덩어리 같았다. 몇몇은 표면이 둥글둥글하고 매끄러워져 있었는데, 반복적으로 파도와 조수에 부딪쳤으리라는 것을 말해주었다. 어느 곳에서는 수면보다 15센티미터는 아래 지점에 녹은 플라스틱이 바위와 모래에 눌어붙어 있는 것을 발견하기도 했다.

코코란과 재즈백은 화산 활동으로 서로 다른 물질이 엉겨 붙었을 것이라는 가설을 세우고 이를 뒷받침할 증거를 찾아보았지만, 곧 그들은 이곳에 한 세기 넘게 어떤 용암도 존재하지 않았다는 것을 알게 되었다. 그런데 지역민들에게 들으니, 사람들이 종종 카밀로에 와서 캠프파이어를 한다고 했고 코코란과 재즈백이 보기에도 그랬다. 이 해변은 플라스틱으로 온통 뒤덮여 있으므로, 어디라도 불이 있으면 반드시 근처에 눌어붙을 만한 플라스틱 조각이 있을 수밖에 없었다. 녹은 플라스틱은 지질학적, 생물학적, 기술공학적 요소들을 하나로 결합하는 토대 물질이 되어 있었다. 이토록 다양한 물질들이 있는 지역에서 불을 피움으로써, 즉 바다와 육지가 만나고 대양이 인간과 비인간을, 또 생물과 무생물을 섞이게 하는 곳에서 불을 피움으로써, 인간종은 자신도 모르는 사이에 전에 존재해 본 적이 없는 물질을 벼려내고 있었다. 코코란이 수집한 신기한 응결물은 기본적으로 새로운 종류의 암석이었고, 코코란은 이 신종 암석을 자세히 조사한 최초의 지질학자였다. 2014년에 미국지질학회Geological Society of America 저널에 발표한 논문에서 코코란, 재즈백, 무어는 공식적으로 이 발견물에 플라스티글로머레이트plastiglomerate[플라스틱석石]이라는 이름을 붙였다. 지구 역사상 최초로, 부분적으로 플라스틱으로 구성된 암석이다.○

초기 인류가 동굴에서 뼈로 낚시용 작살을 만들기 시작했을 때부터 범선을 타고 처음으로 대서양을 항해했을 때까지, 또 현대의 거대한 크루즈선과 로봇 잠수함으로 바다를 항해하기까지, 인류는 다양하게, 그리고 일시적이지 않은 영향을 남기며 대양을 변화시켜 왔다. 우리는 열대 산호초를 망가뜨렸고, 고기, 가죽, 기름, 피를 얻기 위해 수많은 해양 생물을 마구잡이로 잡아서 절멸시킬 지경까지 몰고 갔다. 또 과도한 비료가 바다에 흘러들어가게 했고, 유독한 플랑크톤이 번성하게 했으며, 어마어마한 석유를 누출시켜 먼바다와 해안을 모두 오염시켰다. 우리는 수중 음파 탐사와 지진 탐사, 해양 교통 등으로 소음을 일으켜 해양의 음향 환경을 압도했다. 우리는 대양들 사이에 새로운 통로를 열고 해저 터널을 뚫었으며 해저 통신 케이블을 깔았고 취약한 심해 생태계에서 귀금속을 추출하기 위한 방법들을 실

○ 코코란은 플라스티글로머레이트를 암석보다는 돌이라고 부르기를 선호한다. 공식적으로 암석은 광물질이 인간의 개입 없이 지리적 과정으로만 형성된 것을 의미하기 때문이다. 하지만 지질학자 제임스 언더우드James Underwood 등 또 다른 연구자들은 암석의 세 가지 유형인 화성암, 변성암, 퇴적암에 이제 '인류암Anthropic Rock'을 더해 네 가지 유형으로 분류해야 한다고 제안했다.

험했다. 그리고 우리는 대양이 지난 수백만 년간 유지되었던 정도보다 더 더워지게 했고, 더 산성이 되게 했다.

플라스틱 오염 물질이 대양으로 대거 유입된 것은 우리 종이 지구의 너무나 많은 부분을 동시에, 그리고 전례 없는 속도로 변모시킬 수 있음을 보여주는 사례다. 역사 내내 생명은 반복적으로 새로운 물질을 지구시스템에 들여왔고 그중 어떤 것(매우 반응성이 높은 산소 분자나 소화가 불가능한 식물 조직 리그닌 등)은 처음에 나타났을 때 많은 종에게 문제를 일으키거나 심할 때는 죽음을 일으키기도 했다. 하지만 예전에는 새로운 물질이 대개 수천 년에 걸쳐, 아니 더 오랜 시간에 걸쳐 들어왔기 때문에 생태계가 적응할 시간과 기회가 많았다. 이와 달리, 우리는 지질학적 사건에 맞먹는 양의 플라스틱을 짧은 시간 동안 지구에 쏟아냈고, 이제서야 그것의 영향을 알아가기 시작하고 있다. 플랑크톤이 지구 액체의 화학조성을 규정하는 대양의 원자이고 해초가 방대한 수중 서식지와 생물 군락을 형성하는 거대한 해양 숲의 씨줄이라고 할 때, 플라스틱 오염은 이 둘 모두의 부패한 버전이라고 말할 수 있다. 플라스틱은 문자 그대로 고대의 플랑크톤과 조류의 잔해로 만들어졌지만, 플랑크톤과 조류가 수행했던 생태적 노동을 가시적으로도, 또한 알려지지 않은 방식으로도 무력화시키고 있다.

우리가 흔히 '플라스틱'이라고 부르는 물질들은 비교적 최근의 발명품이지만 플라스틱이라는 큰 범주를 뜻하는 '중합체polymer'는 고대부터 있었다. 중합체의 그리스어 어원은 '많은 부분'이라는 뜻이며, 하위 분자들이 길게 사슬처럼 연결되어 형성된 거대 분자를 말한다. 중합체는 자연에도 풍부하게 존재한다. DNA도 중합체이고, 근육조직, 머리카락, 손톱, 실크, 면, 모, 그 밖에 식물과 동물에서 나오는 섬유질과 수지도 중합체이며, 역청처럼 매우 점성 있는 화석연료의 형태로 자연에 존재하는 중합체도 있다.

인간은 기록된 역사 시대가 되기 한참 전부터 중합체를 사용했다. 적어도 7만 년 전부터 지표로 흘러나온 역청을 수집해 장식용과 실용 목적 모두에 사용했다. 차츰 사람들은 역청으로 돌에 손잡이를 붙이거나 방수가 되는 바구니, 그릇, 지붕, 배 등을 만드는 법을 터득했다. 이와 비슷하게 4만~5만 5,000년 전에는 송진과 자작나무 수지를 접착제로 사용했고, 더 나중에는 고대 로마에서 송진 관련 산업이 발달했다. 또한 4,000년 전에 메소아메리카 사람들은 아마도 최초의 부분적인 합성 플라스틱이라 할 만한 것을 만들었다. 어떤 나무의 우윳빛 고무 수지를 나팔꽃 줄기 즙과 섞어서 고무를 만든 것이다. 이것은 신발, 손잡이 묶는 끈, 게임이나 의례에 쓰이는 공 등을 만드는 데 사용되었다. 아메리카에 도착해 고무를 보았을 때, 유럽인들은 견고하면서도 탄력이 있어서 튀어 오를 수 있는 고체 물질을 처음 본 것이었다.

인류는 수천 년 동안 상아, 뿔, 거북이 등껍질 등 동물성 중합체를 사용해 빗, 단추, 수저부터 피아노 건반, 당구공까지 온갖 것을 만들었다. 하지만 동물성 중합체가 그 용도에 꼭 이상적이거나 대량 생산에 적합한 것은 아니었다. 1900년대 초에, 벨기에 화학자 리오 베이클랜드Leo Baekeland는 느리고 힘든 과정을 통해 곤충에서 추출하던 수지인 셸락shellac을 대신할 합성 물질을 찾기 시작했다. 셸락은 절연체로 가치가 높았다. 베이클랜드는 압력을 가한 상태에서 페놀과 포름알데히드를 특정 비율로 결합해 우수한 절연체이면서 성형 후에는 열을 가해도 모양을 유지하는 가볍고 탄력 있는 물질을 생산했다. 그는 이 물질에 '베이클라이트Bakelite'라는 이름을 붙였고, 성형이 쉽다는 의미의 그리스어 '플라스티코스plastikos'에서 나온 '플라스틱'이라는 단어를 대중화하는 데 기여했다. 곧 베이클라이트는 전화기, 다리미, 칫솔, 라디오, 자동차, 세탁기 등에 쓰일 용도로 대량 생산되었다. 얼마 뒤에는 미국 화학회사 듀폰의 연구원들이 네오프렌, 테플론, 나일론을 발명했다. 나일론 스타킹은 국제적인 열풍을 일으켰다. 몇 시간이면 재고가 동났고 한정된 물품을 두고 소비자들 사이에 쟁탈전이 벌어졌다.

제2차 세계대전 동안 미국의 연간 플라스틱 생산량은 1939년 9만 6,600톤에서 1945년 37만 1,000톤으로 거의 네 배나 늘었다. 군은 전투기, 안테나, 박격포 퓨즈, 바주카포 총열 등의 부품으로 플라스틱을 사용했다. 나일론은 낙하산, 로프, 헬멧 안감, 방탄복을 만드는 데 유용했다. 플렉시글래스는 항공기 창문에 쓰였다. 테플론은 휘발성 가스를 보관하는 데 탁월했다. 비슷한 시기에, 사출 성형 기계의 혁신으로 플라스틱 제품을 정확하고 효율적으로 대량 생산할 수 있게 되었다. 전쟁이 끝나자 민간 용도의 플라스틱 상품이 대거 개발되어 시장에 쏟아져 나왔다. 저렴하고 용도가 많으며 가볍고 방수성과 내구성이 뛰어난 각종 플라스틱이 밀폐용기, 쇼핑백, 음료수병, 포장재 등 목재나 종이, 유리, 강철 같은 전통적인 물질을 대체할 수 있는 다양한 제품으로 변신했다. 곧 전 세계적으로 생산량이 급증했다. 1950년 이후 전 세계 누적 플라스틱 생산량은 83억 톤이며, 현재 연간 생산량은 약 3억 6,000만 톤에 달한다. 지난 20년 사이에 만들어진 플라스틱이 20세기 후반 50년 동안 만들어진 것보다 많다.

일상 대화에서는 모든 플라스틱을 하나로 뭉뚱그려 단수형으로 말하는 경향이 있지만, 이 물질들이 '플라스틱'이라고 불리는 이유는 너무나 수가 많고 종류가 다양하기 때문이다. 구별되는 화학조성과 용도를 지닌 플라스틱 종류가 현재 수백 개나 된다. 가장 널리 생산되고 친숙한 것을 살펴보면, 우선 폴리에틸렌PE과 폴리프로필렌PP은 자동차 부품, 파이프, 가정용품은 물론이고 유연 필름 등 포장용 재질을 만드는 데도 주되게 사용된다. 폴리비닐클로라이드PVC와 폴리우레탄PU은 건설 및 자동차 산업에서 많이 사용된다. 폴리에틸렌 테레프탈레이트PET는 음료수 병과 합성섬유에 많이 쓰인다. 폴리스티렌PS은 단단한 형태와 폼 형태 모두 포장재나 단열재로 사용되는 경우가 많다. 폴리카보네이트PC는 대개 안경이나 온실용 플라스틱판처럼 단단하고 투명한 제품이 된다. 현대의 플라스틱 대다수는 석유와 가스로 만든다. 먼저 강한 열과 압력으로 에틸렌이나 프로필렌처럼 탄소와 수소가 풍부한 기본 분자로 환원한 뒤, 이 작은 분자들을 화학적으로 연결해 훨씬 큰 새로운 분자로 만든다. 이렇게 해서 점성 있는 수지가 생성되면, 이것을 성형에 쓰일 수 있게 가루나 펠릿 형태로 가공한다. 우리가 오늘날 아는 플라스틱 대부분은 또 다른 형태의 화석연료라고 말할 수 있다.

플라스틱은 다양한 경로로 바다를 오염시킨다. 고의적으로나 우발적으로 바다에서 투기되기도 하지만, 해양 플라스틱 쓰레기의 80퍼센트는 사실 육지에서 발생한 쓰레기다. 매년 800만~1,200만 톤의 플라스틱 쓰레기가 주로 아시아에 있는 1,000개 이상의 중소 규모 하천을 통해 바다로 쓸려온다. 이 지역들은 인구 밀도가 높아 일회용 플라스틱을 다량 사용하지만 종종 적절한 폐기물 관리 시스템을 갖추지 못한 경우가 많다. 게다가 미국 등 부유한 나라들에서 자국의 쓰레기 관리를 아웃소싱하면서 아시아로 내보내는 플라스틱 쓰나미 때문에 이 문제는 더 악화된다.° 도시의 생활 쓰레기가 많이 쓸려오고 비가 많이 오는 해안 근처의 하천 수계가 바다를 특히 많이 오염시킨다. 일부 추산에 따르면, 현재 추세가 계속될 경우 2050년까지 인류는 누적 330억 톤의 플라스틱을 생산하게 될 것이고 매년 대양을 오염시킬 위험이 있는 플라스틱의 양은 1억 5,000만 톤으로 증가할 것으로 보인다. 1억 5,000만 톤은 연간 바다에서 잡히는 물고기 무게 총량의 두 배에 가깝다.

바다에 유입되는 플라스틱은, 적어도 처음에는, 대부분 떠다닌다. 그러면 햇빛, 산소, 파도가 떠다니는 플라스틱 잔해를 부수기 시작한다. 그리고 미생물, 곰팡이, 조류, 조개류 등 바다 생물이 플라스틱 폐기물에 달라붙어 서식하면서 부력을 감소시킨

° 오랫동안 미국은 플라스틱 쓰레기를 중국으로 수출했다. 중국에 도착한 뒤에 그 물질들이 어떻게 되었는지는 불분명하다. 2018년에 중국은 대부분의 플라스틱 쓰레기 수입을 중단했다. 그후 미국에서는 플라스틱 재활용율이 급감했다. 원래도 낮은 9.5퍼센트였는데 더 낮은 5퍼센트가 되었다.

다. 플라스틱이 바다에서 부서지고 가라앉으면서 물고기나 거북이 같은 큰 생물이 그것을 먹는다. 먹히지 않은 플라스틱 조각은 부력의 변화에 따라 떠오르고 가라앉기를 반복하다가 밀물과 함께 해변으로 쓸려오기도 한다. 바다에 남아 있는 플라스틱은 점점 더 작은 조각(미세 플라스틱 또는 나노 플라스틱이라고 불린다)으로 쪼개져 해저에 침전될 것으로 여겨지고 있지만, 궁극적으로 어떻게 되는지에 대해서는 알려지지 않은 것이 여전히 많다. 지난 반세기 동안 인간이 얼마나 많은 플라스틱을 생산했는지를 생각하면, 바다에 수억 톤의 플라스틱이 있을 게 틀림없고 대부분은 표면에 떠있어야 한다. 그런데 바다 위에서 발견된 것은 그만한 양 중 극히 일부다. 바다로 간 플라스틱 중 일부는 해안가의 땅이나 바다 밑바닥에 묻혀 있을 수도 있고 동물이 삼켰을 수도 있다. 아니면 우리가 전혀 알지 못하는 일이 일어났을 수도 있다. 현재 알 수 있는 한에서, 바다로 흘러간 플라스틱의 대부분은 이상하게도 실종 상태다.

플라스틱이 오염시키는 것은 바다만이 아니다. 과학자들은 지구시스템의 거의 모든 부분에서 작은 플라스틱 입자를 발견했다. 강과 호수와 연못에서, 열대우림과 사바나에서, 산맥에서, 극지의 얼음과 눈에서, 토양과 대기와 비에서, 그리고 인간의 폐와 혈액에서도 플라스틱이 발견됐다. 하지만 플라스틱이 지구에 가장 오래 흔적을 남길 곳은 바다일 것이고 또한 바다를 통해서일 것이다. 바다를 비롯해 지구를 오염시키는 플라스틱 물질들의 정확한 수명은 아직 알려지지 않았지만, 과학자들은 수백 년에서 수천 년 정도로 보고 있다. 지하 깊은 곳이나 바다 깊은 곳에 묻혀 있으면 훨씬 더 오래 갈 수도 있다. 연구자들은 지중해, 북대서양, 인도양의 심해 퇴적물 표본에서뿐 아니라 북서태평양 쿠릴-캄차카 해구의 수면 아래 약 5킬로미터 넘는 깊이에서까지도 많게는 0.1제곱미터 당 200조각에 달하는 플라스틱 오염을 발견했다. 해저 퇴적층에 축적되는 플랑크톤 껍데기와 뼈대처럼, 이러한 플라스틱도 암석으로 압축되어 지구 내부에서 녹거나 새로운 산과 절벽으로 융기될 것이다.

플라스틱이 육지나 바다의 퇴적층에 묻히면 화석화될 가능성도 있다. 화석연료로 만들어진 플라스틱은 생물학적 기원을 가지고 있다. 나무, 포자, 꽃가루, 수지, 복잡한 플랑크톤 껍질 등 잘 분해되지 않는 유기 구조와 잔류물은 화석이 되어 수천 년에서 수백만 년까지도 남아 있을 수 있다. 그런데 퍼트리샤 코코란과 얀 잘라시에비치Jan Zalasiewicz, 그리고 동료 연구자들은 한 논문에서 "많은 플라스틱도 지질학적 시간 규모에 걸쳐 이와 유사하게 행동할 것으로 보인다"고 언급했다. 또한 그들은 플라스틱 물건들이 "생분해를 통해 원래 물질이 모두 소실되더라도 '주조'와 '각인'의 형태로 화석화될 수 있다"고 설명했다. 볼펜, 플라스틱병, CD 등의 윤곽선이 "플라스틱 자체가 분해되거나 다른 물질로 대체되더라도 미래의 퇴적암에서 화석으로 발견될 수 있다"는 것이다. 어떤 플라스틱 물건은 공룡뼈처럼 3차원 구조가 보존된 채로 화석화될 수도 있을지도 모른다.

코코란이 카밀로를 처음 방문한 이후 연구자들은 전 세계 해변에서 여러 유형의 플라스티글로머레이트 및 이와 비슷한 복합 물질들을 발견했다. 예를 들어, [열분해와 풍화 작용으로 조약돌처럼 변한] 파이로플라스틱pyroplastic은 용융된 플라스틱의 형태를 알아볼 수 없고 색상이 흐릿한 것이 특징이다. 어떤 것은 색상과 질감이 해변의 조약돌과 너무 유사해서 눈으로는 구별이 거의 불가능하고, 돌보다 훨씬 가벼워서 손으로 들어보면 구별할 수 있다. 플라스틱이 암석과 융합되면 내구성이 더 높아진다. 어떤 과학자들은 플라스틱과 플라스틱 덩어리가 지질학적 기록의 중요한 부분이 되어, 지구의 역사에서 우리 시대의 독특한 특징을 말해주게 될 것이라고 내다본다.

현대의 플라스틱은 실험실과 공장에서 합성되기 때문에 흔히 '부자연스러운' 물질로 여겨진다. 하지만 '부자연스럽다'는 개념은 '자연스럽다'는 개념의 반대로서만 의미가 있으며, 이 구분 자체도 인간과 인간이 만든 인공물이 자연 전체와 분리되어 있다는 잘못된 전제를 깔고 있다. 인간도 다른 생명체와 마찬가지로 자연의 일부다. 우리도 진화에 의해 형성된 신체와 행동을 가진, 살과 피를 지닌 동물이다. 우리만 의식, 문화, 의사소통을 하는 것도 아니다. 우리가 가진 테크놀로지는 거미줄, 새 둥지, 원숭이 돌망치 등의 훨씬 정교한 버전일 뿐이다. 또한 우리가 지역 환경을 극적으로 변화시키고 영속적인 인프라를 구축하고 지구 전체를 변화시키는 유일한 생물인 것도 아니다. 우리가 가져온 변화의 속도, 규모, 다양성의 결합은 예외적이지만, 이는 종류의 차이가 아니라 정도의 차이다.

우리 종이 만들어내는 모든 것은 자연이 이미 제공한 것의 변형이다. 플라스틱은 기존 분자를 재배열하는 또 다른 방법이다. 현대의 합성 플라스틱이 진화 과정 자체만으로는 결코 생길 수 없는 분자 구성을 이루고 있다고도 주장할 수 있겠지만, 또 다른 관점에서는, 진화가 우리를 통해 플라스틱을 발견했다고 볼 수도 있다. 플라스틱이 곤란을 일으키는 이유는 그것이 자연스럽지 않아서라기보다, 과거에 산소와 리그닌도 그랬듯이, 지구시스템과 지구의 오랜 리듬에 완전히 낯설어서다. 문제는, 현재 형태의 플라스틱은 너무 널리 퍼져 있고 분해에 저항성이 너무 강하며 다양한 생명체에 해롭다는 점이다.

대럴 블래츨리Darrell Blatchley는 플라스틱 때문에 죽는 게 어떤 모습인지 아주 잘 안다. 그게 어떤 냄새인지, 어떤 느낌인지도 아주 잘 안다. 환경학자이자 필리핀 다바오 박물관의 학예사인 블래츨리는 사인을 알아내고 교육용으로 뼈를 보존하기 위해 일상적으로 해양 포유류를 부검한다. 2019년 3월의 어느 이른 아침에 '필리핀수산자원국'에서 전화가 걸려왔다. 다바오만에 병든 고래가 한 마리 있다는 것이었다. 지역 주민들이 몸이 한쪽으로 크게 기운 채 피를 토하고 있는 고래를 발견했다. 사람들이 허둥지둥 고래를 구하려고 해보았지만 블래츨리가 도착했을 때 고래는 이미 옆으로 누운 자세로 물에 떠 있었다. 극심하게 마른 몸에 갈빗대가 다 드러나 보였다.

주위 사람들의 도움을 받아 블래츨리와 동료들은 고래를 바다에서 끌어다가 큰 트레일러에 싣고 박물관으로 돌아왔다. 박물관에서 고래를 살펴본 이들은 젊은 수컷 민부리고래라는 것을 알아냈다. 몸길이 약 4.5미터에 몸무게는 약 500킬로그램이었다. 회색 피부에 검은 점이 있었고 머리에 약간 혹이 나 있었으며 턱에는 아직 덜 발달한 두 개의 엄니가 있었다. 민부리고래 종은 윤이 나는 긴 물방울처럼 생겼는데, 이 고래의 몸은 이상하게도 어떤 부분은 움푹 들어가 있고 어떤 부분은 팽창해 있었다. 복부가 너무 부풀어 있고 딱딱해서 블래츨리는 처음에 새끼를 밴 암컷인 줄 알았다고 했다.

고래의 배를 가르자마자, 블래츨리는 뱃속에 든 것을 보고 공포에 질렸다. 단일 동물에서 발견한 것 중 가장 큰 플라스틱 폐기물 덩어리가 있었다. 바나나 농장에서 흘러나온 것 같은 너덜너덜한 노란색 비닐봉지를 꺼내니 뒤이어 검은색 비닐봉지, 그리고 또 다른 노란색 비닐봉지가 나왔다. 블래츨리는 고개를 절레절레 흔들었다. 플라스틱이 계속 나왔다. 일부는 고래 뱃속에서 너무 오랫동안 압축된 나머지 바위처럼 단단한 덩어리가 되어 있었다. 블래츨리는 "분리할 수도 없는 덩어리가 되어 있었다"며 "마치 녹아서 한 데 뭉친 것처럼 보였다"고 말했다. 그는 고래의 몸에서 총 40킬로그램의 플라스틱 폐기물을 꺼냈다. 22킬로그램들이 쌀자루 16개, 바나나 농장 봉지 4개, 식료품 봉지 여러 개, 나일론 밧줄 등이 얽혀 있었다. 이 쓰레기는 고래 무게의 8퍼센트를 차지하고 있었고 위에서 장까지의 통로를 완전히 막아서 고래가 물과 영양분을 섭취할 수 없었을 것이다. 플라스틱을 소화하지 못한 고래의 위산이 플라스틱 대신 위 내막에 구멍을 내놓기도 했다.

민부리고래는 반향을 통해 위치를 알아내 오징어와 물고기를 찾아 먹는다. 그런데 물결처럼 보이는 비닐봉지 등 떠다니는 플라스틱을 먹이로 착각하기 쉽다. 플라스틱을 먹을수록 쇠약해져서 깊은 물 속으로 잠수하는 데 필요한 에너지가 부족해지고, 그러면 수면 가까이에서 먹이를 찾게 되는데, 수면 가까이에서는 떠다니는 플라스틱을 만날 가능성이 더 크다. 2022년 말 현재 블래츨리는 총 75마리의 돌고래와 고래를 부검했는데, 그의 추정으로는 55마리가 플라스틱 때문에 죽은 것으로 보인다.

플라스틱은 다양한 방식으로 생명에 해를 끼치는데, 가장 흔한 두 가지는 섭취와 얽힘이다. 과학자들은 바닷새종의 26퍼센트, 해양 포유류종의 46퍼센트, 알려진 바다거북종 전체 등 340종 이상이 버려진 낚싯줄이나 그물 같은 플라스틱 폐기물에 얽히는 사고를 당한 것을 발견했다. 얽힌 동물은 많은 경우 익사하거나 끔찍한 기형을 겪는다. 플라스틱은 물개의 목을 자르는 교수형 틀이 될 수도 있고 거북이가 8자 모양으로 자라도록 하는 거들이 될 수 있다. 또한 과학자들은 모든 바다거북종, 약 60퍼센트의 고래종과 바닷새종, 바다표범종의 3분의 1 이상, 다양한 물고기종을 포함해, 먹이 사슬 바닥의 동물성플랑크톤부터 상단의 포식자까지 2,200종 이상의 해양 생물이 플라스틱을 섭취했다는 사실을 발견했다. 어떤 동물은 자신의 먹이와 비슷한 냄새가 배어 있어서 플라스틱 잔해에 끌린 것으로 보인다. 바다거북과 바닷새는 크릴새우 같은 갑각류를 섭취하는 경우가 많은데, 이들 갑각류는 플랑크톤과 조류를 먹고, 플랑크톤과 조류는 자극을 받으면 톡 쏘는 냄새가 나는 디메틸황을 방출한다. 바닷새와 바다거북은 먹이를 찾기 위해 그 냄새를 추적하는 법을 진화시켰는데, 플랑크톤과 조류가 뒤덮인 플라스틱이 바다에 떠다니면 이들의 감각을 오도한다.

플라스틱 섭취는 플라스틱에 독성 물질이 첨가되어 있거나 집중된 경우가 많아서 더 문제다. 많은 플라스틱이 물에 녹지 않고 화학적으로 불활성이어서 특별히 유독하지 않지만, 플라스틱의 분자를 구성하는 기본 단위는 독성이 있어서 플라스틱이 분해되면 위험을 일으킨다. 제조업체는 모양과 기능을 강화하고 물질 비용을 줄이기 위해 착색제, 윤활제, 난연제, 항균제, 필러 등을 사용하고, 인장 강도를 높이기 위해 탄소섬유를, 유연성과 내구성을 향상시키기 위해 가소제를 섞는다. 플라스틱 쓰레기는 주변 해수보다 최대 100만 배나 농도가 높은 환경 오염 물질을 농축시킬 수 있다. 2017년에서야 발견된 나노 플라스틱은 부피 대비 표면적 비율이 매우 높아서 특히나 효과적인 독성 물질 스폰지가 된다. 또한 나노 플라스틱은 일반적으로 크기가 적혈구보다 8배나 작은 1마이크론 미만이어서 내장과 신체의 방어선을 통과해 혈관, 뇌, 면역체계에 침투하는 데 탁월하다.

미세 플라스틱 입자와 이것이 운반하는 오염 물질은 사람과 야생동물 모두의 조직에 축적된다. 과학자들은 미국 성인이 평균적으로 매년 9만 4,000~11만 4,000개의 미세 플라스틱 입자를 섭취하고 있다고 추정한다. 이마저도 데이터가 제한적이라 "매우 적게 잡은" 추정치일 것이다. 연구자들은 마리아나 해구의 수면에서 약 10킬로미터 이상 깊은 곳에 사는 심해 갑각류의 내장에도 플라스틱 폐기물에서 나온 독성 첨가물이 놀랄 만큼 많이 축적된 것을 발견했다. 수많은 연구에 따르면, 섭취되어 내장으로 들어간 플라스틱은 먹이 흡수와 번식을 방해하고, 성장을 억제하고, 세포를 손상시키고, 염증을 일으키고, 유전자 발현을 변형시켜 동물성플랑크톤, 홍합, 게, 물고기, 바닷새 등의 건강에 해를 끼친다. 일례로 발트해 주변에서 전형적으로 발견되는 해변 미세 플라스틱 농도와 같은 환경에 농어알을 노출시킨 연구에 따르면, 이곳에서 부화한 유충은 발달이 지연되고 전형적인 포식자 회피 능력을 보이지 못했으며 비정상적으로 빠른 속도로 죽었다.

플라스틱이 해양 생물과 살아 있는 지구 전체에 피해를 끼치는 방식 중 특히 우려스러운 것 하나는 플랑크톤 생태계를 교란하는 것이다. 떠다니는 플라스틱 더미는 광합성을 하는 식물성플랑크톤에 햇빛이 닿는 것을 차단할 수 있고, 그러면 플랑크톤의 신진대사와 재생산이 저해된다. 플라스틱 쓰레기에 붙어 사는 등 플라스틱에 노출된 식물성플랑크톤은 플라스틱의 유독한 원소들을 흡수할 수 있다. 또한 플라스틱에 플랑크톤, 조류, 조개 등이 달라붙어 사는 경우, 너무 무거워져서 가라앉기 시작하고, 그러면 식물성플랑크톤이 빛이 없는 어두운 심해로 들어가게 된다. 한편, 동물성플랑크톤은 독성이 있는 미세 플라스틱을 수시로 먹게 되어 성장과 재생산이 교란된다.

또한 플라스틱은 플랑크톤이 깊은 바다로 탄소를 운반하는 능력을 방해해서 지구의 기온과 기후를 조절하는 생물지질화학적 순환을 훼손한다. 현대의 플라스틱 대부분이 물보다 밀도가 낮기 때문에 플라스틱 쓰레기는 수면을 떠다닌다. 동물성플랑크톤이 플라스틱을 먹으면 배설물이 더 천천히 가라앉고 더 즉각적으로 부서져서 심해로 가는 탄소의 흐름을 줄인다. 한편, 대양저에 계속해서 쌓이는 미세 플라스틱은 바다눈의 으스스한 메아리다. 이것은 알 수 없는 결과를 유발하게 될 전적으로 새로운 탄소 원천을 대양저에 상당량 주입하는 것이나 마찬가지다. 2019년에 국제환경법센터Center for International Environemtal Law, CIEL는 한 보고서에서 "이러한 영향에 대한 연구는 아직 초기 단계이지만, 플라스틱 오염이 지구상의 가장 큰 천연 탄소 저장고를 교란하고 있을지 모른다는 점을 시사하는 결과들은 우리가 긴급하게 진지한 관심과 우려를 가질 필요가 있음을 말해준다"고 언급했다. 대부분의 플라스틱은 화석연료로 만드는데, 화석연료는 플랑크톤과 여타 해양 생명체의 잔해다. 그러니, 미세 플라스틱은 저주의 주문이다. 오래전에 죽은 플랑크톤이 되살아나 착취를 당하고 예전의 집에서 버려진 뒤 결국에는 생태적 사기꾼이 되어 살아 있는 후손을 괴롭히고 지구의 생명 리듬을 교란할 운명이 될 저주를 받은 것이다.

지난 30억 년 동안 지구시스템은 생명이 발생시키는 곤란한 폐기물에 직면해 그것을 해결하고 흡수한 경험이 아주 많다. 그렇다면 이번에도 그럴 수 있지 않을까? 살아 있는 유기체들과 그들이 공유하는 생태계가 인간이 내놓은 플라스틱 쓰나미에 적응할 수도 있지 않을까?

어느 정도는 이미 그렇게 하고 있다. 수천 종까지는 아니더라도 수백 종이 생애의 일부를 바다 표면이나 바로 그 아래를 떠다니면서 보낸다. 이러한 생물들은 플라스틱 쓰레기에 영향을 미치는 동일한 해류의 영향을 받고 종종 바다의 동일한 장소들에 집중된다. 이러한 생명체에게 플라스틱은 문제이기도 하고 기회이기도 하다. 과학자들이 '태평양 거대 쓰레기 지대'에서 뜰채로 물을 떠보았을 때 물고기, 달팽이, 민달팽이, 갑각류, 그리고 기록된 중 가장 깊은 곳에 사는 젤리 같은 생명체 등의 방대한 부유 생태계가 발견되었다. 이들 생명체 중 다수에게는 플라스틱이 물리적 방해물이고 독성 있는 오염 물질이지만, 어떤 것들에게는 구명보트나 집의 역할을 할 수도 있다.

내구성 있는 플라스틱 부유 폐기물이 바다로 대거 유입되면서, 원래 연안에 사는 종들에게는 먼바다에서도 자족적인 공동체를 구성할 수 있는 방대한 서식지가 갑자기 나타난 것과 마찬가지가 되었다. 수 세기 전부터도 과학자들은 살아 있는 생명체들이 때때로 나무, 해초, 물에 뜨는 돌, 기타 떠다니는 물체를 타고 바다를 건너 새로운 영토에 도달하곤 한다는 사실을 알고 있었다. 그런데 플라스틱은 이 항해의 범위와 기간을 극적으로 확장했다. 2011년에 벌어진 동일본대지진과 쓰나미는 이 같은 '뗏목 이동 사건'을 기록상의 최대 규모로 일으켰다. 2011년 대지진 이후 연구자들은 말미잘, 해면동물, 갑각류 등 일본 해안에 사는 수백 종의 생물이 플라스틱 잔해를 타고 태평양을 가로질러 6,000킬로미터 이상 이동했다는 사실을 발견했다. 이 생물 중 다수가 플라스틱에 달라붙어서 수년 동안 바다에서 생존하고 번식하면서 하와이 제도와 북미 서부 해안에까지 당도했다.

떠다니는 플라스틱 더미 위에 사는 미생물은 홀로 떠다니는 미생물에 비해 유리한 점이 있을 수 있다. 더 쉽게 서로를, 그리고 서로의 배설물을 양분으로 취할 수 있기 때문이다. 플라스틱 표면에 발달하는 생물막은 영양가 있는 입자를 가두며, 강한 분자 결합을 깨뜨릴 수 있는 미생물에게는 플라스틱 자체도 영양분이 될 수 있다. 몇몇 연구 결과에 따르면, 지난 70년 동안 수많은 종이 그렇게 하는 쪽으로 진화한 것으로 보인다. 이르게는 1970년대 초부터도 과학자들은 폴리에스테르를 분해할 수 있는 곰팡이와 나일론 분자의 일부 요소를 소화할 수 있는 박테리아를 발견했다. 2020년 현재, 연구자들은 다양한 형태의 플라스틱을 소화할 수 있는 430종 이상의 생물종을 발견했다. 증가하고 있는 '플라스틱 먹는 생물'은 대부분 박테리아나 곰팡이이지만 일부 곤충의 유충도 있다.

2010년대 중반, 미생물학자 코헤이 오다Kohei Oda가 이끄는 일본 연구팀이 오사카의 플라스틱병 재활용장에서 침전물, 토양, 폐수, 활성오니 표본 250개를 채취했다. 모든 샘플은 음료수병에 사용되는 주요 플라스틱인 PET로 완전히 오염된 지역에서 수집했다. 연구팀은 퇴적층 표본 중 하나에서 두 종류의 효소로 PET를 소화해 PET의 하위 분자를 에너지원으로 사용할 수 있는, 이제까지 알려지지 않았던 박테리아종을 확인했다. 그들은 이 신종 박테리아에 이데오넬라 사카이엔시스Ideonella sakainensis라는 이름을 붙였다. 그 이후 다른 연구자들이, 포츠머스 대학교의 구조생물학자 존 맥기헌John McGeehan의 표현을 빌리면, 이 효소의 구조를 일부 조정하고 "끈으로 연결된 두 개의 팩맨처럼" 연결해 효율성을 향상시켰다.

이러한 발견과 진전은 플라스틱 먹는 미생물을 이용해 플라스틱 산업을 혁명적으로 바꿀 가능성에 대해 관심을 촉발시켰다. 프랑스의 생화학 회사 카비오스는 '닫힌 고리closed loop'의 플라스틱 재활용 시스템을 만들고자 하는 스타트업 중 하나다. 기존의 기계적인 재활용은 다 쓴 플라스틱을 부수어서 플레이크로 만든 뒤 녹여서 새로운 제품으로 재주조하는 방식을 사용한다. 대체로 저품질 플라스틱을 만들게 되는 이 공정은 몇 차례 이상 반복할 수 없고, 그다음에는 결국 매립장으로 보내게 된다. 이와 대조적으로 카비오스와 같은 회사들은 미생물 효소가 플라스틱을 기저 분자로 환원하게 한 뒤 고품질의 원플라스틱 수지로 재합성해서 재활용이 무한히 가능하게 만들기 위해 연구하고 있다. 카비오스의 연구자들은 유럽의 과학자들과 협업해서 (그들의 주장으로는) 10시간에 플라스틱병 10만 개 분량의 플레이크를 분해할 수 있는 효소를 만들어냈다고 밝혔다.

카비오스는 이미 펩시, 로레알, 네슬레 등 여러 주요 기업과 파트너십을 맺었고 몇 년 내에 4만 4,000톤 용량의 상업 시설을 열 계획이지만, 효소를 통한 플라스틱 재활용이 현실성 있는 사업이 되려면 몇 가지 장애물을 극복해야 한다. 화석연료에서 원플라스틱 수지를 만드는 것보다 효소로 플라스틱을 재활용하는 것이 에너지가 덜 들고 온실가스 배출량도 더 적을지 모르지만, 비용은 여전히 화석연료로 만드는 쪽이 절반 정도다. 또 PET는 미생물 효소가 분해할 수 있지만 스티로폼EPS, PVC 등 훨씬 더 강한 분자 결합을 가진 다른 플라스틱들은 그렇지 않을 수 있다. 게다가 효소는 종종 매우 까다로워서 최적의 성능을 내려면 특정한 온도와 pH 수준을 정교하게 맞춰주어야 한다. 언젠가는 효소 기반 재활용의 효율성이 높아지고 비용이 낮아져서 플라스틱 폐기물 관리 시스템에서 중요한 도구가 될지도 모르지만,

전문가들은 그러한 미래의 야망이 현재 가능한 일들을 방해하게 두어서는 안 된다고 지적한다. 가령 화학적 방법을 통해 PET를 기저의 분자 요소로 환원하고 재조합하는 방법이 이미 존재한다. 그리고 제조사에 환경세를 물리고 소비자가 재활용품을 가져오면 미리 낸 분담금을 보상해 주는 보증금 제도를 결합해서, 노르웨이, 스웨덴, 핀란드, 독일, 일본 등 유럽과 아시아의 몇몇 국가들은 이미 플라스틱 병의 86~97퍼센트를 재활용하고 있다.

미생물, 균류, 기타 생명체가 이미 플라스틱을 소화하도록 진화했다는 증거들은 우리에게 너무나 유혹적인 사고의 흐름을 촉진한다. 우리의 살아 있는 지구가 플라스틱 오염 문제를 스스로 해결했다고 말이다. 하지만 그렇지 않다. 적어도 인간 사회에 유의미한 시간 단위 안에서는 전혀 그렇지 않다. 지구가 기후를 스스로 다시 안정화하는 데 필요한 시간만큼 우리가 기다릴 수 있는 상황이 전혀 아니듯이, 우리가 엉망으로 만든 것을 지구가 알아서 치워주리라 기대하면서 아무것도 안 하고 있어도 되는 상황 또한 전혀 아니다. 플라스틱을 먹는 효소 중 야생에 존재하는 것은 유전자 조작으로 만든 효소에 비해 플라스틱을 분해하는 속도가 훨씬 느리고, 미생물이 바다나 땅에서 플라스틱을 분해하면 수백만 년간 진화해 온 더 익숙한 분해 과정과 달리 생태계에 꼭 득이 되지 않을 수도 있다. 오히려 근미래에는 플라스틱을 먹는 미생물이 더 많은 나노 플라스틱을 만들어서 유독한 첨가물을 환경에 내놓을지도 모르고 대기 중에 이산화탄소도 더 많이 내놓게 될지 모른다. 정확하게 통제된 환경 안에서라면 유전자 조작 미생물을 플라스틱 쓰레기에 뿌려서 분해를 촉진하는 것이 도움이 될지 모르지만, 이제까지 있었던 수많은 비슷한 실험들에서 알 수 있듯이, 이는 매우 위험할 수도 있다. 1971년 과학소설《뮤턴트 59Mutant 59》에는 전기 절연 장치가 녹고, 컴퓨터 네트워크가 부서지고, 우주선이 폭발하고, 비행기가 날다가 해체되면서, 말 그대로 세상이 무너져 내리기 시작하는 상황이 나온다. 여러 테크놀로지에 들어가 있는 플라스틱들이 문제인 것 같았고, 처음에 사람들은 널리 사용되는 중합체를 의심했다. 하지만 차차로 진실이 드러났다. 플라스틱을 먹도록 조작된 돌연변이 박테리아가 실험실에서 나와 지구의 환경으로 탈출한 것이었다.○

어린 시절 나타퐁 니티-우타이Nattapong Nithi-Uthai에게 플라스틱은 장난감이었다. 진짜 플라스틱 장난감과 피규어뿐 아니라 그것을 만드는 원료 물질까지 말이다. '암Arm'이라는 애칭으로 더 많이 불리는 니티-우타이는 태국 빠따니의 해변 가까이에서 자랐다. 아버지는 라텍스 공장을 운영했고 암은 신기한 형태와 기능에 놀라워하면서 합성고무 쪼가리 같은 중합체들을 가지고 놀았다. 그와 동시에, 그는 바다와 사랑에 빠졌다. "바다의 냄새, 소리, 날씨에 연결되어 있다고 느꼈습니다. 태국에는 두 종류의 사람이 있습니다. 바다를 좋아하는 사람과 산을 좋아

○ 이 소설의 전체 제목은《뮤턴트 59: 플라스틱을 먹는 자Mutant 59: The Plastic-Eaters》이며 저자는 키트 페들러Kit Pedler와 게리 데이비스Gerry Davis다.

하는 사람. 저는 모기 같은 것들이 싫어서 산에는 가지 않았어요. 저는 바다 인간이죠."

1990년대에 방콕에서 학부를 졸업한 암은 미국 오하이오주 클리블랜드로 가서 케이스 웨스턴 리저브 대학교에서 고분자과학으로 박사학위를 받았다. 이곳은 미국에서 독립적인 중합체 과학 학과가 가장 먼저 생긴 곳이다. 30대에 빠따니로 돌아온 그는 풍경의 일부가 기억 속의 모습과 다르다는 것을 알아차렸다. 특히 해변이 그랬다. 그리고 "공부를 하러 떠난 동안 바다와의 연결을 잃었습니다. 돌아와 보니 해변이 온통 쓰레기투성이였어요." 그가 없는 동안 태국에서 '버리는 문화'가 훨씬 심해진 것 같았다. 오염이 그 어느 때보다도 만연해 있었다.

프린스 오브 송클라 대학교의 중합체 및 고무 공학과 강사이자 연구자로서, 암은 버려진 고무와 플라스틱을 가치 있는 것으로 탈바꿈시킬 방법을 알아내는 데 점점 더 관심을 가지기 시작했다. 빠따니의 해변에는 버려진 슬리퍼가 특히 많았다. 암은 슬리퍼가 해변 쓰레기 무게의 10~15퍼센트 가량을 차지한다고 추산했다. 이 슬리퍼들은 대부분 고무로 된 밑창과 플라스틱 끈으로 만들어져 있었고, 플라스틱병과 달리 녹여서 재주조하는 게 불가능했다. 그는 몇몇 학생과 함께 슬리퍼를 작은 조각으로 갈고 압축해서 시트를 만드는 방식을 실험했다. 이 시트를 가지고 바닥 타일이나 운동용 매트 같은 새 물건을 만들려는 것이었다. 성공한 적도 있었지만, 일단 인력이 너무 부족해서 폐슬리퍼 수거량이 너무 적었다.

2015년의 어느 날 암은 페이스북에 올라온 글에서 '쓰레기 영웅Trash Hero'이라는 비영리단체에 대해 알게 되었다. 이곳은 매주 아시아 전역에서 해변을 청소하는 자원봉사 활동을 조직하고 있었다. 암은 곧바로 여기에 기회가 있음을 알아차렸다. 쓰레기 영웅은 3개월이 지나기 전에 암에게 10만 개의 폐슬리퍼를 공급했다. 암은 이것을 집 뒤뜰에 쌓아 보관했는데, 길이가 25미터가 넘고 쌓인 높이가 무려 허리까지 왔다. 처음에 암과 학생들은 이 쓰레기 더미를 시장성 있는 상품으로 만드는 데 매우 고전했다. 헤지고 짝이 안 맞는 것들이 암의 집 뒤뜰에 몇 개월이나 방치되어 있었고 거기에 뱀이 똬리를 틀기 시작했다. 하지만 그해 말경에 이들은 무언가 다른 것을 시도했다. 더 문자 그대로 환생이라고 말할 수 있었다. 낡은 슬리퍼로 완전히 다른 것을 만들려 하기보다 고무 시트를 생산해 새 슬리퍼의 밑창 재료로 사용하는 것이었다. 그들은 이 프로젝트를 '바다의 여정'이라는 태국어를 따서 '틀레존Tlejourn'이라고 불렀다. 현지 언론에 이들의 프로젝트가 보도되었고 한 백화점이 여기에 관심을 보였다. 암은 수백 개의 주문을 받았다.

얼마 지나지 않아 암은 그의 동네에 '쓰레기 영웅' 지부 설립을 도왔고 이곳은 지금도 활동하고 있다. 쓰레기 영웅의 자원봉사자들이 해변 청소를 하면서 암과 동료들에게 폐슬리퍼를 한 무더기씩 가져다준다. 2022년 말에 틀레존은 다양한 종류의 재활용 소재 신발 5만 개를 제조하고 판매했다. 3만 개는 태국의 가장 큰 신발회사 중 하나인 난양과 파트너십을 맺어 제조했고, 나머지 물량은 빠따니에서 멀지 않은 농촌 마을 여성들이 만들었다. 이곳 여성들은 수제 의류와 액세서리를 만드는 솜씨가 뛰어나다. 이러한 협업 덕분에 이들 중 몇몇은 상당히 높아진 소득을 누리고 있다.

"얼마간이라도 물질을 재활용해보면 쓰레기가 자원으로 보이기 시작할 겁니다." 암이 내게 말했다. "우리 이야기는 간단합니다. 낡은 슬리퍼를 가져다 새 생명을 줍니다. 누구라도 이 슬리퍼를 가져갈 수 있습니다. 우리의 제품과 철학은 고객들과 함께 이동합니다. 환경 전체를 생각하면 대양 속의 물 한 방울에 불과하겠지요. 하지만 우리의 일은 단순히 쓰레기를 치우는 것만이 아닙니다. 우리는 사람들이 더 큰 문제를 보도록 돕고, 자신에게 변화를 만들 힘이 있다는 사실을 발견하도록 돕습니다."

현재로서 우리가 플라스틱을 제조하고 처분하는 데 사용하는 시스템은 지구온난화뿐 아니라 지구적 위기 자체와 긴밀하게 연결되어 있다. 화석연료를 추출하고 정제해서 플라스틱을 만드는 과정은 지극히 에너지 집약적이다. 전 세계적으로 플라스틱은 온실가스 배출의 4퍼센트를 차지하는 것으로 추정되는데, 이는 항공 여행보다도 많은 것이다. 1950년대 이후 제조된 플라스틱 누적량 83억 톤 중 75~80퍼센트는 쓰레기가 되었다. 겨우 9퍼센트만 재활용되었는데, 어느 쪽이든 많은 양이 매립지로 갔거나 대양을 오염시켰다. 거주 가능한 지구를 보존하려면 우리가 플라스틱과 맺는 관계가 달라져야 한다.

플라스틱 위기의 해결은 우리가 반드시 필요한 네 가지 임무를 수행할 수 있느냐에 달려 있다. 첫째, 일회용 플라스틱 사용을 대폭 줄인다. 둘째, 재활용 시스템을 개선하고 확장한다. 셋째, 플라스틱 쓰레기가 바다에 들어가지 않게 막는다. 넷째, 이미 들어간 것은 최대한 건져낸다. 이중 넷째가 유독 많은 주목을 받지만, 많은 과학자와 환경주의자들이 이를 비효과적이고 문제가 많은 전략이라고 비판하기도 한다. 해양 오염 전문가들은 '수도꼭지를 잠그는 것'의 중요성을 강조한다. 욕조 물을 틀어놓고 깜빡해서 집에 물이 흘러넘친다면 당신은 무엇부터 하겠는가? 대걸레를 들겠는가, 수도꼭지를 잠그겠는가? 물이 흘러넘치게 만든 원천을 막는 것이 이미 흘러넘친 물을 청소하는 것보다 당연히 먼저일 것이다.

바다에서 쓰레기를 건져내는 활동을 하는 곳 중 가장 유명한 곳이라면 네덜란드 사업가 보얀 슬랫Boyan Slat의 비영리기구 '대양 클린업Ocean Cleanup'을 꼽을 수 있을 것이다. 이곳은 U자형 그물을 두 대의 배에 걸어서 바다로 들어가는 플라스틱 쓰레기를 걸러낸다. 2013년 설립 이래로 과학자들은 비효율적이고 실용성이 없고 탄소를 많이 배출하며 바다의 부유 생물을 위험하게 할 수 있다는 등의 여러 이유로 이를 비판했다. '대양 클린업'은 "2040년까지 대양에 떠다니는 플라스틱의 90퍼센트를 없애는 것"이 목표라고 여러 차례 말했다. 하지만 2022년 현재 대양 클린업이 '태평양 거대 쓰레기 지대'에서 건진 플라스틱은 (이들이 직접 밝힌 바로도) 110톤인데, 이는 이 지대에서 건져야 할 쓰레기의 0.1퍼센트에 불과하다. 해양생물학자 레베카 R. 헬름Rebecca R. Helm은 '대양 항해 연구소Ocean Voyages Institute' 같은 덜 알려진 단체들이 훨씬 더 적은 자금과 단순한 장비로도 몇 배나 많은 플라스틱을 치웠으며, 심지어 더 작은 탄소발자국을 남기고 야생 생물에 위험도 덜 끼쳤다고 지적했다.

©James ST. John

예전의 홈스테이크 금광이자 현재의 샌포드 지하 연구 시설.
사우스다코타주 리드에 있으며 미국에서 가장 깊은 지하에 있는 연구 시설이다.

©Gaëtan Borgonie

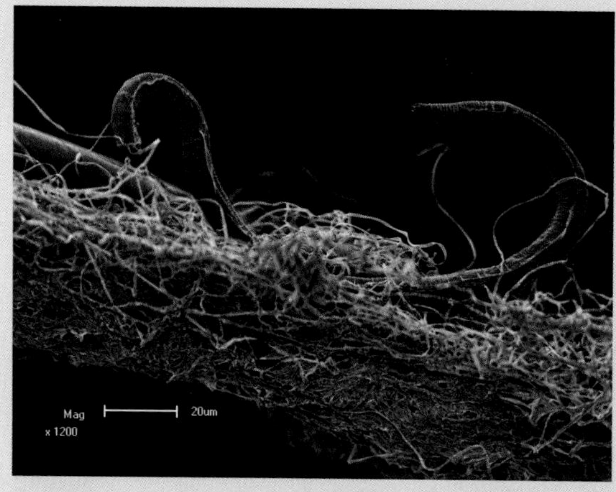

남아프리카 공화국 코파낭 금광의 지하 약 1.4킬로미터 깊이에서 채집한 꼬마 선충.

©Gaëtan Borgonie

남아프리카 공화국 베아트릭스 금광 지하 약 1.6킬로미터 깊이의 종유석 안의 선충.

©Stephen Kenny, Surf

지질학자 막달레나 오즈번이 샌포드 지하 연구 시설에서 작업 중이다.

©Max Wisshak

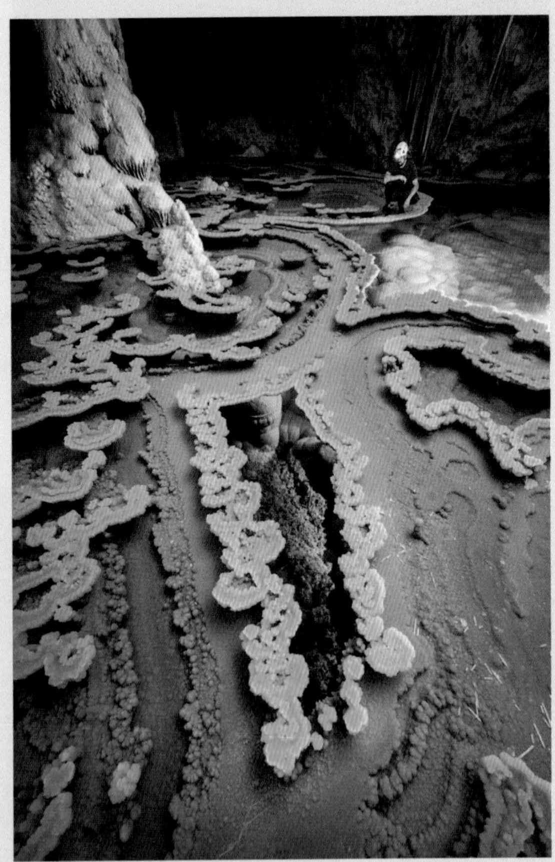

뉴멕시코 레추기야 동굴의 지하 호수. 이곳에서 연구자들은 암석을 토양으로 바꾸고 석회석 동굴을 뚫고 있는 미생물들을 발견했다.

©Nikita and Sergey Zimov

시베리아의 실험적 자연보존지역 '홍적세 공원'의 항공 사진.
풀을 뜯는 동물들이 사는 경계 내 지역과 그렇지 않은 경계 밖 지역이 확연히 다르다.

©Nikita and Sergey Zimov

과학자들이 풀이 있는 지대를 복원하기 위해 홍적세 공원에 들여온 들소들.

©Luke Griswold-Tergis

홍적세 공원을 만든
극지생태학자
세르게이 지모프.

©Luke Griswold-Tergis

세르게이의 아들이자
협업자인
니키타 지모프가
어린 사향소를
붙잡고 있다.

©Roger Finlay

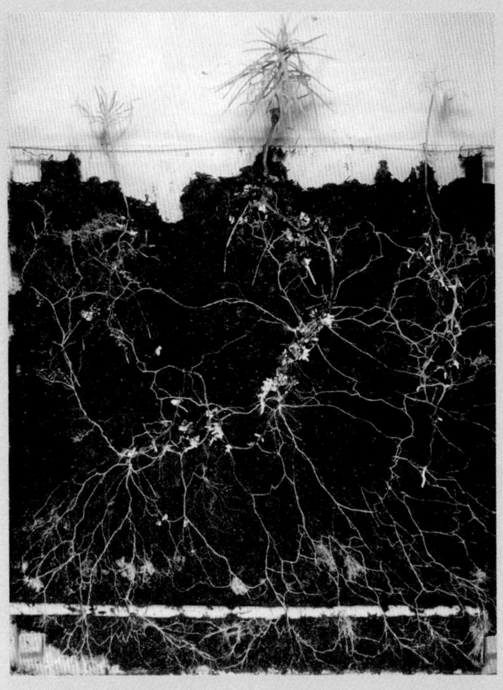

공생하는 뿌리와
균류의 지하 네트워크가
낙엽송과 소나무의
어린 나무들을
서로 연결하고 있다.

©Bo Ren and Jianxin Ma

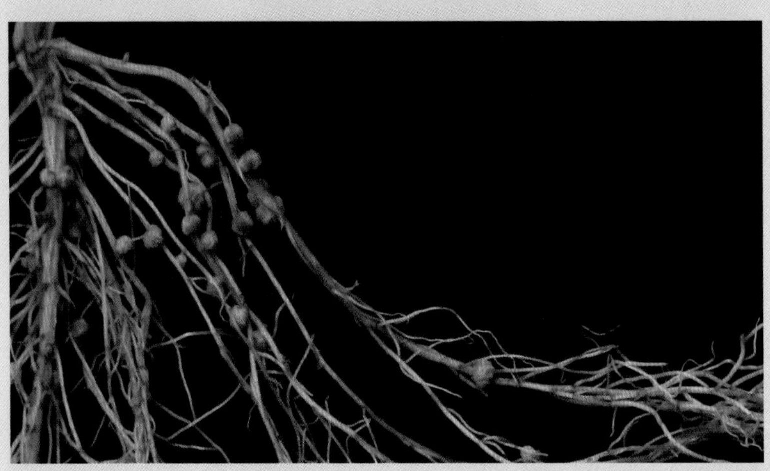

대두 뿌리의 결정에는 질소를 고정하는 박테리아가 있어서
질소 기체를 생물학적으로 유용한 형태로 바꾸어준다.

저자 제공

2020년 8월,
저자의 뒤뜰.
식물이라곤 비쩍 마른
뗏장뿐이고 토양 생태계는
훼손되어 있다.

저자 제공

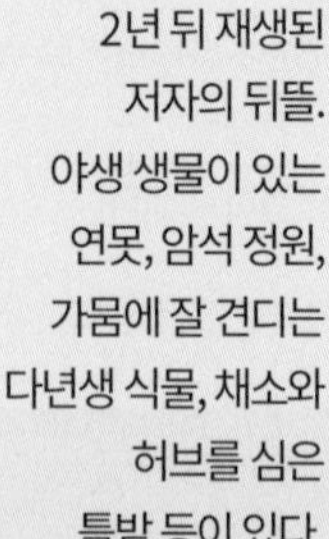

2년 뒤 재생된
저자의 뒤뜰.
야생 생물이 있는
연못, 암석 정원,
가뭄에 잘 견디는
다년생 식물, 채소와
허브를 심은
틀밭 등이 있다.

저자 제공

2022년 여름 중반, 저자의 정원. 암석 정원에 꽃이 만발해 있다.

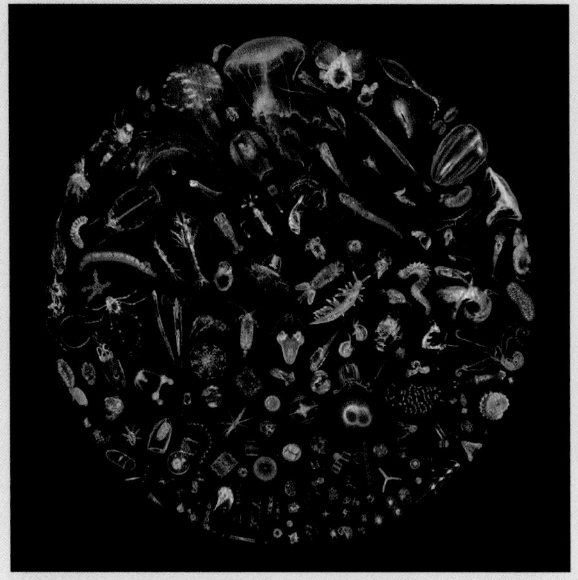

해양을 떠다니는 200종 이상의 생명체를 통칭해 플랑크톤이라고 부른다.
여기에는 단세포 생물인 규조류와 와편모조류부터 각껍질이 있는 작은 동물과 연체동물, 또 상당히 크기가 큰 해파리까지 다양한 생물이 포함되어 있다.

단세포 해양 플랑크톤인 석회비늘편모류. 비늘처럼 겹쳐 있는 석회(탄산칼슘)로 자신을 감싸고 있다.

석회 조각의 고배율 사진. 도버의 화이트 클리프와 같은 일부 석회질 지대는 석회비늘편모류의 잔해들로 만들어져 있다.

독일 자연학자 에른스트 헤켈은 방사충이라고 불리는 플랑크톤의 기하학적 모양에 매료되었고 이를 그린 일러스트를 남겼다.

아래는 르네 비네가 설계한 1900년 파리 세계박람회의 문으로, 헤켈의 방사충 그림에 영감을 받은 작품이다.

©Lian Fang

미국 동부 연안을 따라 북대서양에 퍼져 있는 식물성 플랑크톤의 고해상도 위성 사진.

©Camille Pagniello, 캘리포니아 해양 그랜트California Sea Grant

캘리포니아주 라호야 연안 바다의 켈프 숲.

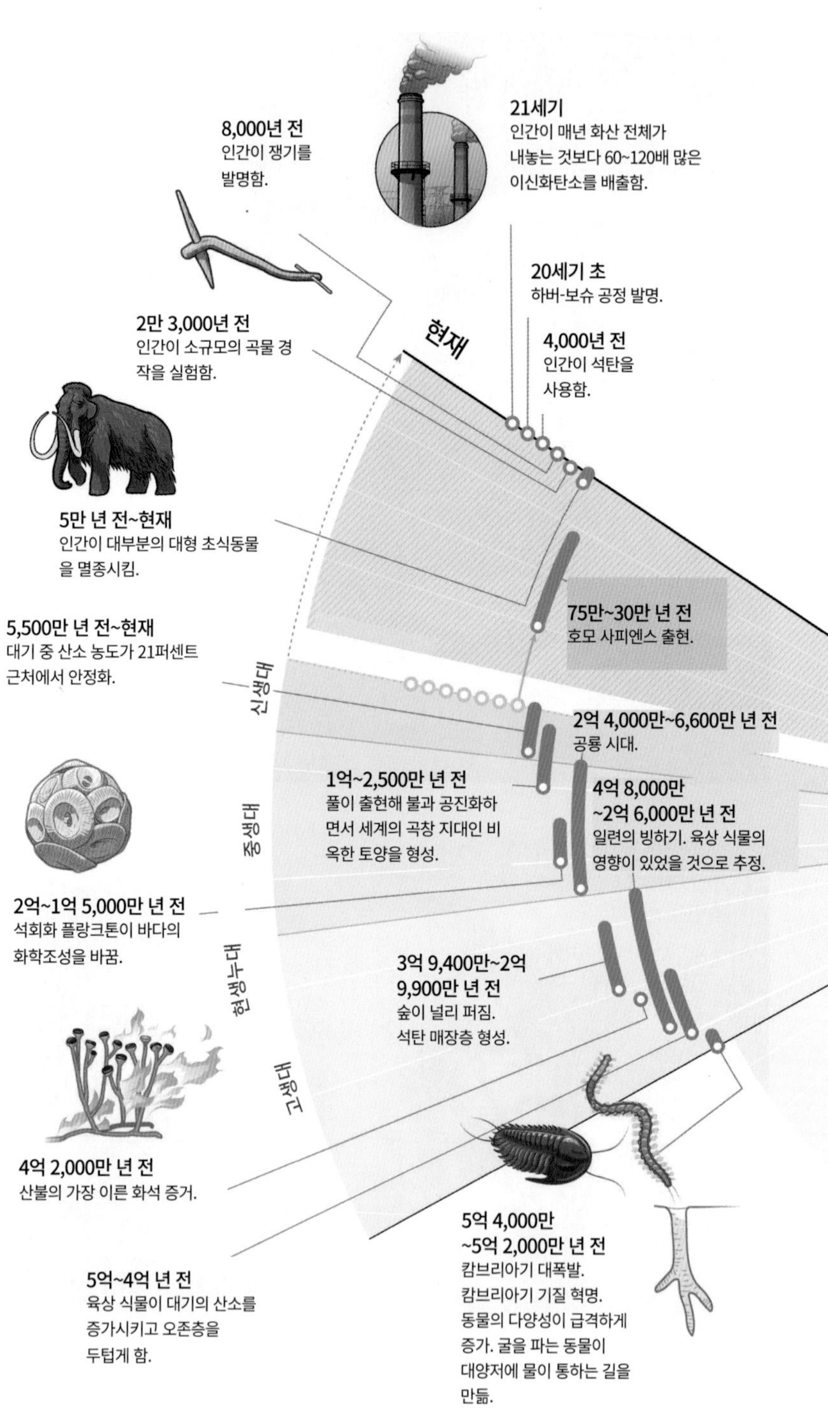

21세기
인간이 매년 화산 전체가 내놓는 것보다 60~120배 많은 이산화탄소를 배출함.
8,000년 전
인간이 쟁기를 발명함.
20세기 초
하버-보슈 공정 발명.
현재
2만 3,000년 전
인간이 소규모의 곡물 경작을 실험함.
4,000년 전
인간이 석탄을 사용함.
5만 년 전~현재
인간이 대부분의 대형 초식동물을 멸종시킴.
75만~30만 년 전
호모 사피엔스 출현.
5,500만 년 전~현재
대기 중 산소 농도가 21퍼센트 근처에서 안정화.
신생대
2억 4,000만~6,600만 년 전
공룡 시대.
1억~2,500만 년 전
풀이 출현해 불과 공진화하면서 세계의 곡창 지대인 비옥한 토양을 형성.
4억 8,000만 ~2억 6,000만 년 전
일련의 빙하기. 육상 식물의 영향이 있었을 것으로 추정.
중생대
2억~1억 5,000만 년 전
석회화 플랑크톤이 바다의 화학조성을 바꿈.
현생누대
3억 9,400만~2억 9,900만 년 전
숲이 널리 퍼짐. 석탄 매장층 형성.
고생대
4억 2,000만 년 전
산불의 가장 이른 화석 증거.
5억 4,000만 ~5억 2,000만 년 전
캄브리아기 대폭발. 캄브리아기 기질 혁명. 동물의 다양성이 급격하게 증가. 굴을 파는 동물이 대양저에 물이 통하는 길을 만듦.
5억~4억 년 전
육상 식물이 대기의 산소를 증가시키고 오존층을 두텁게 함.

살아 있는 지구의 진화

45억 년 전
지구 형성.

44억 년 전
녹은 표면이 식음. 최초의 구름과 비 형성.

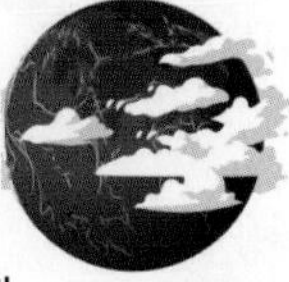

43억~40억 년 전
초기 해양.

42억~35억 년 전
생명의 기원 시점으로 추정.

40억~30억 년 전
대륙 지각 형성. 여기에 미생물의 역할이 있었을 것으로 추정.

34억 8,000만 년 전
미생물 매트인 스트로마톨라이트의 가장 이른 화석 기록.

명왕누대

시생누대

34억~25억 년 전
시아노박테리아가 산소 광합성을 진화시킴.

7억~4억 2,500만 년 전
균류, 이끼류, 이후에는 식물이 육지에 번성하고 물의 순환, 암석의 풍화, 토양의 형성을 가속화.

24억 5,000만 ~22억 5,000만 년 전
대산소화 사건. 시아노박테리아가 대기를 산소화하고 오존층을 형성. 하늘의 색이 파란색으로 변하기 시작.

7억 5,000만 년 ~5억 8,000만 년 전
일련의 눈덩이 지구 사건들이 있었을 것으로 추정.

24억~2억 년 전
전 지구적 빙하기. 부분적으로는 산소의 축적 때문으로 보임.

16억~10억 년 전
식물, 동물, 균류의 분화.

20억~18억 년 전
세포 내 공생을 통해 미토콘드리아와 엽록체의 형성.

원생누대

일러스트: Matthew Twombly and Ferris Jabr

©Alex Cowdell, 캘리포니아 해양 그랜트

캘리포니아주 라구나 해변의 거대 해초들 사이로 헤엄치는 잔점박이물범.

©Sarah-Jeanne Royer

하와이주 카밀로 해변으로 쓸려온 밧줄, 그물, 고기잡이 도구 쓰레기들.

©Sarah-Jeanne Royer

카밀로 해변에 수없이 널려 있는 플라스틱 쓰레기 조각.

©Sachin Patade

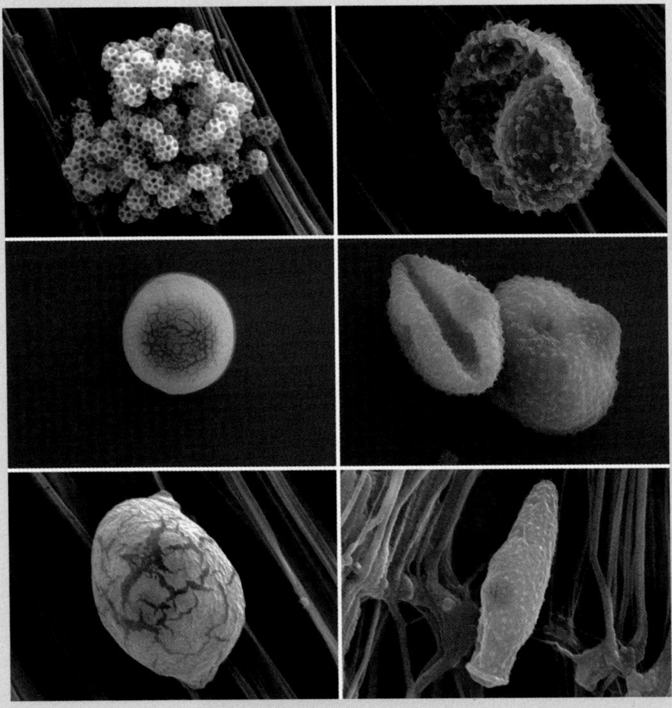

아마존 우림 위의 대기에서 채취한 공기 중의 작은 생물 입자(바이오에어러졸) 여기에는 미생물, 균류의 포자, 벌집 같은 표면의 작은 공 모양을 한 브로코솜 등이 포함되어 있다.

©Sebastian Brill/MPI-C

약 325미터나 솟아 있는
아마존고층관측탑.
남미에서 가장 높은 구조물이다.

아마존고층관측탑에서
작업 중인 에어로졸 과학자
크리스토퍼 푈커.

©Dom Jack, 막스 플랑크 화학 연구소

©Rodrigo Alves

대기과학자 키벨리 바르보자가 남미에서 가장 높은 구조물인
아마존고층관측탑에서 아래를 내려다보고 있다.

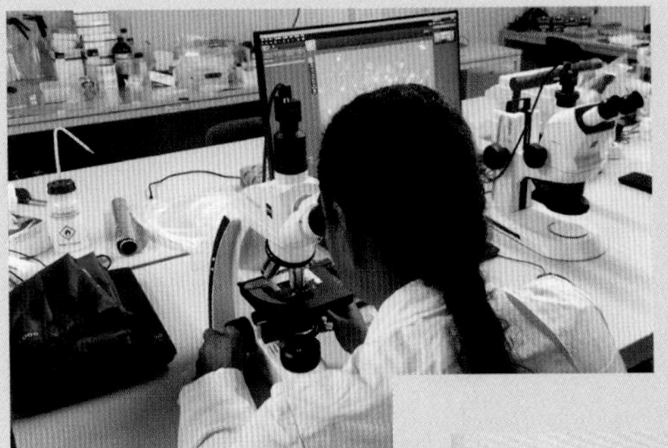

아마존고층관측탑 일대 연구 시설에 있는 클린 랩에서 작업 중인 키벨리 바르보자. 이곳에는 오염에서 보호되어야 하는 생물 표본들이 있다.

©Russ Schnell

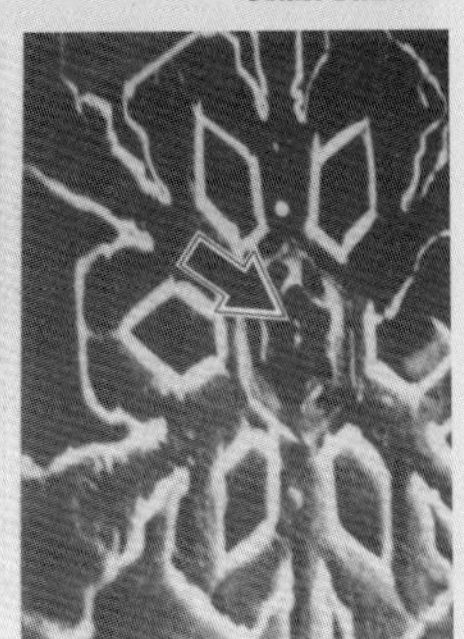

왼쪽: P. 시링가에. 얼음 결정을 만드는 박테리아 중 하나다.

오른쪽: P. 시링가에가 만든 얼음 결정. 화살표가 표시하고 있는 것이 하나의 박테리아다.

©Victor O. Leshyk

4억 700만 년 전, 데본기 초기의 상상도. 현재의 스코틀랜드에 해당하는 지역을 나타낸 것이다. 시아노박테리아와 조류의 매트가 가득한 온천 주위에서 자라는 초기의 육상 식물이 보인다.

©Walter B. Myers

3억 년 전, 석탄기의 상상도. 맹렬한 불이 숲을 태우고 있다. 불은 광합성 생물이 대기를 산소화하기 전에는 발생할 수 없었다.

저자 제공

아이슬란드의 지열 발전소에 있는 지오데식 돔에는 대기중 탄소를 포집해서 깊은 지하로 보내는 시추공이 설치되어 있다.

©Joshua Bauer, NREL

콜로라도주 볼더의 미국 국립재생에너지 연구소NREL 플랫아이언스 단지의 풍력 터빈이 파란 하늘을 배경으로 돌아가고 있다.

바다에서 아무리 플라스틱을 잘 치운들 육지에서 플라스틱 오염 물질이 쓸려 들어오는 것을 막지는 못한다. 관심이 높아지고 있는 전략 하나는 강에서 플라스틱 쓰레기들을 미리 막아서 항구 같은 해변의 집적지에서 제거하는 것이다. 영국의 조선업체 '워터 위치Water Witch'가 설계한 준설장비, 뜰채, 작업선 수백 척이 전 세계의 하천과 항구에서 이제까지 200톤의 해양 쓰레기를 수거했다. 태양과 물로 동력을 얻는 반자동 쓰레기 수거 컨베이어 벨트들이 매년 메릴랜드주 볼티모어 전역의 강과 개울에서 수백 톤의 쓰레기를 건져 올린다. 거대 공벌레처럼 생긴 컨베이어 벨트들은 '미스터 쓰레기 수레바퀴,' '프로페서 쓰레기 수레바퀴', '캡틴 쓰레기 수레바퀴,' '서부의 착한 수레바퀴 그윈다' 등의 이름을 가지고 있다. 이 글을 쓰고 있는 현재, 대양 클린업은 바다에 들어가기 전에 쓰레기를 건지는 장비를 아시아와 아메리카 대륙의 9개 강에 설치했다. 욕조에서 물이 흘러넘치는 집에 비유하자면, 이러한 노력은 넘쳐흐르는 욕조 옆에 스폰지와 양동이를 두어서 바닥에 떨어지는 물을 조금이라도 줄여보려는 것과 비슷하다. 도움이 아예 안 되지야 않겠지만, 문제의 원천을 다루는 것은 아니다.

궁극적으로는 플라스틱 위기를 다루려면 일회용 플라스틱 제조를 극적으로 줄여야 하고 피할 수 없는 쓰레기에 대해서는 훨씬 엄격하게 규제해야 한다. 2020년에 퓨 자선 트러스트Pew Charitable Trusts가 발표한 보고서는 현재 알려진 해법을 널리 적용하면 해양으로 흘러 들어가는 플라스틱 쓰레기의 80퍼센트를 2040년까지 줄일 수 있다고 주장했다. 우선, 일회용 플라스틱에 세금을 물리거나 아예 사용을 금지하면 불필요한 플라스틱 포장을 줄이고 지속 가능한 대안 물질의 개발과 도입을 촉진하게 될 것이므로 도움이 된다. 저소득 국가와 중위소득 국가의 쓰레기 수거 및 폐기 시스템도 개선되어야 한다. 또한 제조업체는 그들이 만든 제품의 라이프 사이클 전체에 대해 책임을 져야 한다.

충분히 빠르다고는 전혀 말할 수 없지만 진전도 있다. 100개 이상의 국가와 미국의 10개 주가 비닐봉지 사용을 금지했다. 캐나다는 2030년까지 '플라스틱 쓰레기 제로' 목표에 도달하기 위해 비닐봉지, 플라스틱 식기, 플라스틱 링 손잡이, 빨대 등 일회용 플라스틱 제품의 제조, 판매, 사용을 (장애 등 의료적 이유로 접근성상의 필요가 있는 경우를 제외하고) 광범위하게 금지하기 위한 절차를 진행하고 있다. 중국, 인도, 유럽연합도 일회용 플라스틱 사용에 대한 대대적인 금지를 점진적으로 시도하고 있다. 2022년에 유엔환경회의UNEA는 플라스틱 오염을 막고 IPCC와 비슷한 과학 정책 패널을 구성하기 위해 법적 구속력이 있는 국제 협정을 체결하기 위한 협상을 2024년까지 시행하기로 했다.

얼마 뒤에는 노르웨이와 르완다 주도로 '고수준 플라스틱 협약 우호국 연합High Ambition Coalition to End Plastic Pollution'이 결성되었다. 2040년까지 "종합적이고 순환적인 접근으로 플라스틱의 전체 라이프 사이클에 걸쳐 긴급하고 효과적인 개입과 조치를 취함으로써" 플라스틱 오염을 없애겠다는 목표 아래 현재 32개국이 참여하고 있다. 마찬가지로, 엘렌 맥아더 재단Ellen MacArthur Foundation과 유엔환경계획UNEP은 "플라스틱이 결코 쓰레기가 되지 않게 하는 플라스틱 순환 경제를 만든다는 공동의 비전을 기치로" 플라스틱 포장재 시장의 20퍼센트 이상을 차지하는 1,000여 개의 기업, 정부, 단체들을 동참시켰다.

제임스 러브록과 린 마굴리스가 가이아 가설을 발달시키던 1960년대와 1970년대에 몇몇 경제학자들이 생태경제학의 토대가 될 저술을 내놓았다. 생태경제학은 인간의 경제를 살아 있는 지구의 하위 시스템으로서 연구하는 통합학제적 학문 분야다. 이와 동시에, 여러 다른 분야의 연구자들도 '순환 경제'라는 옛 개념을 새로이 정식화했다. 나눠 쓰고 빌려 쓰고 다시 쓰고 수리하고 리폼하고 재활용해 물질과 제품의 수명을 최대한 늘림으로써 통상적인 선형 경제를 구부려 순환형의 '닫힌 고리' 경제로 만드는 것이다.

더 최근에는 케이트 레이워스Kate Raworth 같은 경제학자들이 현대 지구시스템과학과 '지구적 한계'라는 개념을 경제학적 이론틀에 통합했다. 지구적 한계란 지구시스템이 위험할 정도로 불안정해지기 전까지 견딜 수 있는 교란의 한계선을 말한다. 가령 오존층을 고갈시키거나 해양을 산성화시켜서 이 한계선을 넘으면 지구에 인간 문명이 존재하는 것 자체가 위협에 처하게 된다. 레이워스는 이후에 쓴 저술에서 '도넛 경제학' 개념을 제시했다. 인류가 인간의 기본적인 권리와 필요가 충족되는 안쪽 고리와 생태적 한계선을 의미하는 바깥쪽 고리 사이의 안전한 공간을 벗어나지 말아야 한다는 것이다. 레이워스는 2018년에 지난 200년간의 '선형' 산업 경제 시스템이 근본적인 오류였다고 언급했다. "생명의 주춧돌을 지속적으로 재순환시킴으로써 번성하는 살아 있는 세계와 정통으로 상충하기 때문"이다. 레이워스는 우리가 "생명이 서로 주고받는 과정, 죽음과 재생의 과정, 그 안에서 한 생명의 폐기물이 다른 생명의 양분이 되는 순환의 과정을 탐구하고 모방할 수 있다"고 말했다.

생태학적 관점에서는 한 개체의 죽음이나 해체가 결말이 아니라 전환이고 상실이 아니라 기회다. 바위든 잎이든 고래든 고무 슬리퍼든, 지질학으로 생겼든 진화로 생겼든 공학으로 생겼든, 존재하는 모든 생명체와 물체는 라이프 사이클을 갖는다. 우리의 생이 너무 짧거나 우리의 시야가 너무 좁아서 보지 못할 뿐이다. 우리가 해결해야 할 문제는 이 세계에 우리가 들여온 모든 물질이 현 시스템 안에서 재순환되게 할 방법을 찾거나 모든 물질이 제 위치를 가질 수 있는 새로운 시스템을 만들어 내는 것이다. 비닐봉지나 플라스틱병을 하나 더 제조하기 전에, 그것이 심해의 산호를 질식시키고, 잘게 쪼개져 수백만 개의 가짜 플랑크톤이 되고, 암석 기록에 새로운 층을 만들게 될 가능성을 진지하게 고려해야 한다. 신발 한 짝을 더 만들기 전에 그것이 남길 모든 발자국을 생각해 보아야 한다. 이후 몇 년만이 아니라 지구의 물길과 지층을 따라 우리가 지구라고 부르는 생명체의 모든 미래 시대에 남기게 될 모든 발자국을 말이다.

2001년에 야생생물학자 빌 길마틴Bill Gilmartin은 하와이몽크물범이 카밀로 해변에서 새끼를 낳았다는 소식을 접했다. 멸종위기종인 하와이몽크물범이 빅아일랜드에서 새끼를 낳은 것은 매우 오랜만의 일이었다. 그보다 몇 년 전에 길마틴은 하와이의 토착종을 보호하기 위한 비영리단체 하와이 야생생물기금Hawaii

Wildlife Fund을 공동 창립했다. 소식을 들은 그는 스바루 포레스터 차량을 몰고 용암석으로 울퉁불퉁한 비포장도로를 달려 최대한 가까이 간 뒤, 차가 들어갈 수 없는 마지막 1.5킬로미터 정도를 걸어서 카밀로 해변에 도착했다. 부서지는 파도 옆에서 태어난 지 며칠밖에 안 된 새끼를 돌보고 있는 하와이몽크물범이 보였다. 길마틴은 밀물이 최대로 들어왔을 때의 해안선보다 높은 곳에 있는 모든 것이 "그물과 플라스틱이 뒤엉킨 덩어리"였다고 회상했다. 쓰레기가 허리 높이까지 쌓여 있는 곳도 있었다.

이후 길마틴은 한두 달 동안 카밀로를 자주 다시 찾았고, 때로는 하와이 대학교의 학생들과 함께 왔다. 이들은 캠프를 설치하고 관광객들이 물범을 방해하지 못하게 하면서 물범을 관찰했다. 2003년에 그는 하와이주 정부에서 해변 청소 작업을 위해 1만 달러의 지원금을 받았다. 길마틴과 70명 정도의 하와이 야생생물기금 자원봉사자들은 덤프트럭과 트랙터를 끌고 와서 이틀 동안 해변 쓰레기 50톤을 치웠다. 그 후 길마틴과 동료들은 정기적으로 카밀로 해변 청소 프로그램을 운영하고 있다.

7월의 어느 날 이른 아침에 나는 파트너 라이언과 함께 차를 몰고 빅아일랜드의 동쪽 해변에 있는 힐로를 출발해 남단의 나알레후라는 작은 마을로 가서 하와이 야생생물기금의 회원 몇 명을 만났다. 베벌리 실바Beverly Sylva는 어망 정찰 전문가이고 전기기사이며 평생 해변 청소를 해왔다. 조디 로삼Jodie Rosam은 생태학자이고 현지조사 전문가다. 로삼의 다섯 살짜리 아들 라단도 있었다. 우리는 다목적 차량에 올라 비포장길을 털털거리며 달려서 저지대의 마른 숲을 지나 바다 쪽으로 향했다. 가는 길에 보니 지친 여행자들이 쉬어 가는 용도로 오랫동안 사용되었던 동굴들이 보였고 하와이 원주민이 수세대에 걸쳐 형성했던 고대의 길도 보였으며 용암석을 조심스럽게 쌓아 만든 19세기 소 목장의 울타리도 보였다. 40분 정도 달려 해변이 가까워지자 매우 다른 종류의 인공물이 보이기 시작했다. 짙은 색의 흙을 배경으로 빨갛고 노랗고 청록색을 한 플라스틱 그물과 밧줄 쓰레기가 온 사방에 널려 있었다.

우리는 근처에 차를 세우고 나우파카 카하카이naupaka kahakai ('해변 양배추'라고도 불리는 식물) 뭉치들 사이의 틈을 따라 카밀로 해변으로 들어갔다. 놀랍게도 언뜻 보기에는 평범해 보였다. 모래사장이 펼쳐져 있었고 용암석이 있었으며 뗏목이 떠다니고 있었다. 동영상과 사진으로 본, 쓰레기가 산을 이룬 몇십 년 전의 충격적인 모습과 달리 이제는 해변이 비교적 깨끗해 보였다. 2023년 초 현재, 자원봉사자 수백 명의 끈질긴 노력으로 하와이 야생생물기금은 카밀로 해변에서 320톤의 쓰레기를 치웠다. 길 마틴은 이제 이곳 해변에서 수거되는 쓰레기의 양이 20세기 말 최고조였을 때만큼으로 돌아가지는 않을 것이라고 했다. 그렇더라도 매년 15~20톤의 쓰레기가 이 해변으로 계속해서 쓸려온다. 자주 치워주지 않으면 금세 플라스틱 쓰레기와 그 밖의 쓰레기가 다시 두텁게 쌓일 것이다.

오늘날 카밀로에서 눈으로 볼 수 있는 오염 물질의 양이 어느 정도인지는 대체로 해류의 움직임에 달려 있다. 라이언과 내가 갔을 때는 열대 폭풍이 지나간 직후였다. 돌아다닌 지 몇 분밖에 안 되었는데도, 카밀로의 상황이 전반적으로는 나아졌지만 모래 위에 있거나 모래 아래에 파묻혀 있는 쓰레기가 상당하다는 것을 명백하게 알 수 있었다. 시야에 들어오는 곳 거의 모두에서 작은 플라스틱 조각들이 돌, 나무, 조개 등과 뒤섞여 있는 것이 보였다. 모래를 파보니 쓰레기가 더 많았다. 걸어서 해변을 오르락내리락하면서 밧줄, 그물, 부표, 깔대기처럼 생긴 먹장어 잡는 통발, 한때는 접착제나 케첩이나 샴푸가 담겨 있었던 플라스틱 통, 플라스틱 식기, 양동이, 가스통, 아마도 아이스박스나 여행가방에서 떨어져 나왔을 작은 바퀴, 따개비들이 잔뜩 붙은 부서진 노란 스티로폼, 물놀이용 오리발과 통굽 신발, 파란 찍찍이 단추와 〈토이 스토리〉 캐릭터들이 돋을 새김으로 그려진 어린이용 샌들 등을 보았다. 한번은 라이언이 내게 잔챙이 감자만 한 크기의 현무암 조각을 건네주었다. 우유빛 터키석 색의 줄무늬가 있고 조개와 산호 조각들이 박혀 있었다. 플라스티글로머레이트였다. 멀지 않은 곳에서 플라스티글로머레이트를 더 발견할 수 있었다. 무정형의 녹인 설탕 덩어리 같은 것도 있었고, 녹은 크레파스에 모래와 자갈이 들러붙은 듯한 것도 있었고, 피냐타[piñata, 장난감과 사탕이 든, 종이, 헝겊, 도기 등으로 만든 통]가 내용물과 함께 뭉개진 것 같은 모양을 한 것도 있었다.

실바는 페이즐리 문양의 짧은 바지와 갈색 등산 부츠, 챙이 넓은 모자 차림으로 해변을 위아래로 돌아다니다가, 모래에 파묻힌 두꺼운 밧줄을 끄집어올려 어깨에 걸쳤다. 로삼은 야광 초록 티셔츠를 입어 번쩍번쩍하는 채로, 용암석 바위를 디딤돌 삼아 올라서서 바닷물 속에서 까딱거리는 욕조 하나와 몇 개의 컨테이너 용기를 건졌다. 실바와 로삼은 카밀로에서 몇 년 동안 아주 다양한 쓰레기를 발견했다. 자동차 부품, 냉장고, 냉동고, 변기 덮개, 눈길용 타이어, 석유 드럼통, 형광등, 마우이에서 열린 모금 행사에서 샴페인 병에 담아 바다에 띄워 보낸 메시지도 있었다.

하와이 야생생물기금 회원들은 해변 청소가 플라스틱 위기의 원천을 다루는 것이 아님을, 즉 자신들이 수도꼭지를 잠그는 중이 아니라는 사실을 잘 알고 있다. 전 세계의 해변 청소 활동에서 수거되는 쓰레기 대부분은 매립장으로 가거나 소각장에서 태워져 에너지를 낸다. 하지만 해변 청소는 또 다른 면에서 유의미한 활동이다. 해변으로 온 쓰레기들이 바다로 쓸려가는 것을 막아서 야생 생물이 처하는 위험을 줄이는 것이다. 또한 해변 청소 자원봉사는 사람들이 세상을 바라보는 방식과 그 세상 안에서 살아가는 방식에 변화를 가져오기도 한다. "이것이 해답이 아니라는 것은 압니다. 하지만 해법의 일부이긴 하죠." 실바가 말했다. 실바는 바다를 깊이 사랑하는 하와이와 포르투갈계 집안에서 태어나 오아후 해변가의 집에서 자랐다. "우리가 사람들을 여기로 데려오면 다들 놀라고 마음 아파합니다. 그리고 다음에 올 때 비닐을 가져 와서 알아서 해변을 청소합니다. 우리는 사람들이 쓰레기를 주워놓은 2킬로그램, 4킬로그램, 어떨 때는 무려 22킬로그램 짜리 봉지를 자주 봅니다. 사람들이 쓰레기를 주워서 가져다 놓은 것이죠. 우리가 여기 온다는 것을 아니까요. 해변을 깨끗하게 유지하면, 캠핑을 온 사람들이 이를 존중하고 자신들이 해변을 떠날 때도 똑같이 깨끗하게 해두고 떠납니다."

실바는 카밀로와 근처 해안에서 플라스틱뿐 아니라 온갖 종류의 야생동물도 만났다. 올빼미, 바닷새, 바다표범, 고래, 그리고 100살이 넘었을 것으로 추정되는 커다란 매부리바다거북도 보았다. 선박, 어업 장비, 해양 오염 등으로 다치거나 죽은 동물도 때때로 발견했다. 프로펠러 때문에 등껍질에 크게 금이 간 거북이도 있었고 어린 향유고래가 죽어 있는 것을 발견하기도 했다.

실바는 하와이 야생생물기금과 자연보호협회Nature Conservancy에서 일하는 친구 노헤알라니 카아와Nohealani Ka'awa에게 들은 이야기를 내게 해주었다. 2021년 가을에 한 어민이 암컷 돌고래 한 마리가 죽어서 카밀로에서 남쪽으로 2~3킬로미터 떨어진 하와이 최남단의 해변에 쓸려온 것을 발견했다. 낚싯줄에 휘감겼는데 꼬리를 쳐서 벗어나려 할 때마다 점점 더 물 밑으로 가라앉아 익사한 것이었다. 조사를 마친 미국해양대기청은 돌고래를 화장하고서, 카밀로 일대에서 나고 자랐으며 지역 공동체의 하와이 전통문화 수행자로도 잘 알려진 카아와에게 이를 알려주었다. 카아와는 식구들과 함께 돌고래의 재를 돌고래가 죽었던 곳으로 가지고 왔다. 그곳에서 띠처럼 생긴 제의용 복식인 '키헤이'를 입고 소라고둥 껍질인 '푸'를 불어 깊은 대양의 신 카날로아를 불렀다. 그리고 맨발로 바다에 들어가 재를 뿌렸다. 잠시 후 돌아갈 준비를 하던 카아와는 얼굴 모양 구름의 형태로 나타난 영혼의 신호 '호아일로나'를 보았다. 카아와는 그것을 사진으로 찍어 나중에 실바에게 보여주었다. 구름의 모양은 못 알아볼 수가 없게 분명했다. 둥근 머리가 앞쪽으로 점점 가늘어지면서 살짝 갈라진 입술을 한 주둥이 모양이 뚜렷하게 보였다. 하늘나라에서 돌고래가 내려다보고 있었다.

3부
대기

7장 숨의 기포

그 탑이 아찔하게 높으리라는 건 알고 있었다. 멀리서 잡은 사진에서 마치 바늘처럼 서 있는 어질어질한 자태를 본 적도 있었고, 드론이 전체 높이를 죽 따라 올라가면서 찍은 영상도 본 적이 있었다. 하지만 탑의 발치에 서서 까마득한 금속 골조를 올려다보면서 꼭대기에 올라가야 한다는 생각에 직면한 순간, 괜히 왔나 싶기 시작했다.

브라질 북부 아마존 우림의 비교적 원시림인 지역 깊숙이 위치한 이 탑은 연구 시설의 일부이고, 이름은 참으로 적절하게도 '아마존고층관측탑Amazon Tall Tower Observatory, ATTO'이다. 이 구조물과 키가 더 작은 형제 구조물들에 장착된 과학 장비들이 서로 다른 높이에서 대기 중의 입자와 기체를 지속적으로 수집한다. 우림이 국지적 생태계와 전 지구적 기후 모두에 어떻게 영향을 미치는지 연구하기 위해 전 세계의 연구자들이 이곳을 찾는다.

내가 올려다보고 있었던 제일 높은 탑은 남미에서 가장 높은 구조물로, 하늘로 약 325미터나 솟아 있다. 에펠탑 높이와 비슷하다. 긴 사각형의 철제 프레임이 오렌지색과 흰색으로 번갈아 칠해져 있어서 거대한 안전콘 같아 보였지만, 거기에 올라가야 한다는 생각을 했을 때 **안전**은 내 머리에 떠오른 단어가 아니었다.

그곳을 오르려면 짧은 케이블로 난간에 몸을 연결한 채 간격이 넓어 커다란 빈틈이 숭숭 나 있는 1,500개의 좁은 계단을 걸어서 올라가야 할 터였다. 케이블로 묶여 있을 것이니 떨어져 죽지야 않겠지만, 발을 헛디뎌 수많은 빈틈 중 하나에 빠지면 다리가 부러질 수도 있다고 했다. 처음 오르는 사람이 너무 무서워서 끝까지 가지 못하고 중도 포기하는 경우가 왕왕 있다는 말도 들었다. 그런데 중도 포기조차 쉬운 일이 아니어서, 그가 안전하게 땅으로 내려오게 하려면 복잡한 과정이 벌어져야 한다. 나와 동행할 과학자들은 내게 고소공포증이 있느냐고 여러 번 물었다. 이제까지 절벽이나 높은 산, 고층 건물 베란다 등에서 별문제가 없었기 때문에 나는 없다고 대답했다. 그러면 그들은 꼭 다시 물었다. "아, 좋네요. 그런데 확실한가요?"

사실, 완전히 확실하지는 않았다. 이 탑은 미완성 구조물처럼 보였다. 사람이 사용할 수 있는 상태로 마감이 다 된 건물이라기보다는 아찔한 모습을 전혀 가리지 못한 채, 철골로 된 뼈대와 계단만 있는 그런 구조물 말이다. 만약 절반쯤 올라갔는데 그제야 내 뇌가 이게 얼마나 어이없고 위험한 상황인지를 갑자기 인지하게 되면 어쩌나 걱정이 되었다. 잠깐 용기보다 호기심이 앞섰던 고양이 신세가 되어 패닉 상태로 난간을 부여잡고 오도 가도 못하게 되면 어쩐담? 하지만 나는 시도도 안 해보고 포기하려고 아마존까지 온 것이 아니었다. 탑의 정상에 도달하면 나무와 구름의 중간 지점에 있게 될 것이었고, 나는 그 둘 사이의 관계를 알아보러 여기에 온 참이었다. 나는 아마존이 스스로에게 내릴 비를 만들어내는 것을 보러 여기에 와 있었다.

아마존의 우기가 거의 끝나가는 4월의 고맙게도 맑은 어느 날 아침, 나는 탑의 발치 근처에 있는 컨테이너에서 일군의 과학자들을 만났다. 우리는 D형 카라비너와 로프가 달린 등반 장구를 착용하고 오렌지색 안전모를 썼다. 기본적으로 각자 자기 구명줄을 가지고 올라가는 방식이었다. 굵은 케이블로 각자가 입은 등반 장구를 바퀴가 네 개 달린 트롤리에 연결하면, 계단을 올라가는 내내 각자의 트롤리가 나선형 레일을 따라 옆에서 함께 올라가게 되어 있었다. 마나우스에서 일하는 기술자이며 헝클어진 금발 머리를 한 시프쿠 불투이스Sipko Bulthuis가 앞장섰고, '막스 플랑크 화학 연구소Max Planck Institute for Chemistry'의 대기화학자이며 몽환적인 파란 눈에 잘 다듬은 턱수염을 한 우베 쿤Uwe Kuhn이 그 뒤를 따랐다. 그다음이 나였다. 나는 내 트롤리를 레일로 살짝 밀고서, 한 손으로는 난간을 꽉 붙잡고 다른 손으로는 트롤리를 밀면서 첫 몇 발짝을 떼었다. 쿤의 동료이고 큰 키와 둥근 얼굴에 부드러운 말씨를 가진 크리스토퍼 푈커Christopher Pöhlker가 내 뒤에서 출발했다.

뜻밖에도 등반은 곧바로, 그리고 올라가는 내내 짜릿했다. 스릴과 경이로움이 두려움을 쉽게 압도했다. 우리는 10분 만에 지상에서 약 30미터 높이에 도달했다. 나무 꼭대기 높이 정도 되었고, 이 높이에서는 머리에 노란 꽃이 핀 구아야칸나무, 수평에 가까운 케이폭나무의 가지 등 개별 나무의 특징을 아직 알아볼 수 있었다. 짖는원숭이의 데스 메탈 같은 비명소리와 금강앵무의 꽥꽥 우짖는 소리가 공중에 울렸다. 머리 위의 하늘은 멀리 흰 구름이 조금 보일 뿐 파랗고 쨍했다.

탑의 절반 높이인 약 160미터 지점에 도달하자 전망이 상당히 달라졌다. 더 이상 개별 나무의 위용은 분간할 수 없었다. 대신, 회색과 녹색의 광대한 매트가 사방으로 지평선까지 뻗어 있었다. 이 높이에서 보니 각각의 나무가 지구 표면을 덮고 있는 살아 있는 거대한 네트워크의 일부라는 것이 더할 나위 없이 확실하게 이해가 되었다. 우리가 올라가는 동안, 나무들은 토양 속의 보이지 않는 대양을 뿌리부터 줄기와 세포조직으로 끌어올리고 있었다. 그리고 나무가 빨아들였지만 사용하지 않은 물은 태양이 나뭇잎을 통해 대기 중으로 빨아들였고, 차차로 이 수증기가 숲에서 나오는 먼지, 미생물, 유기물질 찌꺼기와 함께 응결되어 눈에 보이는 구름이 형성되었다. 이제 솜 뭉치 같은 구름의 그림자가 호수처럼 숲의 머리 위에 드리웠다. 나무가 구름 속에 있고 구름이 나무 속에 있다는 사실을 말하려는 것 같았다. 숲과 하늘이 동일한 고대의 합창 속에 존재하는 쌍둥이 악절이라는 사실을 말이다.

오르기 시작한 지 한 시간쯤 지나서 계단의 마지막 단에 도착했다. 이 층은 참새 똥이 가득 덮여 있었는데, 말라서 재처럼 바스러진 상태였다.° 마지막 계단 몇 개를 오르기 전에는 트롤리를 계단 쪽 레일에서 분리해 관측대에 있는 다른 레일로 밀어야 했다. 그러는 동안에도 우리의 몸은 또 다른 D형 카라비너로 탑에 잘 연결되어 있었다. "항상 연결되어 있어야 합니다." 불투이스가 트롤리를 떼어서 미는 법을 설명하면서 말했다. "*Sempre tem que estar conectado*['항상 연결되어 있어야 합니다'의 포르투갈어]."

필요한 조정을 하고서, 탑의 맨 꼭대기에 있는 플랫폼에 발을 디뎠다. 이 플랫폼은 X자 모양의 패널로만 둘러싸여 있었고 패

° 날개가 없는 야생동물도 이 탑의 꼭대기에 오곤 한다. 무려 뱀도 발견되었는데, 기둥 지지용 줄을 타고 올라온 것으로 보인다.

널 프레임의 틈은 성인의 상체가 통과하고도 남을 만큼 컸다. 탑 등반 전체에서 가장 무서운 순간일 줄 알았는데, 의외로 이곳에서도 굉장히 안전하게 느껴졌다. 태양의 열기는 더 강렬했고 때때로 바람도 세게 불었지만, 탑은 끄떡없이 견고했다.

발아래로 끊임없이 광대하게 펼쳐진 우림을 보는 것은 우림 속을 걸어서 탐험하는 것과는 아주 다른 경험이었다. 땅 위에서 우림 속을 돌아다녔을 때는 눈길 닿는 모든 곳에 보이는 생명의 아름다움과 무성함에 압도되었고, 하나하나 자세히 볼 수도 있었다. 가지마다 송골송골 돋아 있는 양치식물과 브로멜리아드의 잎도, 이끼들이 펼치는 화려한 양탄자 같은 문양도, 파란 모르포나비의 감질나는 날갯짓과 가늘지만 꼿꼿한 가지에 하얗게 피어 있는 수정난풀의 섬세한 꽃도, 모두 바로 옆에서 볼 수 있었다. 그런데 300미터 상공에서는 개체라는 개념이 흐릿하게 사라지기 시작했다. 여기에서 보니 숲이 자체적인 '생태계'나 '장소'보다는 이제야 내가 진정한 규모를 깨닫기 시작한, 훨씬 더 큰 무언가의 피부나 털처럼 보였다. 현미경 슬라이드 위의 물방울 연못에 갇혀 한 가닥의 조류를 정글인 줄 알고 있다가 밖으로 나와 현미경 렌즈 뒤의 눈으로 현실을 본 것처럼 말이다.

우리는 환경이 생명의 진화를 관장하며 다양한 형태의 생명을 창조한다고 보는 관점에 너무 익숙해져 있다. 이러한 통념에 따르면, 우림처럼 생물 다양성이 높은 지역은 우호적인 환경의 결과로 발생한 것이다. 하지만 탑의 꼭대기에서 볼 수 있었던 거의 모든 것이 적어도 어느 정도는 생명에 의해 창조된 것이었고, 이 사실을 나는 이제야 깨닫고 있었다. 5억 년 전에 식물과 균류가 나타나 널리 퍼지면서 지구 육지의 표면을 바꾸어주지 않았다면 아마존에 존재하는 우리가 아는 수만 종과 아직 알려지지 않은 수많은 종 모두 존재할 수 없었을 것이다. 또한 그보다 수십억 년 앞서서 단세포 미생물이 해양과 대기에 대대적인 변화를 일으키지 않았다면 복잡한 생명이 진화하지 못했을 것이고 생명이 바다에서 육지로 올라오는 것은 더더욱 불가능했을 것이다. 나무들이 자라는 발아래의 토양, 세찬 비가 되어 떨어지기 직전인 무거운 비구름, 하늘의 색, 그리고 대기 자체까지, 생명 없이는 이 모두가 존재할 수 없었다.

지구의 영아기 시절에 있었던 중요한 사건을 꼽자면 안정적인 대기의 형성을 들 수 있다. 충분한 대기압이 없었다면 지구 표면의 모든 액체는 금세 우주로 날아갔을 것이다. 어린 지구가 표면에 물을 계속 붙잡아두고 있지 못했다면 우리가 아는 대로의 생명은 존재할 수 없었을 것이다. 그런데 역으로, 생명이 없었더라면 지구에 액체 상태의 물이 존재하지 못했으리라는 것 또한 사실이다. 오늘날 우리 행성이 가지고 있는 독특한 특징은 물이 존재한다는 사실만이 아니라 물의 세 가지 가능한 상태(증기, 액체, 얼음)가 모두 동시에 존재하며 물이 대기와 바다와 땅 사이를 계속해서 움직인다는 사실이다. 오랜 시간에 걸쳐 생명은 이 흐름을 가능케 하는 물리적 작용과 뗄 수 없이 긴밀하게 결합되었다.

생명과 대기를 연결하는 숨겨진 끈은 어려서부터 내내 러스 슈넬Russ Schnell을 매료했다. 캐나다 앨버타주의 시골에서 자란 슈넬은 여름마다 번개와 우박과 폭우를 보았다. 그는 폭풍 구름이 생겨나는 광경을 보는 게 좋았다. 마치 하늘에 떠 있는 소용돌이처럼, 회오리의 힘을 뿌리치기에는 너무 가벼운 모든 것(먼지, 공기 등)을 빨아들이는 거대한 수증기 덩어리가 너무 신기했다. 구름은 주변을 빨아들이면서 점점 커지고 색이 어두워졌으며, 계속해서 달라지는 구름의 경계선이 수증기를 내뿜었다. 시간이 지나 앨버타 대학교의 학생이 된, 숱 많은 금발 머리에 키가 작고 야윈 스무 살의 반듯한 청년 슈넬은 여름에 대기과학자들의 연구를 돕는 일을 했다. 프로젝트 리더 중 한 명이 슈넬에게 우박 덩어리의 형성을 조사하는 일을 맡겼다. 정확히 어떻게 해서 구름이 이렇게 큰 얼음 덩어리를 만들어내는가?

대기 중으로 증발한 물은 0도가 됐다고 해서 자동으로 얼지 않는다. 순수한 물은 영하 40도 정도까지 액체 상태로 존재할 수 있다. 이보다 높은 온도에서 얼려면 씨앗, 전문 용어로는 얼음 응결핵이 필요하다. 물 분자가 고도로 조직화된 고체결정으로 배열되도록 기하학적 템플릿 역할을 하는 작은 입자를 말한다. 1968년이던 당시에는 과학자 대부분이 공기 중의 수증기가 떠다니는 먼지나 그을음 입자에 달라붙어 물방울로 응결되고 공기가 충분히 차가워지면 물방울이 얼 수 있으리라고 생각했다. 하지만 어떤 입자가 얼음 핵으로 가장 잘 기능하는지, 그리고 최초의 작은 얼음 결정이 어떻게 야구공이나 자몽만 한 우박으로 커지는지는 알지 못했다. 우박을 해부해 구름 속에서 물을 얼음으로 바꾸는 신비로운 입자를 찾는 것이 슈넬의 임무였다.

슈넬은 지금까지 본 모든 우박 폭풍을 떠올려보았다. 항상 숲처럼 식물이 밀집된 지역에서 우박 폭풍이 내렸던 것 같았다. 슈넬은 얼음 핵이 단순히 불활성 무기물인 먼지 조각이 아닐 수도 있겠다는 생각이 들었다. 나무가 대기 중으로 뿜어냈거나 폭풍 구름의 회오리가 식물에서 빨아들인 무언가가 구름 속에 있는 것은 아닐까? 과학자들에게 이 생각을 이야기했더니 그들은 어린아이의 순진함을 귀엽게 바라볼 때처럼 미소지었다. 물론 나무는 물을 대기로 올려보내는 데 기여하지만, 그것을 제외하면 나무가 구름과 무슨 관계가 있겠으며 우박과는 더더욱 무슨 관계가 있겠는가? 하지만 아무튼 슈넬은 자신이 밀고 싶은 가설을 더 파고들어 볼 자유가 있었다.

슈넬은 몇 주 동안 인근 숲과 들판을 돌아다니면서 풀과 포플러나무, 사시나무, 침엽수의 잎을 땄고, 실험실에서 잎을 작은 조각으로 잘라 물이 담긴 용기에 넣고 휘휘 흔들어 그 위에 붙어 있었을 눈에 보이지 않는 입자들을 떼어냈다. 다음에는 주사기로 용기에서 물을 뽑아 온도를 조절할 수 있는 동판에 떨어뜨린 뒤 유리 뚜껑을 덮고 조금씩 온도를 낮췄다. 영하 15도에 도달하기 전에 물방울이 얼면, 그 안에 얼음 결정의 형성을 촉진하는 응결핵이 들어있다고 판단할 수 있었다. 그런데 그런 일은 일어나지 않았다.

1970년의 어느 여름날 저녁, 슈넬은 서둘러 파티에 가느라 풀과 물이 담긴 비닐봉지를 연구실 선반에 두고서는 까맣게 잊어버렸다. 그리고 열흘 뒤에 비닐봉지에 우윳빛의 탁한 액체가 들어있는 것을 발견했다. 풀이 썩기 시작한 것이다. 슈넬은 풀 썩은 물을 버리지 않고 동판에서 테스트해보기로 했다. 놀랍게도 영하 1.3도 부근에서 물이 얼었다. 이제까지 그나 다른 사람들이 비슷한 조건에서 실험했던 어느 경우보다도 훨씬 높은 온도에서 동결된 것이었다. 부패한 풀잎에 들어 있는 무언가가, 즉 생물학적인 무언가가 물을 얼음으로 바꾸고 있었다.

슈넬은 와이오밍 대학교의 대학원에 진학해서도 식물이 만들어내는 얼음 응결핵에 대한 연구를 이어갔다. 식물을 좋아하는 균류가 여기에 관여하고 있지 않을까 생각한 슈넬은 식물학과의 동료 리처드 프레시Richard Fresh에게 풀잎 표본을 한번 봐달라고 부탁했고, 프레시는 얼음을 형성하는 분자가 토양이나 식물에 사는 막대 모양의 박테리아 '슈도모나스 시링가에Pseudomonas syringae'의 각껍질에 있는 단백질임을 알아냈다. 이 단백질이 얼음 결정의 모양을 모방해서, 떠다니는 물방울이 단단한 고체로 조직화되는 데 완벽한 템플릿을 제공한 것이었다.

땅에서 이 박테리아는 식물의 영양분에 접근하기 위해 식물 조직을 찢으면서 냉해를 입힌다. 그런데 폭풍이 땅 위의 먼지와 공기를 빨아들이면 미생물도 불가피하게 같이 빨려 들어가게 되고, 구름 안에 들어간 P. 시링가에 박테리아와 거기 있는 단백질이 얼음 결정과 우박의 씨앗이 될 수 있다. 이제까지 어떤 과학자도 미생물이 물을 얼릴 수 있을 가능성을 진지하게 제시한 적이 없었고 미생물이 날씨를 바꿀 수 있을 가능성은 더더욱 제기된 적이 없었지만, 여기에 증거가 있었다. 커트 보니것Kurt Vonnegut의 소설에 나오는 아이스-나인[소설 속에서 상온에서 동결되는 물 분자]처럼 행동하는 박테리아 단백질이 있는 것이다.

이 발견에 고무된 슈넬은 전 세계를 도는 표본 채취 여정에 나섰다. 우선 캐나다를 떠나 미국 중부를 거쳐 서쪽으로 갔다.

다음에는 영국으로 날아갔다가 동부 유럽을 거쳐 시베리아 횡단열차를 타고 러시아를 가로질렀다. 그리고 일본, 태국, 인도, 네팔, 이란과 아프리카의 몇몇 지역을 거쳐 집으로 돌아왔다. 비쩍 마르고 꾀죄죄해진 채로 어떨 때는 한 달에 100달러로 먹고 자면서, 기회만 있으면 도로변이든 들판이든 숲이든 멈춰서 잎을 채집해 샌드위치 비닐에 보관했다. 와이오밍으로 돌아온 그는 온갖 생태계와 기후대에서 채취한 수십 개의 표본을 테스트했고, 모든 표본에서 P. 시링가에 등 미생물이 만들어낸 얼음 응결핵을 발견했다.

슈넬은 얼음을 만드는 미생물이 우박 형성에만 중요한 것이 아님을 알게 되었다. 이 미생물들이 대기 중으로 들어가면 비가 올 확률도 높아진다. 원래는 구름 전체 중 일부만이 비가 되어 내리고 나머지 대부분은 그냥 사라진다. 그런데 응결핵이 있으면 비가 될 확률이 극적으로 달라질 수 있다. 응결핵이 구름 속에 있는 다량의 물방울을 빠르게 얼리고 추가적인 물방울까지 끌어당겨서 비가 되어 떨어질 무게가 될 때까지 팽창하게 하는 연쇄 반응을 촉발할 수 있는 것이다. P. 시링가에의 단백질은 지금까지 발견된 얼음 응결핵 중 가장 효과적인 단백질이다. 슈넬은 이 박테리아가 지구 전역의 수많은 생태계에서 물의 순환에 중요한 역할을 한다고 생각한다. 그는 "심지어 사하라와 열대 지방에서도, 육지에 내리는 거의 모든 비가 처음에는 얼음 결정"이라고 설명했다.

민간 사업 분야는 슈넬의 발견이 가진 잠재력을 빠르게 알아보았다. 1980년대에 스노맥스라는 회사가 P. 시링가에가 들어 있는 거대한 통에서 추출한 단백질로 인공 눈을 만드는 공정에 대해 특허를 획득했다. 그 이후로 전 세계의 스키장은 스키 코스를 눈으로 덮는 데 미생물 단백질을 사용하고 있다. 대조적으로, 과학계는 수십 년 동안 날씨를 변화시키는 미생물에 크게 관심을 기울이지 않았다. 진지한 연구를 할 정도의 가치는 없는, 흥미롭긴 하지만 중요치는 않은 현상으로 여긴 것이다. 하지만 최근 기후변화가 심해지면서 과학자들이 대기의 복잡성을 다시 생각하게 되었고, 놀라운 발견들이 나오면서 태도가 달라지기 시작했다.

이제는 물을 얼음으로 바꿀 수 있는 유기 생명체가 P. 시링가에만이 아니라는 사실이 분명하게 알려져 있다. 육지와 바다에 있는 수많은 박테리아, 조류, 지의류, 플랑크톤이 응결핵을 만드는 단백질을 생성한다. 강한 바람, 상승기류, 뇌우, 먼지 폭풍 등이 이 작은 생물들을 대기로 밀어올리면 이들은 몇 주 동안 하늘에 자리를 잡고서 비구름을 만들고 그다음에 자신이 만들어낸 강우와 함께 지구 표면으로 돌아온다. 이 '어쩌다 비행사'들은 이 과정을 통해 지금까지는 대체로 간과되었던 심오한 방식으로 지구에 영향을 미친다. 몬태나 주립 대학교 식물병리학 교수 데이비드 샌즈David Sands는 "이 개념 전체가 확실히 많은 관심을 얻었다"며 "이제 이러한 미생물들을 기상 과정의 일부로, 어쩌면 기상 과정의 '주요' 부분으로 인식해야 할 것"이라고 말했다.

대기가 눈에 보이지 않는 생명체로 가득할 가능성은 17세기에 미생물학이 출현한 이래 꾸준히 과학자들의 흥미를 끈 주제였다. 현미경으로 미생물을 관찰한 초창기 인물 중 한 명인 안토니 판 레이우엔훅Antonie van Leeuwenhoek은 "너무 작아서 눈에 보이지 않는 공중 생물"이 있으리라고 생각했다. 1800년대에는 찰스 다윈이 비글호 항해 도중 대서양 상공에서 바람에 휩쓸려 온 먼지를 채취했는데, 나중에 그 먼지에 미생물이 가득했다고 밝혀졌다. 1900년대 초에는 미국 농무부의 식물병리학자 프레드 C. 마이어Fred C. Meier가 [대서양을 횡단한 비행사] 찰스 린드버그Charles Lindbergh와 어밀리아 에어하트Amelia Earhart에게 대기 중의 미생물을 잡을 수 있는 금속통을 비행기에 달고 비행하게 하기도 했다.

하지만 연구자들이 대기 중의 미생물을 수동적인 여행자 이상의 존재로 보기 시작한 것은 20세기 후반이 되어서였다. 1978년에 샌즈는 몬태나주의 밀밭에 P. 시링가에가 이상 증식한 원인을 알아보기 위해 경비행기를 타고 작물이 자라는 들판 위의 구름 사이를 날면서 항공기 창에 설치한 배양 접시로 미생물을 채취했다. 곧 그 배양 접시에서 P. 시링가에가 자랐다. 1980년대에 샌즈는 슈넬의 초창기 연구를 더 발전시켜서, 비의 정교한 춤을 통해 스스로를 퍼뜨리는 박테리아가 존재한다는 개념인 '생물강수bioprecipitation론'을 공식적으로 제기했다. 프랑스 국립 농업식품환경 연구소의 연구원이자 샌즈의 오랜 협업자인 신디 모리스Cindy Morris는 "그때는 많은 사람들이 엉뚱한 아이디어라고 보았지만 이제는 아무도 우리더러 엉뚱하다고 하지 않는다"고 말했다.

2000년대 중반에 샌즈와 모리스, 그리고 동료 연구자들은 세 대륙에서 형성된 눈을 채취했는데 거의 모든 표본에서 얼음을 응결시키는 미생물을 발견했다. 식물에 사는 그러한 박테리아

중에는 멀리 남극까지 간 것도 있었다. 몇 년 뒤에는 유럽과 미국의 과학자들이 우박 속에서 다양한 미생물을 발견했다. 또 다른 연구자들은 구름의 물방울을 분석하고 측정해서 평균적으로 1밀리리터당 수만 마리의 박테리아가 있다고 추정했다. 모리스와 동료들은 한 세기 동안의 기상 데이터를 사용해 생물강수의 피드백 고리가 존재함을 뒷받침하는 통계적 근거를 발견했다. 폭우가 더 강할수록 며칠이나 몇 주 뒤에 더 빈번하고 강력한 폭풍이 오는 것으로 나타났다. 아마도 장대비가 더 많은 미생물을 공기 중으로 밀어올렸기 때문으로 보인다.

전에는 과학자들이 P. 시링가에와 같은 박테리아에서 얼음을 만드는 단백질이 진화한 것이 주로는 식물에 있는 양분을 취하기 위해서였을 것이고 대기 중을 비행할 기회를 갖게 된 것은 부차적인 효과였으리라고 보았다. 하지만 P. 시링가에가 식물에 꼭 해롭기만 한 것은 아니며 식물에서만 사는 것도 아니다. 이 박테리아는 강이나 호수에서도 발견된다. 얼음을 만드는 박테리아들 사이의 진화적 관계로 미루어볼 때 얼음 응결핵 단백질은 적어도 17억 5,000만 년 전에 진화한 것으로 보이는데, 이때는 현대 식물의 수생 조상들이 육지로 올라오기 한참 전이다. 모리스와 샌즈는 그때 이 단백질이 해로운 얼음 결정을 세포 밖에 격리함으로써 미생물들이 얼음장 같은 물과 빙하기를 견딜 수 있게 해주었으리라고 보고 있다.

오랜 시간에 걸쳐 대양의 파도와 강한 바람이 미생물을 대기로 올려보냈을 것이고 그곳에서 미생물은 DNA를 왜곡하는 자외선의 공격을 받았을 것이다. 영양분도 거의 없었을 것이고 햇빛에 말라 죽을 위험에도 처했을 것이다. 이러한 상황에서, 얼음을 응결시킬 수 있는 단백질을 가진 박테리아는 그러한 단백질이 없는 박테리아보다 생존에 훨씬 더 유리했을 것이다. 지상으로 돌아올 티켓을 가진 셈이기 때문이다. 또한 생물학자 W. D. 해밀턴W. D. Hamilton이 제기한 가설에 따르면, 먼 거리를 이동하기에 충분할 만큼 오래 생존할 수 있는 미생물은 영역을 넓힐 수 있었을 것이고 더 좋은 서식지를 찾을 수 있었을 것이다. 오늘날 비에서 발견되는 박테리아들은 고대의 고공 생활에서 얻었을 법한 적응적 특성들을 갖추고 있다. 자외선 차단 크림처럼 작용하는 색소라든가, 구름 안에 있는 물에서 많이 발견되는 분자만 먹고 살 수 있는 능력처럼 말이다. 한 연구에 따르면 몇몇 박테리아는 구름 안에서 재생산까지 할 수 있다고 한다.

지구 역사의 상당 기간 동안(아마도 20억~35억 년간) 지구는 전적으로 미생물만 있는 행성이었다. 상상 불가의 긴 세월 동안 세포가 둘 이상인 생명체는 거의 없었다. 더 복잡한 다세포 생물이 출현해 바다와 육지에 퍼져나갔을 때, 이들은 훨씬 더 작고 더 고대에 생겨난 생명체들이 만들어놓은 살아 있는 기반이 있었기 때문에 생존하고 번식할 수 있었다. 식물, 균류, 동물의 등장으로 지구생태계의 복잡성이 대폭 높아진 것은, 단순히 크고 정교한 생명체가 생겼기 때문만이 아니라 이들과 이들에 앞서 온 미생물 선배들 사이에 수많은 관계를 새로이 촉발했기 때문이기도 하다.

땅과 하늘을 연결하는 살아 있는 생명체로서, 식물은 스폰지와 펌프 같은 기능을 하면서 물의 순환과 특히 긴밀한 관계를 발달시켰다. 동시에, 미생물 파트너들을 위한 터전과 수로 역할도 했다. 식물은 지질과 기후가 합류해 빛, 열기, 습기가 풍부하게 제공되는 곳이면 어디에서든지 번성할 기회를 가질 수 있었다. 그리고 식물이 번성할 때는 언제나 (구름의 응결핵을 만들어 비를 부르는 미생물을 포함해) 미생물 및 균류와 밀접한 관련을 맺음으로써만 그것이 가능했다. 육지의 따뜻하고 습한 지역은 잎과 꽃봉오리가 가득한 부드럽고 초록인 지대가 되었다. 식물은 더 강해지고 키가 커지면서 무게 없는 존재들의 보이지 않는 사회를 밀어올려 대기 중에 그들의 수를 증폭시켰다. 이들 모두가 함께 토양에서 물을 끌어올렸고, 그 물을 대기 중으로 뿜어냈으며, 그 물이 다시 지상으로 돌아오게 했다.

슈넬의 직감이 맞았다. 나무는 구름과 아주 관련이 많았다.

관측탑에 올라가고 이튿날, 이 연구 시설에 있는 '클린 랩Clean Lap'을 방문했다. 초등학교 교실 만한 금속제 컨테이너로, 우발적인 오염으로부터 보호되어야 하는 생물 표본을 연구하는 데 특화된 곳이다. 이름대로 하얗고, 공간이 넉넉하고, 먼지 하나 없이 반짝반짝했다. 작업용 벤치가 있었고 바닥부터 천장까지 이어지는 선반에는 화학물질, 저장 용기, 실험 기구 등이 가득했다. 뒤쪽에는 큰 냉장고가 있었고 그 옆에는 층류 환기 필터가 달린 무균 작업대가 있었다. 공기를 일련의 필터에 통과시켜 오염을 막도록 되어 있는, 후드 달린 작업대였다.

30대 중반의 쾌활한 대기과학자 키벨리 바르보자Cybelli Barbosa가 안내를 해주었다. 바르보자는 체리색 손목시계를 다시 잘 차고 파란색 고무장갑을 끼고서 우리 앞의 작업대에 플라스틱 튜브들을 죽 늘어놓았다. 안에는 말린 로즈마리나 정향처럼 보이는 것이 들어 있었다. "선태류입니다." 이끼류, 뿔이끼류, 우산이끼류를 일컫는 용어다. 이들은 최초의 육상 식물 중 목질이 없는 것들의 후손이다. "우리는 선태류가 환경에 어떻게 반응하는지 연구하고 있지만, 역으로 이들이 환경을 어떻게 바꾸는지도 연구하고 있습니다." 바르보자는 이 생물 표본들을 근처에 있는 한 나무 등치에서 채집했으며 그 나무의 여러 높이에 센서를 달아 놓아서 각각의 온도, 습도, 빛의 강도 등을 측정한다고 설명했다.

바르보자는 "무슨 일이 벌어지고 있는지 자세히 살펴보기 위해 이런 장비를 사용한다"며 1990년대 중반에 유행했던 비디오 게임 콘솔과 거의 똑같은 크기와 모양을 한 회색 휴대용 장비를 들어 보였다. "입자 측정기에요. 공기를 빨아들이는 입구가 있는데, 우리는 그것을, 가령, 포자를 방출하는 버섯 같은 생물 아주 가까이에 둡니다. 포자가 장비 안으로 흘러 들어가면 광학실을 통과해 필터에 걸리게 됩니다. 자, 이렇게요." 바르보자는 계피가 흩뿌려진 종이 컵받침처럼 무언가가 점점이 묻어 있는 원반형의 하얀 필터를 보여주었다. "입자가 필터에 잡히기 직전에 장비가 숫자를 세어서 그 크기와 공기 중의 밀도를 알려줍니다. 버섯 포자, 꽃가루 등 대기 중에 있는 생물 입자의 수가 시간대마다 어떻게 되는지는 언제 비가 올지에 영향을 주기 때문에 아주 중요합니다."

바르보자가 아마존 관측탑에 처음 와본 것은 환경공학 석사 학위를 마쳐가던 2012년이었다. 당시 바르보자는 큰 도시인 마나우스의 공기와 인간의 영향이 거의 없는 원시 환경의 공기의 화학조성을 비교할 요량이었다. 초고층 관측탑은 아직 지어지지 않았을 때여서 바르보자는 약 80미터 높이의 더 작은 탑에 올라가서 샘플을 채취했다. 그에게는 이것도 어마어마하게 어려운 일이었다. 호흡기 질환이 있어서 호흡 곤란이 올지도 몰랐는 데다 고소공포증도 있었고 키가 더 작은 이 탑은 바람에 불안하게 흔들렸다. 하지만 날마다 탑에 올라야만 하는 직업적 필요성이 공포를 극복하도록 밀어붙였다. 몇 년 뒤에 바르보자는 첫 시도에서 325미터짜리 초고층 관측탑의 정상에 오르는 데 성공했다.

아마존에서 더 시간을 보낼수록 바르보자는 연구의 우선순위를 바꾸어야겠다는 생각이 들었다. 우림의 깨끗한 대기를 그저 비교의 기준점으로 삼을 게 아니라, 이곳의 대기가 가진 독특한 성질을 조사하면 어떨까? 정확히 무엇이 이곳 나무 위의 대기를 떠다니고 있을까? 브라질의 파라나 연방 대학교에서 박사 과정을 시작하면서, 바르보자는 '바이오에어로졸bioaerosol'에 점점 더 관심을 갖게 되었다. 생물에서 나온 대기 중의 미립자와 작은 물방울 등을 말한다. 지난 10년 동안 바르보자와 동료 연구자들, 그리고 세계 각국의 수많은 과학자들이 아마존고층관측탑을 찾았다. 이들의 연구로 하늘을 나는 점과 조각들이 아마존 우림이 추는 비의 댄스에 어떻게 기여하는지에 대해 훨씬 더 상세한 그림을 그릴 수 있게 되었다.

식물이 대기로 물을 뿜어낸다는 것은 수세기 전부터 알려져 있었다. 식물은 땅에서 흡수하는 물 중 아주 일부만 자신이 사용하고 나머지 대부분은 잎과 그밖의 조직들의 기공을 통해 대기 중에 내보내는데, 이 과정을 '증산'이라고 부른다. 숲처럼 식물이 많은 생태계에서는 토양 자체에서 증발되는 양보다 훨씬 많은 물이 대기로 이동한다. 최근까지 알려지지 않았던 부분은, 숲에서 생성된 이 모든 보이지 않는 기체와 미립자가 어떻게 숲 위의 하늘에 존재하는 물의 운명을 극적으로 바꾸느냐였다.

숲의 식물들은 종종 톡 쏘는 냄새가 나는 다양한 기체 화합물을 공기 중으로 내보내서 같은 종의 개체끼리, 그리고 서로 다른 종들 간에 소통을 한다. 인동덩굴, 재스민, 라일락 등 수분을 하는 식물이 수분 매개 동물을 유도하는 황홀한 향이라든지, 초식동물과 병충해를 쫓아내는 솔잎의 날카로운 향, 또는 스트레스의 징후라고 알려진, 막 베어낸 풀에서 나오는 식물성 사향의 냄새 같은 것을 떠올려보면 된다. 이러한 휘발성 화합물이 대기를 떠돌다가 산소, 햇빛과 반응하면 잘 들러붙는 새로운 분자가 되어 서로 뭉치면서 수증기가 응결되기에 충분할 만큼 넓은 표면적을 형성한다. 또한 식물과 균사는 칼륨이 많은 여러 종류의 염을 방출하는데, 이것도 비슷한 방식으로 구름 형성을 촉진한다.

우림처럼 식물이 매우 많은 지역은 더 방대하게 혼합된 바이오에어로졸도 방출한다. 바이러스, 미생물, 조류, 꽃가루, 균사, 이끼, 양치식물, 잎 조각, 나무껍질 조각, 털 조각, 깃털 조각, 곤충 겉껍질 조각 등 다양한 유기물질과 유기체가 통째로 혹은 잘린 조각으로, 살아 있는 상태로나 죽은 잔해로, 또는 그 중간의 상태로 섞여 방출되는 것이다.° 공중에 떠 있는 생명과 잔해의

° 가장 신비롭고 아름다운 바이오에어로졸 미립자 중 하나로 브로코솜brochosome이라고 불

집합체는 구름과 얼음 결정 둘 다를 생성해 비가 올 가능성과 물의 순환 속도를 크게 높일 수 있다. 아마존 우림 위의 바이오에어로졸은 대기 중의 입자 전체에서 80퍼센트 이상을 차지하며, 먼지나 그을음보다 훨씬 더 양도 많고 강우에도 훨씬 더 중요하다.

우림과 그 위의 대기는 함께 강력한 피드백 고리를 형성한다. 비가 더 많이 내리면 숲이 더 잘 자란다. 숲이 더 잘 자라면 물이 더 많아지고 하늘로 올라가는 구름 씨앗 입자와 응결핵도 많아진다. 더 빠르게 구름이 형성되고 부풀면 비가 더 자주 내린다. 아마존 우림에서 대기로 방출되는 물의 양은 아마존강의 유량보다도 많은 200억 톤이나 된다. 이러한 발견들을 토대로, 과학자들은 아마존 우림이 자신에게 내리는 비의 절반을 생성하면서 스스로를 부양하고 안정화하는 '생물지질화학적[대기권, 수권, 생물권이 모두 포함된] 반응기'라고 표현한다.

미생물과 포자와 생물 분비물이 가득한, 아마존 열대우림이 생성한 하늘의 강은 제자리에 머물러 있지 않는다. 일부는 기류를 타고 멀리 떨어진 도시, 농장, 생태계로 이동하며, 특히 이러한 현상이 없었더라면 건조 지대가 되었을 많은 곳들을 포함해 남미 대륙의 남쪽으로 이동한다. 또한 아마존은 대기 중에서의 복잡한 연쇄 반응을 통해 중서부, 태평양 북서부, 캐나다 등 북미 지역에도 강수를 공급한다. 전 세계의 다른 숲들도 이와 비슷하게 너른 범위에 걸쳐 이득을 제공한다.

리는, 벌집 형태의 표면을 한 작은 공 같은 물질이 있다. 귀뚜라미처럼 풀에서 뛰어다니는 곤충이 분비하고 자신의 몸에 바르는데, 방수 코팅 역할을 해서 외골격이 물을 튕겨내게 한다.

1970년 이래로 인간은 아마존 우림의 적어도 18퍼센트를 파괴했다. 프랑스보다 넓은 면적을 파괴한 것인데, 주로 소 목장을 위한 벌목 때문이었다. 소규모 벌목은 토양, 열기, 대기 중의 습기 사이에 상호작용을 일으켜 벌목된 지역에 국지적으로는 잠깐 동안 더 많은 비가 오게 할 수 있지만 대규모의 벌목이 만성적으로 일어나면 우기의 시작을 늦추고 기간을 줄이며 전반적인 강우량을 극적으로 줄이게 된다. 과학자들은 상파울루의 물 부족 사태에서 보듯 아마존의 벌목이 남미에서 최악의 가뭄을 한층 더 악화시켰으리라고 보고 있다. 한 연구에 따르면, 아마존이 사라지면 시에라네바다산맥의 눈 덮인 지역이 50퍼센트나 줄어들 수 있는 것으로 나타났다. 그러면 캘리포니아 센트럴 밸리의 농업에, 따라서 미국의 식품 공급에 재앙적인 결과를 가져올 것이다.

저명한 미국 생태학자 토머스 러브조이Thomas Lovejoy는 2021년 12월 사망 전의 몇 년 동안 브라질의 지구시스템 과학자이자 노벨상 수상자 카를로스 노브레Carlos Nobre와 함께 아마존 우림이 재앙적이고 불가역적일 수 있는 티핑 포인트를 향해 가고 있다는 경고를 담은 두 편의 글을 썼다. 이들은 인간이 아마존의 20~25퍼센트를 파괴하면 아마존은 비를 일으키는 능력을 상실하게 되리라고 내다봤다. 여기에 기후변화 및 인간이 일으키는 화재가 결합하면, 뒤이어 올 가뭄은 무성한 숲의 상당 부분을 건조하고 질이 저하된 덤불 지대로 바꾸어놓을 것이고 이에 따라 숲의 탄소 저장 능력이 심각하게 훼손되어 수십억 톤의 온실가스가 대기 중에 방출되면서 결국 세계의 날씨 패턴을 예측 불가능한 방식으로 바꾸게 될 것이라며 이렇게 경고했다. “티핑 포인트가 정확히 언제일지를 그것을 직접 일으켜서 알아내는 것은 무의미하다.” 이들은 산림의 추가적인 황폐화를 멈추어야 하는 것은 물론이고 아마존의 상당 부분을 복원해야만 아마존이 “지구의 건강과 남미에서 수행하는 필수적인 역할을 유지할 수 있을 것”이라고 촉구했다.

수십억 년 전 생명이 생겨났을 때, 생명은 날씨보다 훨씬 많은 것을 바꾸었다. 육지에서 최초의 숲이 솟아오르기 한참 전에, 또한 어떤 복잡한 생물도 뭍으로 올라오기 한참 전에, 미생물들이 창공을 바꾸기 시작했다. 이것은 구름의 씨앗을 만드는 일보다 훨씬 더 미묘하고 간접적이었지만 근본적으로 훨씬 더 중요했다. 조금씩 조금씩, 생명이 대기 전체의 화학조성을 바꾸어 오늘날 우리가 숨 쉬는 대기를 만들어낸 것이다.

초기 지구의 대기는 이산화탄소, 질소, 수증기, 메탄, 그리고 약간의 암모니아로 구성되어 있었을 것이고 산소 분자는 거의 없었을 것이다. 만약 우리가 보았다면 하늘은 메탄이 자외선에 반응해 생긴 탄화수소 안개 때문에 (늘 그렇지는 않았더라도 적어도 간헐적으로는) 탁한 오렌지색으로 보였을 것이다. 메탄 자체는 산소가 없는 환경에 적응한 미생물에 의해 생성되었을 것이다. 오늘날에는 산소가 대기의 21퍼센트를 차지하고 맑은 날의 하늘은 깊이를 알 수 없는 푸른 돔으로 보인다. 지구의 ‘산소화’는 오랜 시간에 걸쳐 조각조각 들쑥날쑥 이루어진 과정이었다. 이는 서로 겹치는 수많은 지질학적, 생물학적 과정에 의해 거의 20

억 년이나 걸려 달성된 긴 혁명이었다. 정확한 연대나 메커니즘, 세부사항에 대해서는 과학자들 사이에 여전히 논쟁이 있지만, 이 변모를 완성하는 데 생명이 필수적인 역할을 했다는 데는 의견이 일치한다.

산소가 풍부한 대기는 살아 있는 지구의 역사에서 가장 중요한 진화적 혁신이라 할 만한 '광합성'과 밀접한 관계가 있다. 올리버 몰턴Oliver Morton은 광합성을 "생명이 되는 빛"이라고 표현했다. 이 과정을 통해 "태양의 빛이 지구의 무언가가 된다"는 것이다. 생명체는 광합성을 통해 빛 속의 에너지를 포착해서 그것을 편리한 화학적 꾸러미 속에 저장한다. 오늘날 우리에게 익숙한 방식인 식물의 잎이 태양 빛으로 만드는 연금술과 달리, 초기의 광합성은 물을 필요로 하지 않았을 것이고 산소를 생성하지도 않았을 것이다. 몇몇 과학자들에 따르면, 초창기의 광합성 생물은 34억 년 전에 데일 정도로 뜨거운 열수구에 살던 심해 미생물이었고 이들은 햇빛 대신 마그마와 초고온으로 데워진 물에서 나오는 희미한 빛을 이용해 황화수소를 흡수하고 황을 내놓았을 것으로 보인다. 그러다가 34억 년 전에서 25억 년 전 사이의 어느 시점에 녹청색의 시아노박테리아라는 미생물이 등장해 완전히 새로운 광합성 방식을 발달시켰다. 이 방식은 매우 풍부한 자원인 태양 빛과 이산화탄소와 물을 사용한다는 장점이 있었고, 이 세 가지를 당으로 바꾸면서 부산물로 산소를 배출했다.

산소 원자는 반응성이 매우 커서 다른 원소와 쉽게 결합한다. 초기의 시아노박테리아가 방출한 산소 중 일부는 화산에서 분출되는 기체들뿐 아니라 바닷물과 암석에 존재하는 철과도 반응해 새로운 화합물과 미네랄을 형성했다. 하지만 시아노박테리아가 방출한 산소 중 또 다른 일부는 산소 분자 상태로 원시바다와 대기의 일부 지역에 축적되기 시작했다.

시아노박테리아는 독창적인 혁신가이긴 했지만 곧바로 번성하지는 못했다. 처음에는 다른 미생물보다 수가 훨씬 적었고, 지구에 먼저 온 미생물들보다 유리할 수 있는 얕고 햇빛이 잘 들고 영양분이 풍부한 틈새에만 국한되어 살았다. 하지만 점차 더 너른 지역에서 번성했고, 지구 역사의 중간 지점쯤인 약 24억 년 전 무렵에는 해양 표면과 대기 전체의 산소가 (오늘날만큼에는 훨씬 못 미쳤지만) 전과 확연히 다른 수준으로 높아지기 시작했다. 한때 흐릿한 주황색이었던 하늘은 이 무렵에 가시광선의 파란 쪽을 향해 움직이기 시작했다. 이 지구적 사건은 '대산소화 사건Great Oxygenation Event' 또는 '대산화 사건Great Oxydation Event'이라고 불리지만 하나의 사건이라기보다 2억 년 이상 지속된 긴 전환의 과정이었다. 지구시스템의 이 영구적인 전환에는 화산 방출물의 조성 변화, 대기에서 수소를 우주로 탈출시키고 산소 분자를 남겨놓은 화학반응 등 수많은 지질학적, 생물학적 과정이 영향을 미쳤다. 정확한 메커니즘의 조합이 무엇이었건 간에, 시아노박테리아는 틀림없이 산소의 축적에 결정적으로 중요한 원천이었을 것이다. 한 가지 가설은, 지각 활동이 시아노박테리아에 필수적인 인 등의 영양분을 분배하고 순환시켜 경쟁자들 대비 결정적인 우위를 얻은 시아노박테리아의 개체 수가 증폭되었고 이것이 전반적인 산소화 과정을 크게 촉진했으리라는 것이다.

태양을 이용하는 미생물이 번성하면서, 이들은 의도치 않게 지구를 전례 없는 극단으로 몰아붙였다. 어떤 과학자들은 (직접적인 증거는 없지만) 시아노박테리아가 산소를 뿜어내면서 지구 역사상 최악에 속하는 대멸종 사건이 촉발되었으리라고 본다. 그때는 대부분의 미생물이 어떻게든 산소를 피하려 했을 것이다. 반응성이 굉장히 높아서 해로운 화학 작용으로 세포조직을 파괴할 수 있기 때문이다. 산소화된 새 환경은, 오늘날의 생물들이 지닌 항산화성 방어 체계를 갖추지 못했던 원생대의 방대한 미생물에게 치명적이었을 것이다.

이와 함께, 시아노박테리아는 초창기 지구에 지극히 암울한 전지구적 빙하기를 가져오면서 심각한 기후 위기를 촉발했을 수 있다. 초기 지구에는 온실가스가 많아서 대기권의 낮은 층으로 들어온 열기를 가두었기 때문에 세상이 따뜻했다. 그런데 24억 년 전에서 21억 년 전 사이 어느 시점에 세 단계에 걸쳐 지구 기온이 급강하했고 거대한 빙상이 지구를 뒤덮었다. 적도 근처의 아주 얇은 띠만 제외하고 빙하가 육지와 바다를 극에서 극까지 뒤덮었을 수도 있는데, 이 가설적인 지구를 '눈덩이 지구Snowball Earth'라고 부른다. 이 위기의 원인이 무엇이었는지는 확실히 알려져 있지 않지만 시아노박테리아가 내놓은 산소가 메탄과 반응해 메탄보다 열기를 덜 붙잡아두는 이산화탄소로 변환된 데다가, 광합성을 통해 많은 양의 이산화탄소를 대기 중에서 흡수하기까지 했기 때문이라는 설이 유력하다. 지구를 따뜻하게 덮고 있던 기체 담요가 없어지면서 지구가 얼어붙었다. 살아남은 생명은 화산 근처의 극소수 은신처, 특히 온천이나 심해 열수구 등에 옹송그리고서 겨우 생존했을 것이다. 한편, 첫 번째 '눈덩이 지구' 사건 때 지구의 온도 조절 장치가 작동하기 시작해 차차 지구를 덥혔고 시아노박테리아의 증식이 회복되면서 계속해서 산소가 대기 중으로 방출되었을 것이다. 이 전체적인 순환이 7억 5,000년~5억 8,000년 전 사이의 시기 동안 몇 차례 반복되었을 것으로 보인다.

대산소화 사건 이후 약 10억 년 동안 대기와 해양의 산소 농도는 오늘날에 비하면 매우 낮은 수준이었다. 하지만 이 정도의 산소도 몇몇 진화적 혁신의 돌파구를 열기에는 충분했을 수 있다. 초기 생명체 대다수에게는 치명적이었겠지만, 산소의 축적은 성장과 변화의 전례 없는 기회이기도 했을 것이다. 두 개의 산소 원자가 결합해 구성된 산소 분자는 다른 분자와 쉽게 결합할 뿐 아니라 결합이 깨지고 재배열될 때 많은 양의 에너지를 방출한다. 산소 호흡에 적응하면서 생명체의 대사 효율이 거의 18배나 증가했고, 이는 더 복잡하고 에너지를 많이 소비하는 세포, 커다란 몸체, 온갖 신체 기관의 발달을 촉진했을 것이다.

20억~18억 년 전쯤 있었던 산소화 초기 단계에서 일련의 독특한 생물학적 합병이 지구 생명체의 진화를 영원히 바꿔놓았다. 유력한 이론에 따르면, 큰 해양 미생물이 산소를 호흡하는 더 작은 박테리아를 삼켰는데 어떤 이유에서인지 그 박테리아가 평소처럼 소화되지 않고 큰 미생물의 신체 안에 계속 머물러 있었다. 두 미생물 모두 이 관계에서 이득을 얻었는데, 작은 미생물은 안식처와 영양분을 공급 받았고 큰 미생물은 변화한 상황에 적합하게 산소 호흡 능력을 갖게 되었다. 이러한 공생이 여러 세대에 걸쳐 지속되면서, 큰 미생물 안에 들어간 작은 미생물이 점점 더 자율성을 희생하고 큰 미생물의 세포 구조에 영구적으로 합체되면서 세포의 '발전소'라고 불리는 최초의 미토콘드리아가 되었다. 콩 모양을 한, 에너지를 내는 미토콘드리아는 오늘날 모든 복잡한 다세포 생물의 세포에 존재한다.

또한 이 이론에 따르면, 미토콘드리아가 있는 세포가 생겨나고 얼마 뒤 이번에는 이 세포가 시아노박테리아를 흡수했고 이것이 차차로 엽록체가 되었다. 초록색의 세포소기관細胞小器官인 엽록체는 식물과 조류에서 광합성을 수행한다. 모든 동물, 식물, 균류는 고대에 발생한 이 미생물 융합체들의 후손이다. 린 마굴리스는 미토콘드리아와 엽록체가 원래는 독립된 미생물이었다가 다세포 생물의 진화가 시작되었을 때 다른 미생물의 세포에 흡수되었다는 세포내 공생설을 공식화한 초창기 과학자에 속한다. 이 개념은 처음에는 격렬한 논쟁을 불러일으켰고 조롱을 사기도 했지만, 유전학적, 미생물학적 증거가 막대하게 쌓이면서 과학적 사실로 확립되었다.

해양과 대기의 산소 증가가 복잡한 생명체 출현의 전제 조건이었는지, 가속화하는 촉진제였는지, 아니면 전적으로 다른 유형의 영향이었는지 대해서는 과학자들 사이에 계속 논쟁이 있지만, 산소가 없었다면 복잡한 세포와 큰 몸체의 진화가 매우 제한적이었으리라는 데는 의견이 일치한다. 또한 증가하거나 변동하는 산소 농도가 5억 4,000만~5억 년 전의 '캄브리아기 대폭발' 때처럼 다양한 동물 형태가 비등하는 데 일조했으리라는 데도 의견이 일치한다. 이 시점이면 산소가 대기의 10.5퍼센트를 차지했을 것으로 보이는데, 이는 오늘날의 절반 정도다.

전통적으로 진화는 나무처럼 선형적으로 가지가 갈라지는 형태, 또는 거미줄처럼 교차 연결된 형태로 묘사되곤 했다. 이러한 은유가 진화 과정의 많은 부분을 포착하는 것은 분명하지만, 이보다 훨씬 더 구불구불하고 순환적인 진화 과정도 있다. 생명과 환경은 피드백 고리를 통해 반복적으로 서로를 변화시킨다. 생물은 행동과 부산물을 통해 주변 환경에 지속적인 변모를 일으키며 이는 자기 종의 후손 및 여타 종들의 운명에 중대한 영향을 미친다. 미생물이 구름을 만들 수 있다. 한 대륙의 숲이 다른 대륙에 비를 내릴 수 있다. 숨결이 행성을 흔들 수 있다.

며칠 내내 올라갈 걱정만 하느라 내려올 때 얼마나 어려울지는 생각을 못하고 있었다. 초고층 관측탑에서 몇 시간을 보낸 우리는 지쳤고 목이 말랐고 화끈거렸다. 내려오기 시작하자 긴 등산을 했을 때처럼 피로가 몰려오고 다리가 후들거렸다. 매순간 마음을 다잡고, 올라갈 때보다 더 조심해서 발을 디뎌야 했다.

우리 머리 위로는 늦은 오후의 하늘에서 흰 구름이 스스로를 두텁게 직조하고 있었다. 아이러니하게도, 많은 과학자들이 이곳에 연구하러 올라오는 바로 그 현상이 그들의 연구를 방해한다. 폭우가 오면, 특히 천둥이 치면 탑이 평소보다 훨씬 더 위험해진다. 올라가는 도중에 비가 오기 시작하면 꼭대기에 못 가고 그냥 내려와야 할 수도 있다는 사전 공지를 들은 바 있었다. 그 실망스러운 사태는 다행히 피했고, 이제는 내 서투른 동작으로 미끄러운 계단을 내려가다 맞닥뜨릴지 모를 위험을 피해 무사히 바닥에 당도하기만을 바랐다. 그리고 절박함과 중력의 도움으로 마침내 바닥에 닿았다. 비가 아닌 땀으로만 흠뻑 젖었고, 땅에 다시 발을 딛고 숨을 쉰다는 것이 너무나 안도가 되었다.

캠프에서 쉬면서 기운을 차리고 있는데, 20분도 안 되어서 기온이 뚝 떨어지더니 강한 바람에 나무가 휙휙 구부러지기 시작했다. 하늘에 구멍이라도 뚫린 듯 무시무시한 폭우가 쏟아졌다. 아마존에 와 있는 동안 큰 비가 처음 내린 것은 아니었지만 그중에서도 가장 맹렬한 폭우였다. 입자들이 요동치며 뒤섞여 날아다니는 젖은 공기는 마치 백색소음의 액체 버전 같았다. 지붕에서 흘러넘친 물이 모래 토양에 시내가 되어 흐르고 커다란 웅덩이들을 만들었다. 땅을 삼키는 듯한 소리는 물리적으로 압도적이었다. 비가 이곳이 한때는 대양이었다는 사실을 기억해낸 듯했고 여전히 세상을 물 아래로 가라앉힐 힘을 가지고 있는 듯했다.

나는 고개를 들어 무시무시한 폭우를 퍼붓고 있는 구름을 보았다. 우리는 너무 자주 보고 많이 보아서 구름이 얼마나 놀랍고 경이로운지를 잘 잊는다. 구름은 천상의 존재이지만 놀랍도록 무겁다. 공중 부양된 호수처럼, 일반적으로 대왕고래 여러 마리만큼의 무게가 나간다. 구름은 공기 중의 연금술이다. 동시에 액체이자 기체이자 고체다. 신비로운 수수께끼이지만 대기물리학의 명백한 인과관계에서 나오는 결과이기도 하다. 그리고 이제 나는 구름이 생물학적이기도 하다는 사실을 안다. 구름에는 고대 생명체의 날숨에서 형성된 미생물, 포자, 생명체의 잔해가 가득하다. 구름은 자신의 숨을 바라보는 지구다.

하늘을 보면서, 나는 관측탑에서 300미터가 넘는 상공까지 올라가는 동안 차차로 보았던 풍경을 떠올렸다. 원시의 산림이 수평선에서 얇은 회색의 선이 될 때까지 몇 킬로미터나 펼쳐져 있었다. 양으로 보면, 성숙한 나무는 대부분 죽은 조직이다. 나무는 생명 없는 목질 기둥을 살아 있는 세포의 얇은 층이 두르고 있고 거기에 잎이 나 있으며 공생하는 미생물들도 잔뜩 덮여 있는 존재다. 그렇지만 어느 과학자도 나무가 살아 있다는 데 이의를 제기하지 않는다. 생물과 무생물이 복잡하게 얽혀 있는 숲도 다르지 않아서, 대부분의 사람들은 주저하지 않고 숲이 살아 있다고 묘사할 것이다. 살아 있지 않다고 말하는 쪽이 오히려 사실에 부합하지 않아 보인다. 특히 생명, 대기, 토양 사이의 근본적인 상호의존성을 과학이 입증했고, 숲이 어떻게 자신에게 내리는 비의 대부분을 생성하는지가 상세히 알려져 있으며, 뿌리와 균류의 광대한 지하 네트워크로 식물들이 자원과 정보를 교환한다는 사실도 잘 알려져 있는 오늘날에는 더욱 그렇다. 살아 있는 지구라는 개념은 여기에서 한 발 더 나아간다. 지구가 새나 박테리아와 같은 방식으로 존재하는 하나의 유기 생명체라거나 개미 군락과 비슷한 방식으로 존재하는 슈퍼 유기체라는 말은 아니다. 그보다, 지구는 다른 모든 생태계의 합류점으로서 유기체적인 구조와 리듬과 자기조절 과정을 가지고 있는, 우리가 아는 가장 큰 살아 있는 시스템으로 볼 수 있다는 뜻이다. 생명은 모든 스케일로 존재한다.

지난 두 세기 동안 과학의 지배적인 패러다임은 생명의 출현을 지구 **안**이나 **위**에서 벌어진 현상으로 여겼다. 그 안에서 기적이 일어나는 구유처럼, 지구를 단지 엄청난 현상의 배경이 되는 장소로만 여긴 것이다. 하지만 지구와 생명은 그런 식으로 분리

될 수 없다. 생명이 곧 지구다. 우리의 살아 있는 지구가 곧 기적이다. 생명은 지구에서 생겨나고, 지구의 물질에서 만들어지고, 지구로 돌아온다. 우리는 혈액에 바다를 담고 있으며 암석의 골격을 키운다. 생명의 기원은 자신을 발견하는 지구, 자신을 조직하는 지구, 그리고 변화의 새로운 방식을 터득해 가는 지구다. 생명이 등장한 이래, 우리가 생명이라고 부르는 존재와 지구라고 부르는 존재는 내내 하나의 총체로서 지속적으로 서로를 소비하고 재생해 왔다. 지구는 끓어오르고 솟아오르고 꽃을 피우는 암석이다. 숨의 기포 속에 정지되어 반쯤 봉인된 베수비오 화산의, 꽃을 피우는 굳은살이다. 지구는 헤아릴 수 없는 우주의 공허 속을 맥동하고 숨 쉬고 진화하면서 날아가는, 별빛을 먹고 노래를 발산하는 암석이다. 그리고 우리 모두와 마찬가지로 지구는 죽을 수도 있다.

비는 내릴 때만큼이나 갑작스럽게 그쳤지만 상당한 양의 물이 숲속으로 계속 스며들었다. 귀청이 터질 듯하던 빗소리가 명상의 배경 음악처럼 똑똑 떨어지는 소리가 되었다. 꺼져가는 불이 부드럽게 타닥타닥하는 소리와 비슷했다. 이것은 결말이었지만 앞으로를 알리는 것 같기도 했다. 전주곡이 아니라 브릿지로서 말이다. 떨어지는 물방울에 나뭇잎들이 흔들렸다. 각각이 차례로 고개를 숙이고 다시 솟아올랐다. 나뭇잎들이 아직 내가 듣는 법을 다 배우지 못한 음악에 맞추어 정말로 춤을 추고 있는 것 같았다.

8장 불의 뿌리

좁고 구불구불하고 종종 표지판도 없는 도로를 따라 울창한 산길을 지그재그로 올라가면 캘리포니아주 올리언스에 있는 프랭크 레이크Frank Lake의 집이 나온다. 찾아가기가 쉽지 않았다. 10월 말의 어느 오후, 나는 방문길에 길을 잃었고 두 번이나 다른 사람의 사유지에 들어가고서야 프랭크의 집에 도착할 수 있었다. 프랭크 레이크와 아내 루나가 2008년에 이 집을 샀을 때만 해도 약간의 가재도구가 갖추어진 작은 오두막이었는데, 부부는 오두막을 기다랗고 멋있는 붉은색의 집으로 확장했다. 입구에는 자갈길을 깔았고 나무로 현관 포치도 만들었다. 앞뜰에는 낡은 정자와 키위 덩굴이 타고 올라가는 틀이 나란히 있었고, 연못, 텃밭, 그리고 둥글게 심은 월귤나무와 개암나무도 있었다. 집 근처에는 들보로 지은 헛간이 몇 채 있었는데, 레이크가 작업실이자 창고로 사용하고 있었다. 레이크는 미국 산림청의 연구생태학자다. 근처의 땅 대부분에는 더글러스전나무, 단풍나무, 참나무가 있었는데 바닥에 양치식물, 블랙베리, 만자니타가 복잡하게 얽혀 있어 제대로 발육이 되고 있지 않았다.

작업복 바지와 두꺼운 검은 장화, 국방색 비니 차림을 하고 자신의 사유지를 구경시켜주면서, 레이크는 둥치가 얇은 나무들과 무성한 덤불이 아무렇게나 자라고 있는 듯 보이는 이곳을 "야생 과수원"이라고 표현했다. "옛날에는 카룩족이 가꾸고 관리하던 땅이에요." 레이크는 아메리카 원주민, 유럽인, 멕시코인의 피가 섞인 사람으로, 캘리포니아주 북서부의 원주민인 카룩족의 후손이다. 카룩족은 오늘날 캘리포니아주에서 가장 규모가 큰 원주민 부족 중 하나다. 그의 친척 중 일부는 유록족 혈통인데, 유록족 역시 이 지역 원주민이다. 레이크는 두 부족 모두의 역사와 문화를 배우며 자랐다.

"저기 있는 커다란 도토리나무와 저쪽에 있는 나무, 그리고 여기 있는 나무들이 사람이 가꾼 과수원에 속해 있었다는 사실을 어떻게 알 수 있을까요?" 그가 설명을 이어갔다. "여기 넓고 평평한 붉은 점토 지대에서 멀리 떨어지지 않은 곳에 옛날에는 마을과 길이 있었어요. 사람이 만든 유물도 발견되고요." 말하는 동안 걸음이 빨라졌다. "비가 와서 저쪽 닭장 자리에 땅이 뒤집히거나 땅다람쥐가 땅을 파면 거기서 화살촉 같은 것이 발견돼요. 저쪽 들판에는 유물이 더 많아요. 도토리를 빻는 데 쓰였던 절구와 공이 같은 것들이요. 여기가 도토리를 키웠던 장소라는 걸 알 수 있지요. 사람의 관리가 있었으리라는 것도요."

조금 더 앞으로 가니 적당히 큰 크기의 참나무들이 있는 지대가 보였다. 막 지나온 곳과 달리 숲의 바닥에 잡초나 덤불이 거의 없었고 드문드문 보이는 것은 그을러 검게 되어 있었다. 도토리가 여기저기 떨어져 있었다. 썩고 있는 나무토막 하나와 불을 놓아 식생을 없앤 곳에 남아 있는 몇몇 둥치 위에는 밝은 녹색의 이끼가 풍성하게 덮여 있었다. 레이크가 이사를 왔을 당시에는 참나무, 멘지스딸기나무, 옻나무, 인동문 등이 숨이 막힐 정도로 빽빽하게 자라고 있었다고 한다. 너무 빽빽해서 안을 돌아다니거나 들여다보기도 불가능했다. 소방관이기도 한 레이크는 2009년 이래 전기톱과 프로판 토치와 드립 토치를 가지고 이곳의 600평 정도 되는 면적에 전략적으로 불을 놓아 공간을 성기게 만들었다. 몇 년 동안 '특정 지역 소각controlled burns' 또는 '처방화입prescribed burns'이라고 부르는 이 작업을 통해, 숲을 질식시키고 있던 하층 덤불을 제거하고 나무의 수를 줄여서 남아 있는 참나무들(이곳에서 가장 크고 오래된 개체들이다)에 훨씬 더 많은 빛과 공간을 제공했고 조상들이 관리했던 것과 비슷한 과수원을 만들 수 있었다.

불은 해충도 막아주었다. 매년 여름이면 바구미와 나방이 도토리의 겉이나 안에 알을 낳고 그 애벌레가 도토리를 먹는다. 그런데 주기적으로 약하게 불을 놓으면 나무는 죽이지 않으면서 바닥에 떨어진 잎이나 토양에 파묻혀 있던 해충의 고치들을 태울 수 있어서 해충이 그해 수확을 망치는 사태를 막을 수 있다. 이 지역의 많은 원주민 부족처럼 레이크의 가족과 친구들은 도토리로 가루도 내고 빵도 만들고 죽도 끓인다.

"나무들 주위에 쓸모없는 것들이나 굴러다니는 잔가지, 잎 따위가 너무 많으면 감염률이 높아지고 거기서 나온 도토리를 먹으려는 동물이 별로 없을 것입니다. 사람도 그렇고요. 이렇게 아래에 불을 놓아 말끔하게 치운 곳에 건강한 도토리나무가 있으면 다람쥐, 사슴 등 온갖 야생 생물이 다시 나타나기 시작합니다. 근처 사는 이웃은 지난 봄에 커다란 피셔도 보았다고 했어요." 나무를 타는, 족제비 비슷한 잡식 동물을 말하는 것이었다. "도토리딱따구리도 보았고요. 불을 놓으면 좋은 도토리가 납니다."

"어떤 도토리가 좋은 거예요?" 발치에 떨어져 있는 수백 개의 도토리를 보면서 내가 물었다.

"은처럼 하얀 것을 찾으세요." 레이크가 허리를 숙이고 하나를 집으며 설명했다. "여기요." 그리고는 더 자세히 보더니 "무언가가 갉아먹은 자국이 있네요"라고 말했다. 레이크는 떨어진 잎들 사이로 도토리를 더 주웠다. 손놀림이 너무 빨라서 내 눈이 따라가지 못할 정도였다. "이건 벌레가 먹었네요. 이건 갈라져서 이미 상했고요. 자, 봅시다. 위쪽이 갈색이면 안 좋은 거예요. 흰색이어야 좋죠." 그는 꼭대기 쪽이 깔끔하게 하얗고 둥근 모양을 한 커다란 도토리를 몇 개 보여주었다. 앞의 것들보다 훨씬 색이 밝고 경계선이 분명했다.

"꼭대기가 하얀 게 좋은 거군요." 그를 따라 말하며 물었다. "그런데 왜 그런가요?"

"꼭대기에 얼룩이 있으면 대개 벌레가 먹었거나 상처가 있어요. 깔끔하면 그 안이 보통은 좋죠." 레이크가 도토리 하나를 깨뜨려 세로로 갈랐다. 속살이 부드러웠고 프렌치 바닐라처럼 약간 노란 기가 있는 흰색을 띠고 있었다. "전체적으로 좋은 놈이네요." 그가 보석 감정사처럼 요리조리 돌려보면서 이야기하다가 잠시 멈추더니, 경탄을 담아 말을 이어갔다. "완벽한 도토리예요. 이 안에는 일종의 자부심이 있어요. 저는 우리 도토리가 의례에 쓰일 것이고 어르신들과 이 땅을 생산의 장소로 사용할 생물들에게 양식이 될 것을 알기 때문에 우리 가족에 대해 자부심이 있습니다. 이것은 전통적인 먹거리 관리와 먹거리 안정성의 모습을 보여줍니다. 이것은 인간이 생태계를 위해 수행하는 봉사입니다. 그리고 기후변화에 대한 적응이기도 합니다. 더운 여름날 담뱃불 때문에 산불이 나도 개별로 띄워놓은 공간이 있어서 산불과 우리 집 사이에 방책이 되어 줍니다. 제 땅과 이웃의 땅 사이에도요. 이곳은 안전한 장소입니다."

어렸을 때 레이크는 부족 어르신들에게 불에는 양분을 주고 양육하고 치유하는 힘이 있다고 배웠다. 즉 불이 신성하다고 배웠다. 세계 각지의 원주민과 마찬가지로 레이크의 선조들도 환경을 유익한 방식으로 바꾸기 위해 의도적으로 불을 사용했다. 식민지를 개척하러 유럽인들이 북미 서부에 왔을 때, 그들은 숲과 초원으로 이루어진 아름답고 공원 같은 지대를 자주 만났다. 시원하게 트여 있어서 마차가 쉽게 지나갈 수 있었다. 식민지 개척자들은 이 풍경이 자연적으로 생긴 황야라고 생각했지만 사실은 불의 생리를 잘 아는 원주민들이 수천 년간 세심하게 관리한 결과였다. 유럽인이 정착하기 전에 원주민의 처방화입과 번개로 인한 자연발화를 모두 합해 캘리포니아주에서만 매년 1만 6,000~5만 2,000제곱킬로미터가 불에 탔다.

이러한 불은 원주민 공동체에 다양한 이득을 가져다주었다. 나무의 밀도를 줄이고 하층 덤불을 제거함으로써 시야가 트여 돌아다니기 쉬워졌고, 적이 몸을 숨기면서 접근할 수 있는 공간을 없앴으며, 풀의 성장을 촉진했고 그에 따라 사슴, 엘크, 들소 등 사냥할 동물들이 들어왔다. 야히족과 모노족은 곰과 사슴을 불의 고리에 가둔 뒤 활을 쏘아 사냥했다. 유키족과 포모족은 메뚜기를 잡기 위해 마른 들판을 불태웠다. 달빛과 별빛이 충분치 않을 때는 너무 커서 잘라낼 수 없는 나무에 불을 붙여 길을 밝혔다. 연기로 신호를 올리면 직접 가거나 소리로 소통하기에는 너무 먼 거리까지 메시지를 전달할 수도 있었다. 원주민들은 배,

도구, 밧줄, 옷, 바구니를 만드는 데 필요한 유연한 부분의 성장을 자극하기 위해 주기적으로 버드나무, 개암나무, 박태기나무 등 여러 식물을 태웠다. 전통 아기 요람판 하나를 만드는 데만도 화재로 관리한 여섯 곳의 옻나무 지대에서 수집한 부드러운 막대 500~675개가 필요했다. 또한 처방화입은 뱀, 설치류, 진드기, 벼룩 등을 죽이거나 몰아내고, 재로 비옥한 층을 만들어서 영양 순환을 가속화해 식용으로 삼을 수 있는 뿌리, 버섯, 씨앗, 베리 등의 산출을 촉진했다. 또한 원주민들은 마을 주변의 땅에 현명하게 불을 놓음으로써 큰 산불의 위험을 줄이고 마을이 불길에 휩싸이지 않게 보호했다.

북미에 침입한 유럽인들도 처음에는 같은 이유에서 불을 사용했다. 하지만 몇 세기가 지나면서 식민지 정착민들은 미주 대륙에서 불의 생태학을 완전히 바꾸어놓았다. 원주민의 처방화입 전통은 생물 다양성과 유용한 토착 식물의 다양성을 촉진하는 경향이 있었는데, 식민지 정착민들은 대규모의 단일 경작을 위해 너른 면적에 불을 놓았다. 익숙하지 않은 풍경을 길들이고 환경에 통일성을 부과하려 하면서, 이들은 원주민들이 수천 년간 기여해 온 생태의 리듬을 교란했다.

1800년대 중반이면 질병, 전쟁, 강제 이주 등으로 전통적인 처방화입을 포함해 아메리카 원주민의 문화가 대거 파괴되었다. 목재 산업이 번성했고 기계화로 농장이 확대되었다. 정착민들은 점점 더 불을 피했다. 그들은 불을 가치 있는 목재와 잘 조성된 작물 재배지를 위협하는 요인으로 여겼다. 유록족 사람이며 '문화적 불 관리 위원회Cultural Fire Management Council'의 공동창립자인 마고 로빈스Margo Robbins는 "1900년대 초에 우리는 토지를 관리하는 도구로 불을 사용하고자 시도하면 총에 맞았다"고 말했다. 1918년에 쓰인 한 서신에서 산림청의 이 지역 담당 산림관 F. W. 할리F. W. Harley는 "변절자인 백인과 인디언들"이 "순전히 고집에서, 또는 피해가 나든 말든 관심 없다는 듯이" 불을 놓는다고 한탄하면서 코요테 쏘듯이 총으로 쏴버리는 것이 유일한 해법이라고 말한다. 로빈스는 "나중에는 승인받지 않은 불을 놓으면 감옥에 보내는 정책이 도입되었고 모든 불은 다음날 오전 10시가 되기 전에 꺼야 한다는 규칙이 생겼다"며 "사실상 전통 방식의 화입을 금지하는 효과가 있었다"고 설명했다.

20세기 초에 극심하게 파괴적인 산불이 몇 차례 연달아 닥치고 나서 미국 산림청은 한층 더 공격적으로 화재를 막고 진압하려 했고, 이 정책은 미국 역사상 가장 오래 방영된 공익 광고 캐릭터 '스모키 베어'의 호소에서 잘 볼 수 있다. 이렇게 해서 주기적으로 약한 산불을 놓던 관습이 없어지면서, 숲이 지나치게 빽빽하게 들어찬 통조림 같아졌다.

불을 '진압'하려 하는 접근 방식은 캘리포니아주 등 미국 서부 지역을 지난 20년 사이 자주 닥친 재앙적인 종류의 산불에 취약해지게 만들었다. 지구온난화, 길어진 가뭄, 극단적인 폭염, 곤충과 균류의 이상 증식, 제대로 관리되지 않는 송전선, 점점 더 외지고 깊은 숲으로까지 주거지의 확산, 서부 특유의 강한 기류 등도 전례 없던 규모와 강도로 몰아치는 지옥의 화염을 일으키는 조건이 되었다. 2000년 이래 미국에서 평균적으로 연간 2만 8,000제곱킬로미터 이상이 불에 탔고, 이는 1990년대에 불에 탄 연간 면적의 두 배가 넘는다. 2020년에는 정확한 측정이 시작된 1960년 이래로 가장 넓은 면적인 4만 제곱킬로미터 이상이 불탔다. 불에 탄 지역 대부분이 서부 지역이고, 40퍼센트가 캘리포니아주다. 이곳 북미 서부에서는 유럽 식민주의자들이 오기 전에 훨씬 더 많은 면적이 불에 탔지만, 그때는 약한 불을 자주 놓아서 그런 것이었고 최근 같은 폭주 형태의 무시무시한 산불 때문이 아니었다. 오늘날의 산불은 기록에 존재하는 어느 사례보다도 규모가 크고 맹렬하다. 어떤 경우에는 규모와 강도가 너무 커서 불이 그 자체의 기후를 가지고 있을 정도다. 불 속에 자체의 토네이도가 형성되거나 [번개와 열풍을 동반한 구름인] '화재 적란운pyrocumulonimbus'이 형성되는 것이다. 화재적란운이 형성되면 나뭇가지가 번개와 불똥에 맞아 더 많은 화재로 이어진다. 이 글을 쓰는 현재, 캘리포니아주에서 기록된 중 가장 큰 화재 15건이 모두 2003~2021년에 있었고, 가장 큰 화재 10건은 2018년 이후에 있었으며, 가장 큰 화재 다섯 건은 모두 2020년 한 해 동안 발생했다.

카룩족의 자연 자원 및 환경 정책 디렉터 리프 힐먼Leaf Hillman의 말을 빌리면, 역사적으로 오도되어 생겨난 불에 대한 잘못된 두려움이 이제 우리가 정말로 불을 두려워해야 할 이유를 가지게 만들었다. 그는 "다시 불과 긍정적인 관계를 맺어야 한다"며 "우리가 해야 할 가장 첫 번째 대응은 진압이 아니라 관리"라고 말했다.

진압 위주의 접근이 서부 지역만큼 강하지는 않았던 플로리다주 등 미국 남동부에서는 이제까지 대규모의 화재가 서부만큼 문제가 되지는 않았고 처방화입도 비교적 일상적으로 이루어지고 있다. 생태학자와 산림관들은 미국 서부에서 진압 위주의 화재 관리가 일으키는 문제를 오래전부터 알고 있었지만, 화재 관리 정책과 실행에서 유의미한 변화는 잘 일어나지 않았다. 큰 어려움 하나는 연방, 주, 부족, 민간 사유지 등이 복잡하게 얽혀 있는데 각자가 나름의 규제에 처해 있다는 점이다. 그리고 기후변화로 화재 빈발 기간이 늘면서 처방화입을 안전하게 할 수 있는 틈새 기간이 짧아졌다. 조심성을 최대로 발휘해도 아차 하면 태우지 말아야 할 곳을 태우게 될지 모른다. 또한 대형 산불에서 나오는 연기보다는 훨씬 적겠지만, 처방화입에서 나오는 연기도 대기의 질을 저하시킬 수 있고 일부 사람들의 건강에 해를 끼칠 수 있다.

그럼에도, 처방화입은 매우 효과적이고, 경제적이며, 생태학적인 면에서도 합리적으로 재앙적 화재의 위험을 줄일 수 있는 방법이다. 빠르게 높아지고 있는 산불 위기에 직면해서, 미국 산림청, 캘리포니아주 산림화재소방방재부, 또 그 밖의 정부 기관들이 북미 서부에서 처방화입을 되살려야 할 필요성을 새로이 인식하기 시작했다.

미국 최고의 불 생태학 전문가로 꼽히는 스콧 스티븐스Scott Stephens는 "우리가 경로를 바꿀 수 있다고 생각한다"며 "긍정적인 변화를 만들 수 있을 것"이라고 말하면서도 이렇게 덧붙였다. "하지만 동시에, 우리에게 필요한 속도와 규모로 해낼 수 있는 능력이 우리에게 있는지는 그 어느 때보다도 걱정이 됩니다. 지금 창밖을 보면 정신없는 속도로 일이 벌어지고 있는 것을 볼 수 있으니까요. 저는 여전히 희망을 가지고 있지만, 우리가 정말 빠르게 움직여야 한다고 생각합니다."

지구 역사의 첫 몇십억 년 동안에는 우리가 아는 것과 같은 산불이 없었다. 불이 나려면 세 가지 요소가 필요한데, 연료, 산소, 열이다. 번개, 화산, 바위의 낙하, 운석의 충돌 등 강렬한 열과 불꽃의 원천은 초창기 지구에 아주 많았다. 하지만 산소가 거의 없었고 연료가 될 마르고 잘 타는 물질도 별로 없었다. 시아노박테리아와 조류가 점진적으로, 또 때로는 급격하게 산소를 더 많이 내놓으면서 6억 년 전에 지구 대기 중 산소의 양이 현재의 절반 수준인 10퍼센트 정도로 높아졌다. 거대한 변화였지만 불을 일으키기에는 충분하지 않았다. 우리에게 더 익숙한 대기가 되는 데는 생명이 지휘하는 혁명이 또 한 번 필요했다. 육지 영역이 '녹색화'된 것이다.

7억 년 전에, 어쩌면 그보다도 더 전에, 조류가 바다에서 땅으로 올라오기 시작했다. 가장 초기의 개척자는 주기적으로 마르는 간헐적 연못에 살고 있었고, 따라서 마른 환경에 적응하는 진화가 촉진되었다. [포자낭에서 보호되는] 내생 포자는 이들의 자손이 마르지 않도록 보호했다. 뿌리는 구조적 강건함과 멀리 있는 수분 및 양분에 대한 접근성을 갖추게 해주었다. 내부의 배관 시스템인 관다발은 점점 더 커지는 몸체 전체에 걸쳐 액체와 당분이 순환될 수 있게 했다. 잎들은 광합성이 이루어질 수 있는 표면적을 크게 확대했다.

5억~4억 2,500만 년 전의 어느 시점에 최초의 육상 식물들이 진화했다. 작은 늪지 식물 쿡소니아cooksonia는 청개구리 발가락처럼 생긴 포자낭을 갖추고 있었다. 바라그와나티아 롱기폴리아Baragwanathia longifolia는 90센티미터나 되는 긴 가지에 날씬한 잎이 빽빽하게 나 있어서 털이 많은 타란툴라 거미처럼 보였다. 키가 약 60센티미터로, 딜의 원시 사촌처럼 생긴 프실로피톤 다우소니Psilophyton dawsonii는 당대에 매우 정교한 관다발 시스템을 자랑한 식물이었다. 육상 식물은 팔레오세에 육지로 올라온 여타의 미생물, 균류, 동물들과 함께 새로운 파트너십을 이뤘다. 한때는 단단하고 황량하고 회색이었던 지구의 표면이 느슨해지고 주름이 지고 초록 잎이 무성해졌다.

4억~3억 6,000년 전에는 훨씬 더 크고 복잡한 몸체, 더 넓은 잎, 단단한 뿌리 등을 발달시키면서 식물계에서 진화적 혁신이 분출했다. 초창기의 육상 식물이 오늘날의 이끼를 연상시키는 작은 생물이었다면, 데본기 말에는 몇몇 식물이 최초의 나무로 진화했다. 아르카이옵테리스Archaeopteris°는 키가 24~30미터나 자랄 수 있었다. 양치식물 같은 잎이 달린, 축 늘어진 대형 크리스마스 트리처럼 생겼다. 레피도덴드론Lepidodendron은 뱀의 비늘 같은 나무껍질, 꼭대기에 왕관처럼 빽빽하게 난 작은 잎, 길이가 10미터가 넘는 뿌리를 가지고 있었다. 칼라미테스Calamites는 오늘날의 쇠뜨기의 거대 버전처럼 생겼는데, 키가 18미터 넘게 자라기도 했다. 새로운 대형 식물들 사이에서 현대의 양치식물과 놀랄 만큼 비슷한 당대의 양치식물도 번성했고 때로는 크기가

° 아르카이옵테릭스Archaeopteryx[시조새]와 헛갈리면 안 된다.

새로운 대형 식물과 비등해지기도 했다. 3억 8,000만 년 전 무렵이면 지구 표면의 방대한 부분을 원시의 숲이 덮고 있었다.

얼마 지나지 않아 최초로 씨앗식물이 나타났다. 이들은 성공적으로 번성했고, 우리에게 익숙한 형태인 활엽수와 침엽수로 분화했다. 2억 5,000만~1억 5,000만 년 전에는 몇몇 식물이 놀라운 특징 한 가지를 새로이 진화시켰다. 독특하게 생긴 잎이 마치 깃발처럼 꽃가루가 있는 위치를 알려주어서 꽃가루를 먹는 곤충을 더 잘 끌어들일 수 있게 된 것이다. 그러면 그 곤충들은 자기도 모르게 이 식물의 재생산을 도왔다. 곧 깃발 역할을 하는 잎들이 대담한 색상으로 발달해 초록색인 잎들 사이에서 두드러지게 눈에 뜨일 수 있게 되었고, 향기와 꿀이 이 협상을 한층 더 촉진했다. 6,500만 년 전이면 꽃식물이 전 지구에 퍼졌고, 그와 동시에 풀(1억 년 전쯤 생겨났을 것으로 추정된다)도 널리 퍼져 차차로 육지 표면의 30~40퍼센트를 덮었다.

식물은 지구의 표면과 대기를 근본적으로 변모시켰다. 시아노박테리아가 내놓는 산소가 이미 성층권에 오존층을 형성하기 시작해 유해한 자외선으로부터 생명체들을 보호하고 있었는데, 육상 식물은 오존층이 더 두꺼워지게 해서 대대적으로 육지에 올라오고 있던 새로운 생물들을 보호했다. 육지가 초록 식물로 덮이면서 물의 순환이 대폭 가속화되었고 이는 암석의 풍화 속도를 높였다. 식물, 균류, 미생물은 뿌리로 암석을 쪼개고 산성으로 녹이고 유기물로 땅을 비옥하게 하면서 단단한 지각을 유연한 토양으로 만들었다. 넓게 퍼지는 뿌리 체계를 가진 나무와 관목, 그밖에 크기가 큰 식물들은 강둑의 땅을 단단히 안정시키고 강과 하천이 풍경을 가로질러 구불구불 흐르게 하면서 토양과 진흙이 바다로 너무 많이 유실되지 않게 했다.

지하에서는 식물 뿌리와 곰팡이가 '균근'이라고 불리는 파트너십을 형성했다. 실처럼 생긴 균류가 식물 뿌리를 감싸 탄소가 풍부한 당분을 얻는 대가로 식물이 토양에서 물, 인, 질소 등 영양분을 잘 빨아들일 수 있게 도왔다. 육상 생태계가 성숙해 가면서 공생의 망은 더 복잡하고 견고해졌으며, 식물 간에도 물, 양분, 화학 신호를 교환할 수 있게 되었다.

육상 식물이 확고하게 자리를 잡자 대기의 산소 농도가 현대 수준으로, 또는 그 이상으로 높아졌다. 단순히 식물이 공기 중으로 산소를 내뿜는 간단한 과정만은 아니었다. 광합성을 하는 해양 플랑크톤과 육상 식물이 내뿜는 산소의 대부분은 영속적인 순환 고리 속에서 다른 유기체에 의해 소모된다. 플랑크톤과 식물은 이산화탄소를 흡수해 자신의 조직을 만드는 데 사용하고 산소를 노폐물로 방출한다. 한편 동물, 곰팡이, 미생물은 플랑크톤과 식물을 먹고 분해하는데, 그 과정에서 산소를 사용하고 이산화탄소를 내뿜는다. 하지만 광합성을 하는 생물이 다 소비되거나 분해되는 것은 아니다. 일부는 해저나 호수, 늪, 산사태 등에 묻혀 비교적 온전한 상태로 유지된다. 분해를 담당하는 생물이 이들 숨어버린 플랑크톤과 식물을 분해하는 데 사용했어야 할 산소가 일반적인 순환 고리를 벗어나 대기 중에 남게 되었고, 이러한 과잉 산소가 조금씩 대기에 축적되었다.

오랜 세월에 걸쳐, 태양을 동력으로 삼는 해양의 식물성플랑크톤과 육상 식물의 연금술, 그리고 끊임없이 생명을 묻어서 보관하는 땅의 활동이 결합해 대기 중 산소 농도가 제로였던 데서 석탄기(3억 5,890만~2억 9,890년 전)에 최고 수준인 약 30~35퍼센트에 도달했다. 백악기(1억 4,500만~6,600만 년 전)에도 비슷한 정점이 나타났다. 산소 농도가 높은 공기를 마시면 호흡과 비행이 훨씬 쉬웠으므로 석탄기에는 곤충과 절지동물의 몸집이 커졌다. 노래기는 서핑보드만큼 커졌고 잠자리는 지금의 비둘기만큼 긴 날개로 날았다.

또한 육상 식물은 지구의 장기적인 탄소 순환과 온도 조절 메커니즘에서도 핵심 요소가 되었다. 육상의 식물, 균류, 미생물이 함께 성장하고 활동하면서 비, 바람, 얼음만 작용할 때보다 적어도 다섯 배는 빠르게 암석을 깨뜨렸고 이 과정은 탄소를 대기 중에서 끌어들였고 땅에 탄소를 파묻는 과정을 가속화했다. 이러한 생물학적 풍화 작용은 대기에서 강력한 온실가스를 없앰으로써 지구를 식히는 효과를 냈다. 숲 지대가 퍼지고 얼마 지나지 않아 데본기에서 석탄기로 넘어가던 시기에, 지구는 또 한 번의 빙하기와 대멸종을 겪었다. 이 빙하기는 1억 년 정도 지속되었을 것으로 보인다. 대륙의 이동과 해류의 재배열도 영향을 미쳤겠지만 나무와 같은 육상 식물도 중요한 역할을 했을 가능성이 크다. 비슷한 시기에, 식물은 미생물과 균류가 아직 완전하게 분해하는 법을 모르는 리그닌 등 질긴 조직들을 진화시켰다. 식물학자 데이비드 비어링David Beering은 이를 "지구의 소화 불량이 시작되었다"고 표현했다. 이 때문에 많은 양의 탄소가 늪지대와 토탄 지대에 묻혀 있게 되면서 지구 기온 하락을 한층 더 촉진했다. 하지만 앞서의 빙하기에서와 마찬가지로, 지구의 온도 조절 장치가 차차로 기후를 재설정했다. 시간이 가면서 공생하는 미생물, 균류, 동물(흰개미 등)이 가장 질긴 식물 조직도 소화할 수 있도록 진화했다.

대기 중 산소 농도가 역사적으로 높은 수준에 도달하고 숲이 육지의 방대한 면적을 덮으면서 지구는 이전 어느 때보다 더 살기 좋은 곳이 되었고 더 살아 있는 실체가 되었다. 또한 불이 더 잘 나게도 되었다. 이제 이 새로운 지구에서 불은 일상적으로 일어나는 현상이었다. 퇴적암에 보존되어 있다가 발견된 4억 2,000만 년 된 식물의 그을린 잔해가 산불의 가장 이른 증거다. 그 이래로 화석 기록에서 계속해서 숯이 발견되었다.

데본기부터 시작해서, 많은 식물이 불이 일상적으로 발생하는 환경에 적응했다. 불은 열기에 잘 견디는 두꺼운 나무껍질, 물기 많은 잎, 그을린 토양에서도 재생이 되는 회복력 강한 알뿌리를 진화시켰다. 어떤 식물은 아예 재생산을 불에 의존하는 쪽으로 진화했다. 가령, 어떤 소나무는 수지로 밀봉되어 있던 솔방울이 산불의 열기에 녹으면 비옥한 잿더미 위로 씨앗이 떨어진다. 또한 연기도 몇몇 식물종의 발아를 촉진하는 것으로 보이고 일부 꽃식물은 화염이 있고 난 뒤에만 꽃을 피운다.

이와 함께 불도 생명에 적응했다. 불에 대한 역사학자인 스티븐 파인Stephen Pyne은 저서 《불: 간략한 역사Fire: A Brief History》에서 "불은 살아 있는 세상이 없으면 존재할 수 없다"며 "연소의 화학은 연소의 생물학 안에 스스로를 내포해 왔다"고 언급했다. 그곳이 어디이든지, 불이 일상적으로 발생하는 곳에서는 불이 자신의 존재를 가능하게 한 생태계와 공진화를 시작했다. 그 결과

해당 지역 특유의 산불 및 들불의 패턴, 전형적인 빈도, 강도, 기간 등을 일컫는 '화재 양상fire regime'이라는 것이 생겨났다. 불 자체가 생명과 환경 사이에서 창발되어 나오는 음악이라면, '화재 양상'은 반복되는 불과 그 불의 특정한 서식지가 함께 만든 테마 곡조다.

세계의 많은 산림이 주기적으로 발생하는 다양한 강도의 산불과 함께 진화했다. 열대 우림이 아닌 곳에서 불과 숲은 서로를 재생했다. 초원 지대, 풀밭, 사바나는 특히 불과 긴밀한 관계를 발달시켰다. 산불이 숲에 빈 공간을 형성하면 때로는 풀이 그 자리로 이동해 와서 뜨겁고 마른 땅에 적응했다. 그러면 이 새로운 식생이 더 많은 불의 연료가 되었다. 뿌리가 깊고 강한 풀들은 불을 잘 견디고 또 불을 촉진하면서 이 순환을 지속시켰다. 심지어 습지도 불과 나름의 연합 관계를 형성했다.

지구시스템에 불이 자주 발생하게 되면서 완전히 새로운 진화 경로가 나타났다. 불을 통제하는 방법을 터득하는 생명체가 나올 가능성이 생긴 것이다. 침팬지들은 들불이 사바나를 가로질러 덮쳐 오는 것을 보았을 때 도망만 가지는 않는다. 때로는 안전한 거리를 두고서 불의 진로를 따라가서 불이 사라지면 불에 탄 나무들을 조심스럽게 살핀다. 어떤 경우에는 며칠이나 몇 주 전에 불이 나서 탄 장소를 발견하기도 한다. 그러면 그을린 관목이나 재에서 익은 씨앗이나 과일, 새순, 새의 알, 그리고 불에 타 드러난 곳에서 노출되었거나 미처 불을 피하지 못한 곤충이나 도마뱀과 같은 먹거리를 발견할 수 있다. 개코원숭이와 버빗원숭이도 산불과 들불을 따라가며 채집을 한다. 수백만 년 전에 초기 인류도 그랬을 것이다.

정확한 시점은 아무도 모르지만 100만 년과 200만 년 전 사이의 어느 시점에 우리 조상은 불 자체를 다루기 시작했다. 처음에는 불이 붙은 나뭇가지를 떨어뜨려 숨어 있던 사냥감이 튀어나오게 만드는 수리와 매를 흉내내기 시작했을 것이다. 또한 둥그렇게 쌓은 돌이나 초보적인 화덕으로 불이 붙어 있는 식물을 가져와 뿌리를 구워서 먹고 목질, 마른 풀, 동물의 변 등을 연료로 쓰는 법을 터득했을 것이다. 완전히 불에 탄 잎과 가지, 뼈, 그리고 높은 온도로 가열된 흔적을 보이는 돌과 토양 조각과 같은 고고학적 증거들은 인간이 40만 년 전부터는 불을 일상적으로 다루고 관리했으리라고 시사한다.

불은 해가 없을 때 따뜻함을 주었고 낮이 아닐 때 밝은 빛을 주었다. 화염은 위험한 포식자가 다가오지 못하게 했고 해충을 막아주었으며 사람들이 얼어 죽지 않게도 해주었다. 저녁에 피우는 모닥불은 모두 모여 대화를 나누는 장소가 되었다. 횃불이나 기름 램프 덕분에 한때는 어두웠던 동굴의 윤곽이 신화와 기억이 담긴 도화지가 될 수 있었다. 사냥한 고기를 불로 익히게 되면서 우리 종은 뉴런의 수가 세 배나 많은, 더 크고 밀도 있고 에너지를 많이 소모하는 뇌를 진화시키고 유지할 수 있었다. 인간의 진화에서 가장 중요한 촉매를 하나만 꼽으라면 우리의 지능과 기술과 문화를 벼려낸 가마로서 불에 한 표를 던지기에 손색이 없을 것이다.

주변에 전략적으로 불을 놓는 행위가 고대의 전통이라는 사실은 분명하지만 정확한 기원은 기록되지 않은 역사 속에서 망각되었다. 다만 북미에서뿐 아니라 아프리카, 호주, 아시아 등지에서 원주민이 처방화입을 시도하기 시작했을 때, 수백만 년 동안 발달되어온 그 장소의 '화재 양상'이라는 맥락에서 그렇게 했으리라는 점은 분명하다. 그들은 불을 놓는 법을 원조 프로메테우스라 할 만한 가장 좋은 선생님으로부터 배웠다. 살아 있는 지구로부터 말이다. 수천 년 동안 인간은 불의 생태적 리듬을 이끄는 공동 지휘자가 되었고 이윽고 우리보다 먼저 이 세상에 온 어떤 생물보다 더 극적으로 그 리듬을 바꾸었다. 이는 경이로운 결과를 가져오기도 했고 암울한 결과를 가져오기도 했다.

프랭크 레이크의 사유지에서 그를 만나고 이튿날, 나는 올리언스의 북동쪽으로 향했다. 솜스 바를 지나 로저스 크릭 가까이에 있는 클래머스 국유림으로 가는 길이었다. 모든 바위, 둥지, 가지에 이끼가 덮여 있었다. 모든 가지의 끝에서 끝까지 창백한 지의류가 붙어 있어서, 나무들이 마치 녹은 밀랍이 덮인 골동품 샹들리에처럼 보였다. 사라지지 않는 안개와 빛, 그리고 때때로 내리는 비가 운무림의 분위기를 자아냈다. 축축한 땅과 썩어가는 나뭇잎의 톡 쏘는 냄새가 그것과 정반대인 연기와 재의 냄새와 뒤섞였다.

겨자색 셔츠와 녹색 바지로 된 방염복을 입은 수십 명이 산림관리용 도로에 멈춰서 안전모를 다시 잘 쓰고 프로판 탱크를 등에 지고 탱크에 길고 얇은 금속관으로 연결된 토치를 테스트했다. 모두 소방관 자격을 가지고 있었지만 불을 진압하러 온 게 아니었다. 이들은 불을 놓기 위해 온 사람들이었다. 산림관리인,

환경운동가, 구급대원, 지역 원주민, 학생, 그저 불을 좋아하는 사람 등 다양한 사람들이 '트렉스TREX'라고 불리는 프로그램에 참여하기 위해 멀고 가까운 곳에서 온 참이었다. 2008년에 미국 산림청과 자연보호협회가 시작한 TREX는 처방화입 훈련 프로그램으로, 처방화입을 사용해서 생태계에 이득을 주고 심각한 산불의 가능성을 줄이는 방법을 사람들에게 가르친다.

소방관(어떤 소방관들은 불과 싸우는 사람이라는 의미의 'fire**fighter**'보다 불을 완화하는 사람이라는 의미의 'fire**lighter**'라는 단어를 더 선호하기도 한다)들이 가파른 비탈을 신중하게 내려가면서 산림관리원들이 지난 몇 달 동안 잘라서 쌓아둔 커다란 가지와 덤불 더미들을 찾아다녔다. 더미들은 마른 상태를 유지하기 위해 기름 종이로 덮여 있었다. 소방관들은 그런 더미를 발견하면 토치를 푹 꽂아서 불을 놓은 다음 주입되는 가스의 양을 늘려 맹렬한 주황색 화염으로 더미의 내부를 태웠다.

어떤 더미는 물기가 너무 많아서 처음에는 제대로 타지 못하는 것처럼 보였다. 잠에서 깨어난 화산처럼 연기 기둥을 뿜어냈지만 불이 붙지는 않았다. 비가 약간만 오면 화염이 너무 크고 뜨거워지는 것을 막아서 연소에 도움이 되지만 물기가 너무 많으면 목적이 달성되지 않는다. 산림생태학자이자 소방관인 마이클 헨츠Michael Hentz가 활활 타고 있는 유독 커다란 더미에 나뭇가지를 던져 넣으면서, 전체적으로 불이 붙으려면 더미 속부터 마르는 시간이 필요하다고 설명했다. 그날이 지나가면서 차차로 더 많은 더미에 불이 붙었고 때로는 맹렬히 타올라서 머리 위로 재와 잉걸불이 솟아올랐다. 곧 숲 전체가 불타는 듯이 보였고 움직이는 안개와 연기의 층 속에서 빛과 타닥거리는 소리가 났다. 일부러 낸 불인 줄을 알고 있었는데도 그 광경은 깊이 뿌리박힌 생존 본능을 일깨웠다. 무언가가 잘못되었다는 공포가 사라지지 않았다. 숲이 불타는 광경을 보는 기분은 너무 이상했다. 하지만 아름답기도 했다. 내부에 놓은 화염에 휩싸인 나무들의 고리와 더미를 살펴보노라니, 어쩌다 불새의 둥지들이 있는 서식지에 들어온 것 같았다.

화입 책임자이자 그날 행사를 지휘한 사람 중 한 명인 잭 테일러Jack Taylor는 이것이 "이 산비탈에 불을 다시 도입하는 가장 중요한 단계"라고 말했다. 그는 짧은 갈색 수염, 얇은 테 안경, 야구 모자 차림을 하고 주머니에 무선 송수신기를 꽂은 차림으로, 지금 불을 놓고 있는 약 6만 평 면적에 돌참나무, 흑참나무, 캐년라이브오크, 큰잎단풍나무, 멘지스딸기나무, 그리고 아주 많은 더글러스전나무가 있다고 설명했다. "우리가 원하는 생태학적 구성은 침엽수는 더 적어지고 건강한 활엽수가 더 많아지는 것입니다." 그는 때때로 침을 뱉기 위해 말을 멈췄다. "활엽수는 문화적으로도 중요한 식량 자원이고 야생동물에게도 가치가 크지만, 100년 동안 화입을 금지하는 바람에 많이 부족해졌어요. 우리는 시간을 되돌리려는 것이 아닙니다. 그건 정말로 가능하지 않다고 생각합니다. 우리가 할 수 있는 일은, 우리가 원하는 바가 무엇인지를 확실히 알고서 그 방향으로 가기 위한 논리적인 단계가 무엇일지 질문하는 것입니다. 그리고 그 단계의 주된 부분이 불의 사용입니다."

나중에 이 일대가 충분히 성긴 상태가 되면 테일러와 동료들은 다시 돌아와서 저강도 화입을 수행할 것이다. 미리 정해진 경로를 따라 낮게 불을 내는 것을 말한다. 크고 단단한 나무들은 죽이지 않으면서 숲의 바닥에 자라는 마르고 불에 탈 수 있는 식물과 남아 있는 덤불, 마른 가지 등은 모두 태우기 위한 과정으로, 소방관들은 아마 드립 토치(타고 있는 액체 연료를 태울 물질 위에 떨어뜨려 불을 놓는 휴대용 토치. 대개 디젤과 가솔린의 혼합을 연료로 사용한다)를 사용할 것이다.

불 생태학자 스콧 스티븐스는 처방화입의 힘을 직접 목격했다. 그는 "불은 살아 있는 시스템 내에서 필수적인 피드백을 제공하는 심오한 능력이 있다"며 이렇게 설명했다. "요세미티에는 50년 동안 번개로 발화된 불을 진압하지 않고 그냥 타도록 둔 곳이 몇 군데 있습니다. 관목, 불에 탄 통나무, 죽었지만 아직 서 있는 나무, 그 사이사이에서 새로이 자라난 식생 등이 있는 성긴 조건에서 크고 오래된 나무를 얻을 수 있습니다. 혼란스럽고 엉망으로 보인다고 여기는 사람도 있을 것입니다. 처음부터 끝까지 나무만 빽빽하게 있는 숲에 익숙해져서 그렇지요. 하지만 캘리포니아의 화재 양상과 가장 근접한 경우를 찾자면 이것입니다. 90퍼센트의 경우에 거기에서 난 불은 스스로 꺼집니다. 전적으로 자기조절적이에요."

프랭크 레이크가 어렸을 때는 TREX는 생기기 수십 년 전이었고, 원주민의 화입 전통은 법으로 금지되어 있었으며, 서부에서는 처방화입이 일반적이지 않았다. 그는 부족 어르신들이 이 지대에서 불이 사라져 애석해하던 것을 기억한다. '치유사 그리즐리 곰'이라는 별칭으로도 불리는 그의 아버지 바비 레이크 톰

Bobby Lake-Thom과 '붉은 매'라고도 불리던 할아버지 찰리 톰Charlie Thom은 카룩족의 의사였다. 그들은 치유의 장소라고 불리는 신성한 곳으로 프랭크를 데리고 가서 기도를 하고 작은 불을 피우곤 했다. 또 간혹 그들은 허클베리가 자랄 공간을 내고 도토리 수확을 개선하고 바구니를 짜는 데 쓰이는 개암나무의 생장을 촉진하기 위해 누군가가 법을 어기고 불을 놓았던 흔적을 발견하기도 했다. 프랭크는 이렇게 말했다. "의례를 주관하시던 할아버지는 우리 문화에서 불이 가지는 중요성을 말씀하시면서 산림청이 불을 금지한 이후 땅이 병들고 죽어가고 있다고 하셨어요. 번개가 칠 때까지 그냥 기다리고만 있으면 안 됩니다. 불에 의존하는 문화이니 직접 나가서 불을 일으켜야 하죠."

레이크의 부모는 그가 다섯 살쯤 되었을 때 이혼했고 레이크는 올리언스, 유리카, 그리고 유록족 보호구역 사이를 오가며 자라다가 중학교 때부터는 새크라멘토에서 엄마, 새아버지와 함께 살았다. "나는 엄청나게 똑똑한 학생은 아니었습니다. 늘 숲으로 가서 놀던 아이였지요." 그는 캘리포니아 주립 대학교 데이비스 캠퍼스 입학 조건으로 영어 보충 수업을 들어야 했다. "우리 문화의 가르침은 배웠지만 서구 학문의 도구를 가지고 있지는 못했거든요. 특히 글을 잘 못 써서 큰 문제였습니다. 야생동물 생태학 수업마저 처음에는 통과하지 못했어요. 모든 생물종과 그들의 서식지를 알고 있었고 발자국, 두개골, 모피와 깃털로 각각을 다 식별할 수도 있었지만, 라틴어 학명 철자를 쓸 수 없었거든요."

레이크는 1995년에 캘리포니아 주립 대학교 데이비스 캠퍼스를 졸업하고 몇 년간 오리건주 남부와 캘리포니아주 북부에서 미국 산림청의 수생생물학자로 일했다. 그러던 중 1999년에 메그램 화재Megram Fire가 발생해 그가 고향이라고 불렀던 세계의 일부가 황폐화되었고, 500제곱킬로미터 이상의 국유림, 원주민 보호구역, 사유지가 불탔다. 당시 이 화재는 캘리포니아주 역사상 가장 심각한 산불 축에 들었다. 몇 주 동안이나 대기에 짙은 연기가 가득했다. 대부분의 나무와 식생이 불에 탄 가파른 지역에서는 절벽이 침식되면서 산사태가 발생했고 돌과 모래에 강줄기가 막혔다. 레이크는 무언가를 깨달았다. 메그램 화재는 화재생태학이나 임업 분야 사람들만의 영역이 아니었다. 수생생물학자인 레이크에게도 직접적으로 관련이 있었다. 나무와 물고기, 불과 물이 모두 연결되어 있었다. 그는 "산림 관리인과 소방관은 숲의 능선을 올려다보고 있었고, 수문학자와 어업인은 개울과 강을 바라보고 있었다"고 회상했다. "우리는 이 자원들 모두를 관리해야 하는 사람들이었지만 방향을 전환해 더 넓은 관점을 포괄하고 있지는 못했어요. 이런 생각이 떠올랐습니다. '이 능선과 강을 하나로 묶어주는 게 뭐지? 바로 불이잖아!'"

레이크는 부족 어르신들에게 들었던, 불이 너무 적어도, 또 너무 많아도 수생 생물에게 똑같이 해롭다는 말을 떠올렸다. 화재의 규모가 너무 작거나 너무 빈도가 드물면 나무가 빽빽하게 들어차서 지대를 말려 버리고 강우량이 개울과 저수지를 충분히 채우지 못한다. 반면, 화재의 규모가 너무 크고 파괴적이면 식물이 지나치게 많이 줄어서 과도한 물을 뿌리로 흡수함으로써 토양을 제자리에 붙잡아주는 역할을 제대로 하지 못해 홍수와 산사태가 발생할 수 있다. 메그램 화재 이후에 이러한 생태학적 연결의 의미와 중요성이 더 크게 다가왔다. 더 알아야 할 것이 얼마나 많은지 새삼 깨달은 레이크는 직장을 그만두고 학교로 돌아가기로 했다.

2000년 가을에 레이크는 오리건 주립 대학교에서 환경과학 박사 과정을 시작했다. 그는 극소수의 원주민 학생 중 한 명이었다. 어느 날 오후, 한 백인 교수가 수업 도중에 북미의 대지 형성에 있어 원주민이 사용하던 처방화입의 중요성을 과소평가하는 말을 했고 레이크는 이의를 제기했다. 당시에는 이런 태도가 드물지 않았다. "교수님, 제 생각엔 교수님께서 편향된 관점을 갖고 계신 것 같습니다." 이 말에 교수는 "나는 잘 모르겠는데?"라고 대답했다. 레이크가 "저는 교수님께서 문헌 검토를 철저하게 하지 않으셨다고 생각합니다"라고 말하자 교수는 이렇게 제안했다. "좋아요. 학생이 자신의 주장을 입증할 문헌 증거를 가져온다면 진지하게 생각해 보지요."

이틀 뒤, 도서관에서 철저한 조사를 마친 레이크가 원주민의 화입 전통을 정리한 배포물 수십 장을 가지고 강의실에 들어왔다. "교수님께서 가치절하하신 내용을 조사했습니다. 교수님께서는 원주민이 환경을 불태울 이유가 없다고 하셨지만 그들에게는 꽤 많은 이유가 있었습니다. 교수님께서는 교수님의 전문 영역인 바로 그 시스템에서 문화인류학, 고고학, 구전 역사를 제거하셨습니다. 저는 교수님께서 원주민을 인정하지 않으려는 편견을 강의에 개입시키고 계신다고 생각하고, 그렇게 하지 않으시기를 부탁드립니다."

그 교수는 원래 레이크의 논문 지도교수 중 한 명이었는데, 레이크가 기억하기로 "자신의 권위나 관점이 도전받는 것을 좋아하지 않는" 사람이었다. 레이크는 더 다양성을 갖추어 논문 심사진을 재구성하겠다고 요청했고, 몇 년 뒤인 2007년에 원주민의 생태학적 지식과 서구 과학을 통합해 (바구니를 짜는 데 쓰이는 모래톱버드나무의 관리에 초점을 맞추어서) 캘리포니아주 북서부에 처방화입을 재도입하는 것의 중요성을 다룬 박사 논문 심사를 무사히 마쳤다. 그리고 얼마 뒤에 산림청의 연구 생태학자로 일자리를 얻었다.

그 이래로 레이크는 처방화입과 원주민의 자연 자원 관리에 대해 많은 논문을 썼다. 메그램 화재가 발생한 지 거의 20년이 지난 2018년에, 그리고 학계에서 오랫동안 원주민에 대한 편견과 싸워온 뒤에, 마침내 레이크는 불과 물고기 사이의 명확한 연관을 보여주는 연구 결과를 발표했다. 레이크는 카룩족이 때때로 "바다에서 연어를 불러오기 위해" 처방화입을 사용했다고 부족 어르신들에게 배운 바 있었다. 많은 연구자들이 이것을 그저 민속 설화 정도로 여겼다. 하지만 그는 두 명의 동료와 함께 미항공우주국NASA의 위성 이미지와 기상 기록을 사용해 산불의 연기가 열과 빛을 반사함으로써 강의 온도를 낮추고 특히 폭염 기간에 강물을 따라 이동하는 찬물에 적응한 종(연어 등)의 생존 가능성을 높인다는 사실을 입증했다. 이는 공식적인 과학 영역에 들어오기 수천 년 전에 원주민들이 발견한 불 생태학의 정교하고 다양한 지식 중 하나였다.

레이크는 산림청과 원주민 부족간의 협업에서도, 북미 서부 지역에 불이 다시 돌아오게 하려는 운동에서도 핵심적인 인물이다. 상당 부분 레이크 등 원주민 지도자들의 노력에 힘입어서 연방과 주 정부 기관 모두 재앙적인 대규모 산불의 가능성을 줄이고 생태계를 복원하기 위해 처방화입을 사용한다는 개념을 점점 더 많이 받아들이고 있다. 2022년 1월에 산림청은 산불 위기를 다루기 위한 전국적인 전략을 새로이 발표하면서, 이것이 토양 관리 정책에서 "패러다임의 변화"라고 묘사했다. 이 계획은 "주 정부, 부족 사회, 지역 공동체, 민간 토지 소유자, 그밖의 이해 당사자"들과 협업해서 가지치기와 처방화입을 현재 수준의 네 배까지 늘리며 이를 위해 2021년에 통과된 '인프라 투자와 일자리 법Infrastructure Investment and Jobs Act'에서 30억 달러를 지원하기로 되어 있었다. 산림청의 전략 보고서는 이렇게 선언했다. "숲의 토지와 숲의 공동체가 불에 적응한 땅이 필요로 하는 산불 속에서 회복력을 갖출 수 있도록, 서부의 숲을 더 성기게 만들고 처방화입과 자연 발화 둘 다를 통해 저강도의 불로 서부의 자연을 관리할 필요가 있다."

나는 레이크에게 앞으로의 계획에 대한 생각을 물었다. "규모를 키우고 싶습니다." 그다운 열정을 가지고 레이크가 대답했다(그는 스스로를 "강렬한 사람"이라고 묘사했다). "만약 제 황금 기준이 제가 가진 600평의 과수원이라면, 우리는 6,000만 평의 과수원을 가져야 합니다. 이 주위에서 우리에게 필요한 땅이 그 정도이니까요. 저는 건전하고 믿을 만한 서구 과학 시스템을 배웠습니다. 그리고 그것을 사용해서 원주민들이 수행하던 일들이 탄소 격리, 기후 회복력 강화, 식품 안전성 확보, 생물 다양성 보호,

재앙적인 산불의 완화와 같은 수많은 바람직한 목적을 달성할 수 있다는 사실을 과학적으로 입증할 수 있었습니다. 원주민 부족들은 자신이 해오던 청지기 역할을 정부 기관에 그저 양도해 버리지 말아야 합니다. 그들은 함께 이끌어야 하고 함께 관리해야 합니다. 그것이 지금 우리가 시작하고 있는 일입니다. 이제는 제가 하는 일이 전처럼 반대나 문제제기에 직면하지 않습니다. 실행으로 본을 보이면, 다른 지역에서도 그곳에 맞는 고유한 방식으로 모방되고 확산됩니다."

그의 대답을 들으니 마고 로빈스가 했던 말이 떠올랐다. "불은 정부 기관만이 아니라 사람들에게 속하는 것입니다. 불은 생태계의 일부여야 합니다. 우리 인간에게는 땅에 불을 놓는 합당한 역할을 하기 위해 불을 사용하는 방법을 알아야 할 책임이 있습니다. 그리고 여기에서 '우리'는 원주민만이 아니라 모든 사람을 말합니다."

처음 지구시스템의 일부가 되었을 때, 불은 매우 불안정했다. 불에 적응한 현대 생태계의 리듬이 형성되는 데는 수억 년이 걸렸다. 지구 최초의 산불과 들불은 4억여 년 전에 늪지와 수륙 양쪽에 사는 늪지 식물 사이에서 변덕스럽고 불규칙하게 일어났다. 대조적으로, 석탄기인 3억 7,500만~2억 7,500만 년 전, 대기의 산소 농도가 최고조에 달하고 거대 잠자리가 하늘을 날던 시기에는 화재가 빈번하고 만연해 400~600도에 달하는 뜨거운 불이 물기 많은 녹색 식물마저 태워버렸다. 산소 농도와 산불의 빈도 및 강도는 계속해서 크게 변동했다.

그런데 약 2억 년 전에 무언가가 달라진 것으로 보인다. 지구 대기의 산소량이 안정화되어 상대적으로 좁은 범위인 20~30퍼센트에 머물게 된 것이다. 엑시터 대학교 지구과학자 클레어 벨처Claire Belcher는 혁신적인 실험을 통해 대기 중 산소량이 16퍼센트 미만이면 화재가 지속되지 않으며, 반대로 산소 농도가 23퍼센트를 초과하면 산불이 걷잡을 수 없이 타오르게 될 가능성이 크게 높아지고 물에 젖거나 잠기지 않은 모든 대상이 가연성이 된다는 사실을 보여주었다. 지난 5,500만 년 동안 대기의 산소 농도는 안정적으로 21퍼센트 정도를 유지하고 있다. 이는 가끔씩 화재를 발생시키고 화재에 적응한 생명체를 다양하게 부양할 수 있을 만큼은 높지만, 불꽃 하나만으로 멈출 수 없는 지옥의 화염을 일으키게 될 만큼은 높지 않은 정도다. 과학자들은 이 놀라운 균형을 설명하기 위해 오랫동안 고민해 왔는데, 지난 몇십 년 사이에 "불과 생명의 공진화"라는 답으로 결론이 수렴하기 시작했다.

지구과학자 리 컴프Lee Kump는 불과 관련된 지구의 균형 작용을 이론화한 초창기 과학자에 속하며, 이 이론은 후에 팀 렌튼Tim Lenton 등 많은 연구자들이 더욱 발전시키게 된다. 이들의 모델을 이해하는 열쇠는 '별빛'이라는 뜻을 가진 화학 원소 인phosphorus이다. 모든 살아 있는 유기체에는 DNA와 세포막의 필수 요소인 인이 필요하지만, 자연적으로 인을 얻을 수 있는 원천은 제한적이다. 대부분의 인은 암석에 갇혀 있다가 비, 얼음, 바람에 의해 점차 방출된다. 육지 표면에 서식하는 미생물, 균류, 식물이 물을 순환시키고 뿌리와 산성 성분으로 지구의 지각을 분해하기 시작하면서 암석에서 인의 방출이 촉진되고 땅에서 강을 통해 바다로 들어가는 인의 양이 늘었다. 이는 육상 식물과 해양의 광합성 생물(식물성플랑크톤 등) 둘 다의 생산성을 크게 높였다. 컴프와 동료들은 육지와 바다 사이의 원소적 연결이 궁극적으로 중대한 피드백 고리가 탄생하는 토대가 되었다고 주장했다.

대기에 산소 농도가 너무 높아지면 화재가 광범위하게 발생해 엄청난 면적의 식물이 파괴되어서 육상 식물이 인을 방출하고 고정하는 능력이 전반적으로 감소한다. 동시에, 존재하는 인 중 더 많은 비중이 바다로 흘러들어 가지만 해양의 광합성 생물은 육상의 광합성 생물만큼 효율적으로 인을 사용하지 않는다. 육상 식물은 인 원자 한 개를 획득할 때마다 몸에 탄소 원자 1,000개를 저장할 수 있는데 해양 식물은 100개밖에 저장하지 못한다. 따라서 대기 중에 산소가 많아지고 산불이 맹렬해지면 광합성 생물 전체의 생산성이 저하되고 늪지나 바다의 퇴적층에 묻히는 유기물의 양이 감소되어 산소가 대기에 축적되는 메커니즘 자체가 약화된다. 수백만 년이 지나면서 산소 농도가 떨어지고 맹렬하던 화염이 수그러들면서 육상 식물이 회복된다. 이 이론은 아직 교과서에 나오는 과학은 아니지만, 점점 더 많은 과학자가 여기에 제시된 피드백 고리가 적어도 5,000만 년 동안 지구 대기의 산소량을 안정화했으리라고 보고 있다.

1980년대에 가이아 가설이 떠올랐을 때 큰 논쟁을 불러일으킨 부분 하나는 생명이 지구 기후를 자신과 지구시스템 전체에 도움이 되도록 "생명을 위해 최적인 물리적, 화학적 환경"을 "적극적으로 추구한다"는 대목이었다. 실제로 제임스 러브록과 린 마굴리스가 초창기에 이러한 표현을 직접 쓰기도 했다. 하지만 지구의 역사가 보여주듯이 이것이 꼭 맞는 말은 아니다.○ 오히려 미생물부터 나무와 같은 식물, 그리고 직립 유인원까지 많은 생명체가 때로는 지구 역사에서 최악의 위기를 만들거나 악화시키곤 했다. 그리고 지난 40억 년 동안 존재해 왔던 지구의 온갖 생물 모두에 '최적'일 수 있는 한 가지 상태는 없다. 그럼에도, 충분한 시간과 기회가 주어지면 일반적으로 생명과 환경은 서로의 지속성을 돕는 방향으로 관계와 리듬을 공진화시키는 것으로 보인다. 여기에 목적론적인 과정은 없다. 그러한 지속성은 계획되거나 고안된 것이 아니다. 종의 진화를 규율하는 메커니즘과 별개의, 하지만 관련이 있는 물리적 과정의 불가피한 결과다.

모든 복잡한 다세포 생명체는 항상성을 유지하기 위해, 즉 지속적으로 존재하는 데 필수적인 물리적, 화학적 조건의 안정적인 상태를 유지하기 위해 다양한 방식으로 진화해 왔다. 한편 모든 복잡한 유기체는 키메라이기도 하다. 이들의 게놈은 바이러스가 침투해 도입되었거나 다른 종에서 훔쳐온 유전자들로 얼기설기 엮인 복잡한 조합이다. 그들의 세포에 있는 소기관 중 일부는 원래 독자적인 생명체였다. 그들의 껍질, 털, 피부에는 비밀스러운 사회에서 경쟁하고 협력하고 증식하는 수조 개의 미

○ 러브록은《가이아》개정판에서 이렇게 언급했다. "나는 실수를 했고 일부는 심각한 실수였다. 가령 지구가 거주자인 생명에 의해, 그리고 생명을 위해 최적인 상태를 유지하고자 한다는 개념이 그렇다. 나는 생물권만 조절 작용을 하는 게 아니라 생물, 대기, 해양, 암석 모두가 그렇게 한다고 분명히 설명하지 못했다. 생명도 포함해 지구 전체가 자기조절적인 실체이며, 내가 말하는 가이아의 의미는 이것이다."

생물이 가득하다. 개개의 식물, 균류, 동물 개체 모두가 사실상 하나의 생태계다. 그러한 복잡한 생물이 항상성을 진화시킬 수 있었다면(이에 대해서는 이견이 없다), 아직 과학이 완전히 밝혀내지는 못했지만 숲, 초원, 산호초 등 생태계 규모에서도 같은 일이 벌어진다고 볼 수 있을 것이다.

생태계는 유기체와 생물종이 하는 방식으로 경쟁하고 번식할 수는 없지만, 많은 학자들이 생태계 또한 자기조절과 진화가 가능한 생명체로 보아야 한다고 주장해 왔다. 특정 생태계를 구성하는 생명체와 서식지의 공진화는 그 생태계가 시간이 가면서 어떻게 달라질지에 영향을 준다. 그러면, 생태계도 수동적으로만 진화하지는 않는다. 생태계는 적어도 어느 정도까지는 불가피한 피드백 고리를 통해 스스로를 변화시킨다. 생태계 내에서 종과 서식지는 시간이 지나면서 극적으로 달라지곤 하지만 생태계를 규정하는 근본적인 관계, 즉 피식자와 포식자를, 벌과 꽃을, 잎과 불을, 그리고 생명이 만드는 물리적 인프라(비옥한 토양, 뿌리와 균사의 그물망, 산호초, 대양 침전물 등)를 연결하는 순환과 그물망은 지속성을 가지며 그렇지 않고 지속성이 쇠락할 때는 모종의 형태로 재생된다. 시스템 전체를 유지하는 데 도움이 되는 종들의 네트워크가 선호될 것이고 시스템을 붕괴의 지점까지 훼손하는 종들의 네트워크는 단기적으로는 이득을 얻을지 몰라도 결국에는 스스로를 제거하게 될 것이다. 가장 회복력 있는 생태계, 도전과 위기에 가장 잘 적응할 수 있는 생태계가 가장 오래 살아남을 것이다. 또한 우리는 '지속성'이라는 현상을 지구 전체로도 확장해서 생각해 볼 수 있을 것이다. 여기에서 작동하는 것은 지속성을 갖고자 하는 '의도'가 아니라 지속성을 향해 가는 '경향성'이다. 필연이 아니라 경향이 작동하는 것이다. 세포든 고래든, 초원이든, 행성이든, 모든 생명체는 지속성을 가질 수 있는 방법을 찾아낸다.○

프랭크 레이크의 사유지를 둘러보고서 얼마 뒤에 그는 현지 풍경을 더 보여주겠다며 나를 데리고 식스 리버스 국유림에 갔다. 가파르고 꼬불꼬불한 길을 따라 가는 동안 양치류와 블랙베리 덩굴이 얽힌 가운에 부드럽게 피어오르는 연기 기둥이 보였다. 레이크는 내가 더 잘 볼 수 있게 차의 속도를 늦췄다. 연기 뒤로는 타버린 나무들의 잔해 사이에 재의 강이 흐르고 있었는데, 이제는 고대의 작은 사원처럼 움푹 패이고 가늘어져 있었다.

"여기서 멈출까요?" 레이크가 말했다. "옆으로 대면 될 거예요. 이건 처방화입에서 나온 잔여물일 겁니다."

우리는 차에서 내려 주변을 둘러보았다. 길 바로 건너편에는 검게 그을린 더글러스전나무, 이끼 낀 참나무, 들장미나무, 황금색 잎이 달린 단풍나무 사이로 거의 수증기처럼 얇고 투명한 연기 장막이 떠돌고 있었다. 쓰러진 나무 몇 그루는 석탄처럼 어둡고 바스러지기 쉬운 그루터기로 변해 있었다. 중앙 근처에는 유난히 큰 통나무에서 회색의 재가 쏟아져 나왔고 통나무 자체는

○ 앞의 세 문단에서 논의한 바는 과학계에서 오랫동안 논쟁이 벌어지고 있는 내용이지만, 지속적으로 주류 학자들이 진지하게 관심을 보이고 있는 내용이기도 하다. 더 자세한 내용은 책의 말미에 수록한 이 장의 참고문헌을 참고하라. 특히 부차드Bouchard, 두리틀Doolittle, 뒤살트Dussault, 렌턴Lenton의 연구를 참고하라.

부분적으로 불에 탄 카누처럼 검게 그을은 채 부서져 있었다. 누군가가 며칠 전에 여기에서 더미를 태웠을 것이라고 레이크가 설명했다. TREX 참가자이거나 지역 소방관이었을 것이다.

레이크는 "이 지역에서 화입을 금지한 이후에 나무가 너무 많이 자랐다"며 "넘어진 나무가 점점 많이 쌓여서, 전에는 불이 더 많고 양분의 순환도 더 많았던 땅에서 이제는 부패가 더 많이 일어난다"고 말했다.

레이크는 근처에서 쓰레기, 재, 흙을 옆으로 치우고서, 아래에 묻혀 있는 통나무를 불이 어떻게 발견했을지 보여주었다. 이 통나무는 아직 타고 있었고, 이것이 연기의 정체였다. "비가 왔지만 아래에는 여전히 마른 통나무들이 있습니다. 이렇게 타면 다양성을 증가시키게 됩니다." 그는 통나무가 완전히 다 타면 토양에 공기와 물이 더 자유롭게 드나드는 공간이 생긴다고 설명했다. "거대한 기공이 되는 셈이지요. 그리고 습기가 있는 공간이 생길 것입니다. 그러면 생물들이 살기 좋은 곳이 되지요. 여기에 깔린 것은 가장 가치 있는 것의 지속성을 높이되 이 일을 인간의 책임이라는 관점을 통해서 한다는 개념입니다. 우리가 여기에서 한 것처럼, 마을의 산불 위험을 줄이는 것만이 아니라 숲 전반의 회복력을 높이기 위해 우리가 해야 할 책임을 보여주는 것이지요."

그날 늦게 레이크가 사냥해서 해피 캠프에 있는 잡화점에 손질을 맡겼던 사슴을 찾고 나서 우리는 재생된 그의 과수원에 대해 이야기를 나누었다. 레이크는 참나무들에게 자신의 의도를 설명하면서 이야기를 들려준다고 했다. 그리고 종종 기도로 처방화입을 시작한다고 했다. "한번은 기도할 때 쓸 세이지와 삼나무로 만든 얼룩진 작은 막대기를 찾고 있었습니다. 작업실을 뒤져서 아버지가 돌아가시기 전에 만드신 마지막 세이지 다발을 발견했습니다. 그것을 꺼내니…" 여기에서 그는 잠시 말을 멈추었고 그다음에 그의 목소리가 갈라졌다. "아버지 냄새가 났어요."

"아버지는 무언가 좋은 일을 하려 할 때, 그리고 영혼의 토대와 보호가 필요할 때, 이것을 태우면서 좋은 일을 할 수 있는 능력을 달라고 기도하라고 하셨어요. 나는 그것을 태웠습니다. 플라스틱 라이터로요. 그리고 나 자신에게 그을음 자국을 묻힌 뒤, 프로판 마법 지팡이에 불을 붙여서 내 공간을 태웠습니다. 이것은 기도와 함께 이루어진 일이에요. 좋은 의도로 이루어진 일입니다. 두려움에서가 아니라 나의 나무들에 대한 공경에서 이루어진 일입니다. 내가 이야기를 들려주고 기도를 하고 노래를 한 나무들에 대한 충실함에서 이루어진 일입니다."

"나무들 자체가 스스로 할 수는 없어요. 숲도 혼자서는 할 수 없습니다. 우리도 혼자서는 할 수 없지요. 우리가 기후 적응과 회복력을 일구어내는 상호적 과정의 일부임을 우리는 언제 깨닫게 될까요? 그것이 함께 생존할 수 있는 유일한 길임을 우리는 언제 인정하게 될까요?"

9장 변화의 바람

어렸을 때 리 구오Yi Guo는 파란 하늘을 본 적이 거의 없다. 하늘을 올려다 볼 때마다 대개는 짙은 회색 안개가 보였다. 그의 고향인 중국 산시성 퉁촨시의 주요 산업은 석탄 채굴이었다. 광산 먼지와 인근 시멘트 공장에서 나오는 오염 물질이 계속해서 공기를 가득 메웠다. 1980년대에는 스모그가 너무 짙고 사라지지 않는 탓에 위성으로 퉁촨의 사진을 찍을 수 없을 지경이 되면서 '보이지 않는 도시'라는 별명도 얻었다.

리 구오의 거의 모든 지인이 어떤 식으로든 석탄과 관련된 일을 했다. 외할아버지는 광산 사고로 척추 부상을 입어 평생 지팡이에 의지해 생활해야 했다. 친할아버지는 만성 폐질환을 앓았다. 리 구오는 아버지가 거의 매일 광산에서 발생한 사고와 사망을 집계하던 것을 기억한다. 어머니는 옷을 살 때 주로 어두운 색을 골랐다. 오염된 퉁촨의 공기 속에서 밝은 색 옷은 너무 빨리 때가 탔기 때문이다.

아홉 살쯤에 리 구오는 중국 고대 왕조의 수도 중 하나인 시안으로 이사를 했고, 그곳에서 대학에 진학했다. 수학과 과학을 잘했던 그는 기계공학을 전공하기로 했다. 석사학위를 받은 뒤에는 미국으로 건너와서 오하이오 주립 대학교의 박사 과정에 진학했다. 한 교수가 풍력 터빈이 오작동하는 이유를 알아내는 작업을 도와달라고 했다. 이제까지 그는 재생에너지에 대해 막연하게밖에 모르고 있었다. 내몽골에 갔을 때 초원에서 수백 개의 작은 풍력 터빈을 보고 놀랐던 적은 있지만 자세히 연구해 본

적은 없었다.

재생에너지는 풍부하면서도 귀하다. 지구는 안으로부터 열을 복사하고, 공기의 띠로 싸여 있으며, 강 줄기들이 흐르고, 대양이 파도 치고, 풍부하게 햇빛을 받고, 스스로 재생하는 식생이 무성하게 존재하는, 부분적으로 녹아 있는 거대한 암석이다. 이 자원들 모두가 손 닿는 곳에 있고 지속적으로 채워지므로 본질적으로 고갈될 수 없다. 우리가 이 자원들에서 얻는 에너지도 재생가능하다. 대조적으로 석탄, 석유, 가스는 방대하긴 하지만 유한하고 닿기 어려운 곳에 숨어 있어서 추출과 운반에 집약적인 노력이 들고 인간과 환경의 건강을 희생시킨다. 게다가 화석연료를 태워 이산화탄소를 배출하면 대기에 열을 가두는 온실가스의 망토가 두꺼워진다.○ 이는 지구 기온을 높이고 기상 이변을 일으키며 훨씬 더 예측 불가능하고 살기 어려운 기후를 만든다.

풍력 터빈 연구는 곧바로 리 구오의 마음을 사로잡았다. 리 구오는 빠르게 진화하고 있는, 그리고 앞으로의 잠재력도 많은 놀라운 기계에 대해 배우는 것을 좋아했는데, 풍력 터빈이 딱 그랬다. 리 구오와 동료들은 점검 요청을 받은 몇몇 풍력 터빈의 설계 오류를 잡아내고 개선 방안을 고안했다. 풍력 관련 일은 그의 가족이 하던 탄광 일과 매우 대조적이었다. 둘 다 지구의 자원을 이용하고 인간의 에너지 수요를 충족시키는 일이지만, 방식은 전혀 달랐다. 이 차이에 대해 생각할수록, 그리고 인간 문

○ 온실은 태양열이 대기로 흩어지지 못하게 해서 따뜻함을 유지한다. 메탄, 이산화탄소, 수증기, 기타 소위 '온실'가스들은 비슷한 역할을 하지만 방법은 다르다. 이들은 햇빛이 자신을 통과해 지구의 표면을 덥히게 한 뒤에, 우주로 발산 열이 빠져나가는 것을 을 막는다.

명의 미래에 청정 에너지가 갖는 중요성을 생각할수록, 리 구오는 풍력 일에 점점 더 의욕이 생겼다.

현재 리 구오는 덴마크 공과대학교의 기계공학과 교수이며 이곳에서 풍력 터빈을 설계하고 제조하는 일에 집중하고 있다. "화석연료의 장기적인 사용이 어느 누구에게라도 유익할 수 있는 방법을 저는 알지 못하겠습니다. 우리는 바람, 태양, 땅에서 우리가 이미 얻고 있는 것을 이용해야 하고 지구를 교란하는 것은 사용하지 말아야 합니다. 안 그러면 아이들에게 무엇을 남겨주게 되겠습니까? 손주들에게는요? 인류의 모든 미래 세대에게는요?"

우리 종이 지구의 기후를 바꾼 이야기는 생각보다 훨씬 더 이른 시기로, 산업 시대로 접어들기 훨씬 전으로 거슬러 올라간다. 침팬지와 마지막 공통 조상으로부터 갈라져 나온 5,000만~9,000만 년 전에, 우리는 더 이른 생명체들이 아주 오랫동안 만들고 또 만들어 온 세상을 물려받았다. 비옥한 토양, 무성한 숲, 풍부한 대양, 파란 하늘, 숨 쉴 수 있는 공기는 우리의 비인간 선조들이 우리의 인간 조상에게 물려준 선물이었다. 또한 우리는 새로운 변화의 가능성도 물려받았다. 새로운 자원과 새로운 삶의 방식을 발견할 수 있는 기회 말이다.

초기 지구에서는 생명체가 널리 구할 수 있는 에너지원이라곤 태양, 지구 내부의 열기, 그리고 우연히 물과 바위 사이에서 화학 작용이 발생할 때 나오는 부산물이 다였다. 원시적인 미생물은 처음에는 이러한 유형의 에너지를 사용하도록 진화했고 나중에는 서로를 소비하도록 진화했다. 그다음에는 조류, 식물, 그리고 그들이 흡수하는 산소가 새로 등장한 복잡한 동물들에게 필수적인 연료가 되었다. 이어서 고도로 산성화된 대기의 조건에서 육상 식물이 풍부하게 존재하게 되면서 또 다른 빛과 열의 원천이 생겼는데, 바로 불이었다.

불을 의지로 일으켜서 사용할 줄 알게 된 우리 조상들은 여타 동물들이 묶여 있던 에너지의 제약을 초월했다. 식물과 고기를 생으로만 먹는 것이 아니라 익혀 먹기 시작하면서 음식물을 더 잘 소화시켜 더 많은 칼로리를 추출할 수 있었다. 강화된 식사는 차차로 훨씬 더 크고 밀도가 높은 뇌를 진화시켰고 이는 다시 인간종을 너무나 성공적인 종이 되게 한 인지능력을 부양했다. 하지만 불은 땔감이 있어야만 강력할 수 있는데, 대부분의 인간 역사에서 우리 조상들은 하나의 꽤 비효율적인 연료를 태웠다. 잎, 목질, 건초, 또는 마스토돈의 똥과 같은, 살아 있거나 최근에 죽은 식물이었다.

그런데 화석연료의 발견으로 이 상황이 달라진다. 화석연료는 고대의 생물이 지각 아래 깊은 곳에서 응축되고 변성된 것을 말하는데(그래서 '화석'이라는 말이 들어갔다), 에너지 밀도가 매우 높다. 지구의 석탄층은 주로 3억 년 전쯤 뜨겁고 습한 늪지에서 생겼다. 이 시대의 지질학적 이름이 '석탄기'다. 라틴어로 'Carboniferous'라고 하는데 '석탄을 낳은 시기'라는 뜻이다. 때로 방대한 양치식물, 비늘 같은 둥지가 있는 레피도덴드론스, 그리고 쇠뜨기의 거대한 친척들이 죽어서 미생물에 완전히 분해되기 전에 바다 아래나 퇴적층에 묻혔다. 죽은 식물의 층이 쌓이면서 강력한 열과 압력을 받게 되었다. 수백만 년 동안 그 힘이 거기에 파묻혀 있는 식물의 조성을 분자 수준에서 재배열해 기존 화합물을 깨뜨리고 새로운 화합물을 형성했고, 원시 지구의 정글이 토탄으로, 나중에는 석탄으로 바뀌었다. 이와 달리, 천연가스와 원유는 대부분 중생대(2억 5,200만~6,600만 년 전)에 조류, 플랑크톤 등 해양 생물이 호수와 바다의 바닥에서 극단적인 압력과 온도에 처해서 생성되었다.

불은 초기 인류 문명 모두에서 보편적으로 발견되지만, 화석연료의 사용은 지역마다 시차가 있었고 분절적이었다. 청동기이던 기원전 2200~기원전 1900년에 오늘날의 내몽골과 중국의 산시성에 해당하는 지역의 사람들은 얕게 매장된 석탄을 파서 불을 피우는 데 사용했고, 특히 나무가 귀한 지역에서 그랬다. 고대 로마인과 중세 유럽인도 난방과 철 제련에 석탄을 사용했다. 기원전 60년에, 어쩌면 더 일찍, 중국인들은 땅을 파서 석유와 천연가스를 추출했고, 차차로 대나무 관을 이용한 추출법을 개발해 그것으로 무쇠팬에 담긴 염수를 가열해 물기를 날려 보내고 소금을 생성했다. 고대 중국인과 아랍인도 석유와 가스를 태워 불과 열을 사용했다.

16세기에 잉글랜드에서는 과도한 벌목으로 숲이 줄어들면서 사람들이 풍부하고 접근 가능한 석탄을 파내기 시작했다. 석탄은 동일한 양의 식물이나 목질을 태울 때에 비해 훨씬 더 많은 에너지를 냈다. 17세기 무렵이면 석탄은 잉글랜드의 여러 산업에 동력을 제공하고 있었고 대부분의 가정에 열을 제공하고 있었다. 차차 다른 나라들도 석탄을 대대적으로 사용하기 시작했다. 랠프 월도 에머슨Ralph Waldo Emerson은 "모든 석탄 바구니가 힘이고 문명"이라며 이렇게 말했다. "석탄은 휴대용 기후가 아닌가. 이것은 열대의 열을 [캐나다] 래브라도에, 북극권에 가져다준다. 그리고 필요한 곳이면 어디로든 스스로를 옮기는 데도 사용된다."

18세기 말에서 19세기 중반 사이에 화석연료는 인류 역사상 가장 중요한 기술적, 사회경제적 전환인 산업혁명에 연료를 댔다. 이 시기에 유럽, 북미, 아시아에서 제조 기술에 매우 빠르게 혁신이 일어났다. 석탄을 때는 증기기관은 물이 자주 차는 석탄 광산에서 물을 빼기 위해 처음 사용되었고 이어서 점차 효율성이 개선되면서 방추, 방직기, 제분기, 공장, 배, 기관차에도 동력을 댔다. 석탄에 의존한 일련의 혁신은 금속학에서도 발생했다. 이러한 혁신은 가격대가 낮고 질은 좋은 금속의 생산을 가능하게 했으며 이는 다시 새로운 기계의 생산을 추동했다. 수로, 도로, 철도 등의 네트워크가 확장되면서 방대한 양의 음식과 연료를 원거리에 운반할 수 있게 되었다. 도시의 거리는 가스로 불이 밝혀지기 시작했고 농촌은 고래 향유를 사용했다가, 둘 다 차차 전등으로 대체되었다. 내연기관이 상업화되면서 19세기 말 이후 자동차가 대량으로 생산되었고 이는 석유에 대한 수요를 증가시켰다. 비슷한 시기에 현대적인 증기 터빈이 발명되어 발전소에 도입되었고, 이로써 전기가 훨씬 더 너른 지역에까지 닿을 수 있었다.

1890년대에 석탄은 나무를 제치고 세계에서 가장 널리 사용되는 연료가 되었고 20세기 내내 지배적인 위치를 차지했다. 그러다 21세기로 접어들면서 석유와 천연가스가 전 세계 에너지 공급량의 4퍼센트에 머물렀던 데서 64퍼센트로 증가하면서 석탄의 위치를 넘어섰다. 석유와 가스는 에너지 밀도가 더 높을 뿐 아니라 보관과 운송이 더 쉽고 저렴하다. 이 글을 쓰는 지금도 화석연료가 전 세계 에너지의 약 80퍼센트를 공급하고 있다. 교통, 제조, 난방은 특히 화석연료에 크게 의존하고 있으며, 철, 시멘트, 비료, 전기생산도 그렇다. 전기 자체는 너무나 순수하고 영묘해 보여서, 우리는 현대 사회에 흐르는 전기의 상당 부분(2019년 기준 약 64퍼센트)이 화석연료를 때서 돌린 증기터빈에서 생산된다는 사실을 잊기 쉽다. 지난 300년간의 모든 혁신과 발전에도 불구하고, 세계 경제는 여전히 기본적으로 산업화 시대의 테크놀로지에 의존해 돌아가고 있다.

우리 선조들은 오래전 석탄, 석유, 천연가스를 처음 발견했을 때 이 이상한 물질의 기원이나 조성을 알지 못했지만, 우리는 안다. 사실 우리는 화석연료가 수억 년 동안 햇빛을 흡수한 수많은 죽은 생명체의 집합적인 힘을 담은 가연성 있는 물질이라는 사실을 100년 넘게 알고 있었다. 환경과학자이자 정책 분석가인 바츨라프 스밀Vaclav Smil은 1갤런[약 4리터]의 휘발유는 **100톤**의 고대 생명체를 의미하며 대략 20마리의 성체 코끼리와 맞먹는다고 계산했다. 약 57리터 휘발유 탱크를 갖춘 전형적인 세단 한 대가 달리는 데만 해도 300마리 코끼리에 해당하는 양이 필요하다. 화석연료는 편리하게 농축된 에너지 형태일 뿐 아니라 터무니없이 낭비적인 에너지 형태이기도 하다. 본질적으로 화석연료는 유골 항아리 속에 든 생태계다.

인간은 산업혁명이 있기 한참 전부터 대기로 방출되는 온실가스량을 증가시키기 시작했고, 주로 생태계를 통째로 파괴함으로써 그렇게 했다. 대형 동물을 사냥으로 멸종시키고 산림을 벌목하고 자연 서식지를 메탄을 뿜어내는 논과 축사로 바꾸면서 말이다. 하지만 초기에 산업화된 국가들이 대대적으로 화석연료를 파내고 태우기 시작하면서 지구의 탄소 순환을 전례 없이 왜곡하는 과정이 촉발되었다. 1750년에는 인간 활동에 의한 연간 이산화탄소 배출량이 전 세계적으로 900만 톤이었던 것으로 추정되는데 한 세기 뒤에는 20배 이상 증가한 1억 9,700만 톤이 되었고 1950년이면 다시 30배가 늘어 60억 톤이 되었다. 2021년에 인간은 [이 책을 쓰고 있는 시점까지] 사상 최고인 360억 톤 이상의 이산화탄소를 배출했다.○ 인간은 현재 매년 화산 활동이 방출하는 양을 다 합한 것보다 60~120배 많은 이산화탄소를 배출한다.

산업 사회가 시작된 이래로 인간의 활동은 대기 중에 총 2.5조 톤에 가까운 이산화탄소를 배출했다. 대기에 배출된 이 이산화탄소는 눈에 보이지 않지만 지구의 전체 생물량보다 두 배 무겁고, 인간이 만들어 아직까지 사용하고 있는 모든 것(모든 금속, 콘크리트, 유리, 플라스틱, 모든 도시, 도로, 공장, 댐, 제트기, 에어 프라이어, 가스 동력으로 돌아가는 낙엽 날리는 기계, 모터로 돌아가는 아이스크림 만드는 기계 등등)을 합한 무게의 두 배에 달한다. 미국이 전

○ 탄소 1톤이 이산화탄소 3.67톤임을 기억하라. 인류의 연간 글로벌 탄소 배출은 360억 톤의 이산화탄소이거나 98억 톤의 탄소다. 이산화탄소뿐 아니라 메탄, 질산, 불화 가스 등 인간 활동으로 방출되는 모든 온실가스를 이산화탄소 '등가'로 환산하면 연간 500억 톤이 된다.

체 배출량의 25퍼센트를 차지하며 이는 2등인 중국(12.7퍼센트)의 두 배다.[○] 북미와 유럽이 이제까지 배출된 양의 62퍼센트를 차지하며, 오늘날에도 전체 국가 중 부유한 절반이 세계 이산화탄소 총 배출량의 86퍼센트를 내놓고 있다.

해양과 육지, 그리고 그곳에 사는 생명이 인간이 배출한 탄소의 상당 부분을 흡수했지만 여전히 많은 양이 대기 중에 머물면서 대기 중 이산화탄소 농도는 1750년 227ppm이었던 데서 오늘날 420ppm으로 50퍼센트 넘게 높아졌다. 몇몇 연구에 따르면 이산화탄소가 대기 중에 이렇게 많았던 마지막 시기는 4억 년 전 플라이오세 때인데, 그때 지구 평균 기온은 오늘날보다 약 3도 더 높았고 해수면은 약 25미터 더 높았으며 지금은 나무가 없는 북극 툰드라에 방대한 숲이 자라고 있었다.

대기 중 이산화탄소 농도는 지구의 역사에서 계속해서 크게 오르내렸지만 대부분은 수만 년에서 수백만 년에 걸쳐 이루어진 비교적 점진적인 과정이었다. 탄소가 대기 중에 '급격하게' 넘쳐나면 끔찍한 일이 일어난다. 5,600만 년 전에 '팔레오세-에오세 극열기Paleocene-Eocene Thermal Maximum'라고 부르는 큰 기후 위기가 있었을 때 대략 3조~7조 톤의 탄소가 대기 중으로 방출되었다. 극단적인 화산 활동이 원인으로 추정되는데, 이것이 지구 기온을 5~8도 가량 높이면서 대양을 덥히고 산성화해 많은 심해 종을 멸종시켰다. 이 재앙의 기저가 된 탄소를 없애는 데는

○ 러시아, 독일, 영국, 일본, 인도, 프랑스, 캐나다, 우크라이나가 상위 10개국에 속한다. 이 순위는 주로 화석연료 연소로 따진 것이고 산림 벌목과 그밖의 대규모 환경 변화로 인한 방출을 포함하면 브라질과 인도네시아가 10위 안에 들고 미국, 중국, 러시아가 빠진다.

수만 년이 걸렸다. 그런데 인류는 이와 비견할 만한 양의 탄소를 불과 **100~200년 만에** 배출했다. 지구의 맨 초기 역사에 대해서는 알려지지 않은 것이 많으므로 확실하게 말할 수는 없지만, 45억 년 지구 역사 동안 이렇게 많은 탄소가 이렇게 빠르게 대기 중에 방출된 적은 **한 번도 없었을** 것이다.

지질학적 관점에서 보면, 농경이 시작된 이래로 지난 1만 2,000년간의 기후는 놀랍도록 안정적이었다. 이 시기는 지구 생명의 이야기에서 특히나 조화로운 화음의 시대였다. 그런데 온실가스 배출은 이에 비하면 완전한 불협화음의 시대를 열어젖혔다. 19세기 말 이후로 화석연료 사용, 산림 황폐화, 동식물 서식지 파괴, 농경, 냉동, 또한 그밖의 인간 활동이 지표의 평균 기온을 1.2도 가량 올렸다. 미미한 숫자로 보일지 모르지만 세계 평균 기온을 1도 높이는 데도 막대한 에너지가 필요하다. 기후 모델들의 예측에 따르면, 인간이 모든 곳에서 모든 이산화탄소 배출을 즉각 멈추는 극단적인 시나리오에서도 지구 기온은 (꽤 빠르게 안정화되기는 하겠지만) 수십만 년 동안 산업화 이전 수준으로 돌아가지 못할 것으로 보인다. 이렇게 대대적으로 지구시스템을 교란한 결과는 이미 아주 많은 방식으로, 또한 아주 심각하게 나타나고 있다.

빙하가 수축되고 영구동토대와 빙상이 녹으면서 지구는 빛을 반사하는 몇몇 표면을 잃었다. 반사량이 줄면서 지구는 더 더워졌고 이는 다시 더 많은 빙하를 녹였다. 전 지구적인 해빙과 해수 온도의 상승으로 바다가 팽창해 평균 해수면이 1880년 이래 거의 23센티미터나 올라갔다. 앞으로 어떤 에너지 정책이 쓰이건 간에, 대기에 이미 축적된 온실가스 때문에 해수면은 이후 몇 백 년 동안 몇 미터 더 오를 것이고, 그에 따라 해안선이 침식되고 습지가 범람하며 폭풍이 강해지고 연안의 지역공동체와 고도가 낮은 섬나라들이 위험해질 것이다.

지구가 더워지면 대기가 수증기를 품고 있을 수 있는 능력이 커진다. 더 덥고 습한 지구에서는 홍수와 가뭄과 폭풍이 더 강력해지고 어떤 지역에서는 더 잦아지기도 한다. 2022년에 파키스탄에서는 극단적인 폭염과 장마가 있고 난 후 역사상 최악의 홍수로 1,500명 이상이 사망하고 3,000만 명 이상의 이재민이 발생했다. 2023년 가을에는 폭풍 '다니엘'이 리비아, 터키, 그리스, 불가리아에 극단적인 홍수를 일으켜 댐을 무너뜨리고 적어도 수천 명의 목숨을 앗아갔다. 실종자도 1만 명이 넘는다.

지난 10년 동안 폭염과 산불은 계속해서 기록을 경신했다. 2021년 여름, 태평양 북서부는 역사상 유례없는 극심한 더위에 시달렸다. 오리건주 포틀랜드의 일부 지역은 기온이 51도까지 올라갔고 포장 도로 위는 82도까지 올라가기도 했다. 도로와 케이블이 휘어져 전차와 경전철 운행이 중단되었다. 같은 해 6월 말, 캐나다 브리티시컬럼비아의 마을 리튼은 기온이 49.6도까지 올라갔는데, 캐나다 최고 기록이었을 뿐 아니라 당시 유럽과 남미에서 기록된 폭염을 능가하는 온도였다. 다음날, 산불이 이 마을을 거의 다 파괴했다. 이듬해에는 유럽에 일련의 잔혹한 폭염이 닥쳐 2만 명 이상의 목숨을 앗아갔다. 2023년에 북미는 기록된 역사상 최악의 산불 시즌을 경험했다. 9월 말 현재 캐나다에서는 17만 제곱킬로미터 이상이 불에 탔는데, 이는 2022년에 불탄 면적의 약 10배, 캐나다 전체 산림 면적의 약 5퍼센트에 해당한다. 같은 해 8월, 화재 폭풍으로 하와이주 마우이 라하이나가 재로 변해 거의 100명이 사망했다. 이는 하와이 역사상 최악의 자연재해이자 1900년대 초 이래 미국에서 발생한 가장 치명적인 산불 중 하나였다.

일부 적도 국가는 인체가 그에 대해 적절한 생리적 방어 수단을 갖추고 있지 못한 정도로까지 열기와 습도가 높아졌다. 또한 기온이 상승하면 건조한 지역이 더욱 건조해지고 사막이 확대되며 가뭄의 강도와 빈도가 증가할 것이다. 건조한 지역에서는 깨끗한 식수에 대한 접근이 지금보다도 훨씬 어려워져서 새로운 분쟁이 촉발될 것이다. 북부의 일부 지역은 따뜻해진 기후와 증가한 이산화탄소의 덕을 볼 수 있을지 모르지만, 세계 농작물 수확량은 극단적인 날씨, 악화된 토질, 만연한 해충으로 크게 감소할 것이다.

화석연료에서 나오는 이산화탄소와 여타 형태의 대기오염은 이미 공중 보건에 심각한 문제를 일으키고 있다. 한 가지 사례는 호흡기 질환 증가인데, 이는 산불에서 나오는 연기와 토질이 저하된 땅에서 나오는 흙먼지 때문에 한층 더 악화된다. 그러는 동안, 열대의 질병과 병원균이 더 너른 범위에 퍼지고 COVID-19 같은 새로운 질병의 전 지구적 발생이 더 흔해지고 더 위험해질 것이다.

많은 종이 더 시원한 기후를 찾아 이미 더 높은 위도와 고도로 이동했다. 꽃은 전보다 더 빨리 피어서 이들과 공진화한 수분 매개 동물과의 조화가 깨지고 있다. 숲과 초원은 줄어들고 마르고 타면서 적응에 고전하고 있다. 대양은 열과 이산화탄소를 흡수해 기후변화를 완충할 수 있는 역량을 잃고 있다. 어떤 과학자들은 금세기 말까지, 혹은 어쩌면 더 일찍, 한때는 만화경 같았던 온대 해양의 수중 산호초가 한줌도 안 되게 줄어들 수 있다고 내다본다.

이러한 요동의 막대한 규모는 오늘날 지구적 위기의 가장 무시무시한 측면 하나로 인해 한층 더 심각성이 커진다. 바로 예측 불가능성이다. 지구시스템의 몇몇 결정적인 변곡점과 피드백 고리는 너무나 복잡해서 과학자들이 안정적으로 결과를 예측할 수 있는 모델을 만들기가 어렵다. 수증기와 구름의 물리학만 보더라도 동시에 지구를 데우기도 하고 식히기도 해서 종합적으로 기후변화를 조절하는 정도가 어느 정도일지 시뮬레이션하기가 지극히 힘들다. 재앙적일 수 있는 해류와 제트기류의 변동을 예측하는 것도 그렇다. 이에 못지 않게 두려운 것은 이 모든 일이 벌어지는 속도다. 지구는 전에도 여러 번 재앙에서 회복되었다. 크게 보면 현대의 기후 위기보다 더 큰 재앙에 직면했다가 회복된 적도 있다. 하지만 모든 경우에 살아 있는 지구는 다시 안정화되기까지 수만 년에서 수백만 년의 시간을 필요로 했다. 그리고 매번 위기 이후의 세상은 위기 이전의 세상과 극적으로 달랐고, 따라서 이전의 생물은 대체로 멸종하고 완전히 새로운 생물이 그 자리를 차지했다. 우리는 지구의 온도 조절 장치와 그밖의 내재적인 자기안정화 과정이 우리를 현재의 지구적 위기에서 구해주리라고 막연히 믿고만 있어서는 안 된다. 그 시스템은 지질학적 시간 단위에서 움직이므로, 우리 종의 몇백 년 단위 문명이나 몇십 년 단위 생존과는 관련이 없다.

인류가 온실가스 방출을 극적으로 줄이지 못한다면 지구는 우리가 아는 대로의 세상을 부양할 역량을 잃게 될 것이다. 우리 종이 진화해 온 세상, 우리가 도구와 불을 사용하기 시작한 이래로 지어온 세상 말이다. 현대 인간 사회가 의존하고 있는 많은 생태 시스템과 인프라가 붕괴할 것이다. 인간은 매우 적응을 잘하고 끈질긴 생명체이므로 기후변화로 멸종까지 하지는 않겠지만 수억에서 수십억 명의 사람들, 특히 환경적 위험이 가장 크고 자원이 가장 적고 적응 역량이 가장 부족한 취약한 지역의 사람들이 극단적인 날씨로 집과 생계를 잃고, 기아, 질병, 폭염, 폭풍, 홍수로 목숨을 잃을 것이다. 또한 셀 수 없이 많은 비인간종이 사라질 것이다. 이는 생물지질화학적 순환을 깨뜨릴 것이고 지구에서 다양성과 생명력과 아름다움을 없앨 것이다. 2022년 IPCC의 제6차 평가보고서는 이렇게 언급했다. "누적된 과학적 증거가 말하는 바는 명백하다. 기후변화는 인류의 후생과 지구의 건강을 위협한다." 위기를 완화하고 불가피한 결과에는 적응하기 위해 체계적으로 전 지구적인 행동을 취하는 것이 더 미뤄진다면, "우리는 지속 가능하고 모두가 살 수 있는 미래로 갈 수 있는 기회의 창이 짧게 열린, 그리고 빠르게 닫히고 있는 순간을 영영 놓치게 될 것이다."

레이캬비크에서 남쪽으로 약 24킬로미터 떨어진 곳, 활화산 헨길의 그림자가 드리운 곳에 헬리셰이디 지열 발전소Hellisheiði geothermal power plant가 있다. 이런 종류로는 아이슬란드에서 가장 큰 시설이다. 헬리셰이디는 천연의 원초적인 아름다움을 가진 풍경에 세워져 있다. 갈라진 용암 대지를 따라 연초록 이끼가 깔려 있고 균열된 틈에서 황이 섞인 연기가 피어오른다. 이러한 원초적인 분위기와 대조를 이루면서, 초현대적인 건물들이 들어서 있다. 방문객 센터와 박물관도 있는데, 유리벽과 금속으로 된 세모꼴의 지붕이 거대한 나침반 바늘처럼 보인다. 근처에는 스위스의 스타트업 회사 클라임웍스climeworks가 설치한 여덟 개의 강철 상자가 있다. 각각 크기가 선박 컨테이너 정도 되며, 두 개씩 쌓여 네모나게 배열되어 있다. 각 상자 안에는 진공청소기처럼 지속적으로 대기를 빨아들이는 장치가 12개 들어 있다.

안개 낀 9월의 아침에 나는 200명의 과학자, 투자자, 정치인, 기자와 함께 헬리셰이디에서 열린 클라임웍스 아이슬란드 시설의 가동식을 보러 왔다. 가까이에서 보니 각 강철 상자의 한쪽 옆에 거대한 바람개비가 달려 있었다. 이 바람개비들이 공기를 필터로 들어가게 해서 이산화탄소를 포집하고 탄소가 없어진 공기는 다시 배출구로 빠져나간다고 했다. 필터가 다 차면 열기로 이산화탄소를 추출해 다른 곳에 저장한다. 공장이나 화석연료 발전소의 굴뚝에서 연기를 흡수하는 것과 달리 대기 중에서 직접적으로 탄소를 흡수하기 때문에 이 공정을 '직접 포집'이라고 부른다. 여기에서 사용되는 직접 포집 시설의 이름은 '오크라'이고, 거의 전적으로 지열 에너지로 돌아간다.

그다음에 둘러본 곳은 은색의 지오데식 돔들이 모여 있는 곳이었다. 새로 개척한 화성 식민지에 들어선 주거용 은신처 같아 보였다. 클라임웍스와 협업을 하고 있는 아이슬란드 회사 카브픽스Carbfix의 직원들이 야광 안전조끼와 흰색 안전모를 나눠주고 돔의 내부로 안내했다. 각각의 돔에는 시추공이 뚫려 있었고 손으로 돌리는 바퀴형 마개와 수도꼭지가 달린, 서로 연결된 금속 파이프들이 있었다. 카브픽스의 지질학자 산드라 스내비요른도티Sandra Snæbjörnsdóttir가 이 파이프들을 통해 오크라가 포집한 이산화탄소를 돔으로 옮긴 다음 물과 섞어서 지하 수천 미터 아래의 구멍난 현무암 층에 주입해 저장한다고 설명했다. "현무암은 스폰지와 같습니다. 아주 많은 이산화탄소를 잡아둘 수 있지요."

이산화탄소와 물이 아이슬란드 지각의 지열 오븐으로 주입되면 곧바로 현무암의 원소들과 반응하기 시작해 분필 같은 탄화칼슘을 생성하며 이것이 수많은 구멍과 틈들을 몇 달 만에 메운다. 분자 하나하나씩 공기가 돌이 되고 대기의 탄소가 다시 한 번 지구의 지각에 수만~수백만 년 동안 갇힌다. 아이슬란드 시설은 클라임웍스가 꿈꾸던 진정한 야망의 첫 번째 발현이었다. 클라임웍스는 안전하고 효과적으로 탄소를 영구 격리하는 이 서비스를 자신들의 탄소 배출량을 상쇄하고 싶어 하는 개인과 기업에 판매하고자 한다.○ 지금까지 클라임웍스의 고객과 투자자 목록에는 마이크로소프트, 스트라이프, 쇼피파이, 스퀘어, 아우디, 존 도어, 스위스 리 등이 올라와 있다.

○ 과학자들은 세계에 수조 톤의 이산화탄소를 저장하기에 적합하고 접근 가능한 지질학적 기반이 있다고 추정한다. 그렇다면, 인류가 전체 역사 동안 배출한 이산화탄소보다 훨씬 많은 양을 저장할 수 있다. 지질학적으로 이산화탄소를 저장하는 데 수반될지 모르는 누출 위험이나 지진 유도 위험 등의 문제가 제기되지만 카브픽스 및 관련 연구자들은 적합한 안전 지침에 따라 관리한다면 그러한 피해를 최소화할 수 있을 것이라고 주장한다.

오크라가 가동을 시작하고 다음 날 아침, 나는 클라임웍스의 30대 공동 창업자 크리스토프 게발드Christoph Gebald와 얀 부즈바허Jan Wurzbacher를 레이캬비크의 멋진 항구 옆 스타트업 공간에서 만났다. 그들은 연달아 회의 중이었다. 두 사람 다 세트로 맞춘 듯 슬랙스, 와이셔츠, 파란색과 회색 스웨터 차림이었다. 또한 둘 다 독일에서 자랐고, 2003년 과학기술 연구 대학인 취리히 연방 공과대학교의 학생 시절에 만났다. 둘 다 스위스식 독일어를 잘 알아듣지 못해 고전했고 창업을 하겠다는 야망이 있어서 친해졌다. 그곳의 한 교수님이 저명한 물리학자이자 탄소를 대기 중에서 직접 포집한다는 아이디어를 최초로 제시한 인물인 클라우스 라크너Klaus Lackner의 연구를 알려주었고, 이 아이디어가 두 사람을 사로잡았다.

게발드는 이렇게 말했다. "그 전망에 깜짝 놀랐습니다. 정말 유의미해보였고 굉장한 아이디어 같았어요. 요즘은 비행기에서 담배를 피우는 게 이상해 보이죠? 20년 뒤에는 자동차에 휘발유를 넣거나 석탄 화력 발전소를 운영하는 게 마찬가지로 이상해 보일 겁니다."

대학원생 시절에 게발드와 부즈바허는 아민 코팅 필터를 채운 양동이로 장치의 원형을 개발했다. 아민은 암모니아에서 추출되는 화합물로, 통과하는 공기에서 이산화탄소를 걸러내는 데 탁월하다. 클라임웍스는 2009년에 대학의 스핀오프 벤처로 설립되었다. 처음에는 자금을 구하는 데 어려움을 겪었고, 특히 2011년에 권위 있는 미국물리학회가 탄소 직접 포집이 경제적으로 현실성이 없다고 결론을 내리면서 더더욱 어려워졌다. 하지만 스위스의 한 재단으로부터 뜻밖의 투자를 받아서 게발드와 부즈바허는 냉장고 크기의 훨씬 더 강력한 장치를 만들 수 있었고 이것이 스위스 힌빌에 있는 세계 최초의 상업용 직접 포집 시설의 토대가 되었다. 클라임웍스는 2017년에 그 시설을 열면서 새로이 명성을 얻었고 수천만 달러의 추가적인 투자도 받았다.

그 다음 해에 IPCC는 지구 기온 상승폭을 전 산업 시대 대비 1.5도 이내로 막으려면(2015년 파리 협정에서 200개국이 추구하기로 동의한 목표다) 대기로 배출되는 탄소를 대폭 줄이는 것 이상의 일이 필요하다고 발표했다. 인류가 땅에서 꺼내놓은 탄소를 다시 파묻기도 해야 한다는 것이었다. 이 보고서는 직접 포집, 재산림화, '탄소 포집 및 저장을 통한 바이오에너지BECCS, Bioenergy with carbon capture and storage(나무를 키우고 그것을 태워서 에너지를 생성하는 동시에 거기에서 배출되는 탄소를 포집해 땅에 밀봉하는 기술), 암석 풍화 촉진enhanced weathering(현무암 등 규산염암 조각을 육지와 바다에 뿌려 이산화탄소를 흡수하는 것) 등을 잠재적으로 가능성이 있어 보이는 전략으로 언급했다.

IPCC가 긍정적으로 언급하긴 했지만, 직접 포집(온실가스 포집 및 제거greenhouse gas removal, 또는 역배출negative emission이라고도 불린다)은 기후 과학 및 기후 정책에서 가장 논란이 많은 개념이다. 직접 포집을 추구하는 사람들이 2050년까지 연간 수십억 톤의 이산화탄소를 포집해 제거하겠다는 목표를 달성하려면 지금까지 선보인 어느 시설보다도 훨씬 더 큰 규모와 효율성으로 운영되는 공장 수천 개가 전 세계에서 돌아가야 한다. 일부 추정에 따르면, 이는 현재 전 세계의 석유 인프라에서 다루는 탄소량과 비슷하거나 심지어 더 많은 탄소를 다루는 새로운 산업 자체가 생겨나야 한다는 의미다.

2023년 말 현재 클라임웍스는 상업용 직접 포집 및 저장 시설을 운영하는 단 두 개뿐인 회사 중 하나다(다른 하나는 캘리포니아주에 있는 에어룸이다). 오크라에 더해 헬리셰이디에 더 큰 공장이 완공되면 총 용량은 매년 이산화탄소 4만 톤을 포집할 수 있는 정도로 높아질 것이다. 하지만 이것도 전 세계 1년 배출량의 35초 어치에 불과하다. 이 글을 쓰고 있는 현재 카본엔지니어링, 글로벌서모스탯 등 몇몇 회사들이 시범 공장을 지었고 상업 시설을 건설 중인데, 각 시설에서 매년 2,000톤에서 100만 톤의 이산화탄소를 포집할 계획이라고 알려져 있다.

현재 형태로서의 직접 포집 기술은 방대하고 에너지 집약적이고 자원을 많이 잡아먹는다.○ 직접 포집 공장은 경작지를 필요로 하지 않고 숲보다 훨씬 적은 공간을 차지하며 산불과 극단적인 기후에 덜 민감하지만, 여전히 많은 양의 시멘트와 철강이 들고 공정 자체가 환경에 해롭다. 탄소 관리 전문가인 제니퍼 윌콕스Jennifer Wilcox는 일반적인 직접 포집 공장이 100만 톤의 이산화탄소를 포집하려면 1년 동안 300~500메가와트의 에너지가 필요할 것이라고 추정했는데, 이는 1년간 수십만 가

○ 오크라만 하더라도 1,000만~1,500만 달러가 있어야 지을 수 있다. 클라임웍스는 현재 탄소 1톤을 포집하는 비용을 800달러로 본다. 기후과학자 제크 하우스파더Jeke Hausfather는 가격이 톤당 100달러로 떨어진다 해도 직접 포집을 통해 지구 기온을 섭씨 0.1도 낮추는 데 22조 달러가 든다고 지적했다.

구에 에너지를 댈 수 있는 양이다. 규모와 비용에 대한 우려 외에도, 일부 과학자와 활동가들은 직접 포집이 도덕적 해이와 다를 바 없다고 비판한다. 거대 기업들이 지금까지 해오던 대로 계속하게 허용하면서 세계 에너지 산업 개혁이라는 주요 과제에서 사람들의 주의를 돌리는 기술 판타지라는 것이다. 클라임웍스는 아직 화석연료 회사와 파트너십을 맺지 않았지만 다른 직접 포집 스타트업 중에는 화석연료 회사와 파트너십을 맺은 곳도 있다.

직접 포집을 주창하는 사람들은 직접 포집이 과거에 배출한 부분을 없앨 수 있을 뿐 아니라, 예상 가능한 미래에도 장거리 운송, 항공 여행, 철, 시멘트, 질소비료의 대량 생산(모두 화석연료에 의존한다)이 중단되지는 않을 것이므로 여기에서 나올 탄소를 상쇄하는 데도 중요한 역할을 할 것이라고 말한다. 그러한 산업들을 돌리기에 충분할 정도의 대체 에너지원이 현재로서는 없기 때문이라는 것이다. 기후과학자 제크 하우스파더Zeke Hausfather는 현재의 탄소 배출을 90퍼센트 이상 줄이고 여러 가지 기술적인 접근과 자연을 활용하는 접근의 혼합으로 남은 10퍼센트 미만을 제거해 대략적인 균형을 유지하는 방안을 제시했다. 역배출 테크놀로지는 기후 피해에 대한 보상의 기능도 할 수 있을지 모른다. 글로벌 남부의 가난한 나라들은 기후변화를 일으키는 데는 가장 적게 기여했는데도 피해는 가장 크게 겪고 있다. 일부 경제학자와 사회학자들은 글로벌 북부의 국가들이 현재의 온실가스 대부분에 책임이 있으므로, 적응할 역량이 가장 적은 저소득 국가들에서 극단적인 기후의 발생을 완화하고 이들이 청정

에너지로 전환할 시간을 벌 수 있도록 과거의 배출분을 대기에서 제거하는 데 비용과 책임을 져야 한다고 주장한다.

클라임웍스 창업자들도 직접 포집이 "마법의 약은 전혀 아니"라는 데 동의한다. 게발드는 이렇게 말했다. "직접 포집은 포트폴리오의 일부입니다. 이외에도, 나무를 심고 토양에 이산화탄소를 묻고 암석 풍화 촉진도 해야 합니다." 하지만 그는 비판하는 사람들이 탄소 포집 기술의 중요성과 잠재력을 과소평가하고 있다고 생각한다. "오늘날의 숫자를 보면 좌절스럽게 보이리라는 것은 이해합니다. 4,000톤 대 40기가 톤은 영원한 암흑에 성냥불 하나 켜는 것과 비슷해 보이니까요. 하지만 테크놀로지의 집합적인 힘을 전적으로 가치절하하는 경향도 있는 것 같습니다." 여기에서 부즈바허가 끼어들어 덧붙였다. "변화는 생각보다 훨씬 빠르게 일어날 수 있습니다. 그래서 우리가 기술적 해법을 주창하는 것입니다. 특히 그 기술이 지수함수적인 속도로 발달할 가능성이 있을 때는요. 우리는 발달을 촉발하기만 하면 됩니다."

대기에서 탄소를 직접 포집해 지질학적 저장고에 담는다는 개념은 유혹적이다. 이제까지의 배출이 일으킨 생태적 파장을 모두 되돌릴 수는 없겠지만 인간이 배출했던 탄소를 대기에서 다시 끄집어내 지구의 토양으로 돌려보내면 인류가 일으킨 기후변화를 어느 정도는 말그대로 되돌릴 수 있게 되는 것이다. 이는 표면적으로 구원의 약속을 제시한다. 부유한 국가들이 하늘에 가서 자신이 지은 죄의 일부를 상쇄해 털어버릴 기회가 있다고 말이다. 하지만 개념상으로는 그렇다 해도 실질적으로는 이산화탄소를 대기 중에서 뽑아내는 것이 (잠재적으로 중요할 수는 있을지언정) 현재 우리가 직면한 지구적 위기에 대해 약간의 부가적 기여 이상이 될 법해 보이지는 않는다. 적어도 가까운 미래에는 그렇다. 우리와 여타의 수많은 생명을 여전히 부양할 수 있는 지구를 보존하려면, 지속적으로 달라지는 지구의 노래에서 새로운 합창을 함께 할 수 있으려면, 현대의 인간 문명에 동력을 대는 에너지 인프라를 급진적으로 해체하고 다시 지어야 하고 우리 종과 지구 전체와의 관계를 대대적으로 전환해야 한다.

대부분의 재생에너지는 지구 자체만큼이나 오래되었고,[○] 인간은 기록된 역사가 존재하기 훨씬 전부터 그것들을 사용했다. 우리는 석기시대부터 온천에서 목욕을 했고 불로 조리를 했다. 우리는 수천 년 동안 바람과 물의 힘을 이용해 항해를 했고 곡식을 빻았다. 하지만 재생에너지 기술은 (여러 평가가 존재하긴 하지만) 여전히 초기 단계다. 화석연료 산업의 압도적 우위에 밀려서 오랫동안 찌그러져 있었기 때문이다. 최근까지도 그랬다. 하지만 이제는 그렇지 않다.

풍력 터빈 엔지니어인 리 구오는 인간 문명이 에너지를 모으고 발전하고 저장하고 운반하는 기술을 개혁하고 있는 전 세계의 수많은 사람 중 한 명이다. 이러한 에너지 혁명 자체만으로

○ 재생에너지의 다섯 가지 주요 형태는 태양열, 풍력, 수력, 지열, 바이오매스다. 바이오매스는 최근까지 살아 있었던 식물을 태워서 얻는다.

현재의 지구적 위기를 해결할 수는 없을 것이다. 현재의 위기는 인류가 일으킨 기후변화, 필수적인 생태계의 광범위한 파괴, 놀라운 속도의 생물종 소실, 전례 없는 수준의 오염, 끔찍한 사회경제적 불평등처럼 서로 교차하는 여러 위기들을 포함하고 있기 때문이다. 그렇더라도, 에너지 인프라의 개혁은 우리가 수행해야 할 가장 긴급하고 중요한 일 중 하나다. 지구온난화를 멈추고 최악의 영향을 막으려면, 언젠가 대기의 이산화탄소 수준과 평균 기온이 전 산업 사회 수준으로 돌아가게 할 가능성을 조금이라도 가질 수 있으려면, 반드시 이루어져야 할 일이기 때문이다.

우리가 기후 위기를 다룰 수 있을지는 세 가지의 막대한 임무를 수행할 수 있느냐에 달려 있다. 첫째, 대기 중으로 배출되는 온실 가스를 극적으로 줄여야 한다. 둘째, 대기 중에 있는 과도한 탄소를 포집해 제거해야 한다. 셋째, 피할 수 없는 기후변화에는 적응해야 한다. 무엇보다, 부유한 국가들이 화석연료를 재생에너지와 핵에너지의 조합으로 빠르게 대체해야 한다.○ 또한 에너지를 보존해야 하고 가능한 한 모든 곳에서 에너지 효율을 높여야 한다. 가정, 기업, 교통을 전기화해야 하고, 자원과 돈이 부족한 나라들이 불가피한 기후변화의 피해에서 스스로를 보호

○ 일반적으로는 핵에너지를 재생에너지로 분류하지 않지만, 많은 과학자와 환경주의자들이 핵에너지도 청정하고 지속 가능한 저탄소 에너지 인프라에서 빠질 수 없는 부분이라고 보고 있다. 핵발전소는 인간의 건강과 환경에 위험을 제기하지만, 현재로서는 에너지 생산의 가장 안전한 형태이기도 하다. 온실가스 방출, 대기 오염, 그리고 화석연료의 추출, 운반, 유지에 들어가는 사고 등을 합하면 같은 단위의 에너지당 핵에너지보다 화석연료 에너지로 목숨을 잃은 사람이 수천 배 더 많다.

하고 차차로 그들 자신의 에너지 전환을 완수할 수 있게 도와야 한다. 기존의 도시들은 밀도를 높여야 하고 더 친환경적이 되어야 하며 보행, 자전거, 기차, 버스 등으로 다니기 더 좋아져야 한다. 그리고 새로운 도시들은 애초부터 이러한 방식으로 지어져야 한다. 집과 빌딩은 단열 기능을 강화하고 냉난방 시스템의 효율성을 높여야 하며 가장 강력한 온실가스인 냉매의 누출을 막고 덜 해로운 대체재로 바꾸어야 한다. 또한 더 지속 가능한 농경, 식물성 식사, 비료 사용 저감, 음식물 쓰레기 저감을 위해 노력해야 한다. 열대 우림, 온대림, 켈프 숲, 초원, 사바나, 지중해성 관목지대, 토탄 지대, 습지, 맹그로브, 산호초 등 우리 종과 여타의 많은 종들이 의존하는 생태계를 회복하고 보호해야 한다. 기술적 접근과 생태학적 접근 둘 다를 사용해 매년 수십억 톤의 탄소를 영구적으로 격리해야 한다. 기후변화의 불가피한 결과들에 대해서는 잘 조율된 이주 정책, 식물과 동물 서식지의 계획적인 이동, 조기 경보 시스템, 극단적인 기후 피해의 이재민을 보호할 쉼터, 홍수로부터의 보호, 산불 저감과 처방화입, 수자원 안정성 증대, 기후변화를 잘 버티는 작물 개발, 도시 공간이 그늘이 많아지고 물을 더 잘 보유하며 탄소 저장 능력을 높일 수 있게 할 옥상 녹화, 나무 심기, 도심 텃밭 등의 다양한 전략을 사용해 적응해야 한다.

과학자들이 온실 효과의 기본적인 물리학을 알아내기 시작한 지는 거의 두 세기나 되었다. 1912년에 〈대중을 위한 기계학 Popular Mechanics〉이라는 잡지는 석탄을 때면 대기가 열을 가두어 두게 될 수 있음을 일반인을 위한 용어로 설명하면서 “이 효과가 한두 세기 안에 매우 커질 수 있다"고 경고했다. 또한 화석연료 회사들은 적어도 1970년대부터 그들의 제품이 재앙적인 결과를 가져올지 모르는 방식으로 지구를 데우고 있음을 알고 있었고, 이것은 그들이 직접 돈을 댄 연구에서 나온 결론이었다. 하지만 이들은 쌓이는 과학적 증거들에 귀를 기울이기보다 의도적으로 그것을 은폐했고, 많은 돈을 써서 기후변화에 대한 과학적 합의를 흔들면서 잘못된 정보로 대중을 오도했으며, 자신의 이익을 위해 정치인들에게 영향력을 행사했다. 이러한 프로파간다와 부패로 인해, 기후 운동이 점점 더 강하게 벌어지는 와중이었는데도 미국을 비롯해 산업화된 부유한 국가들은 기후위기에 필요한 수준으로 대응하는 데 전혀 미치지 못했다.

현재로서, 지구 기온 상승폭을 전 산업 시대 대비 1.5도 이내로 막을 수 있을 가능성은 매우 작아 보인다. 이 목표를 달성하려면 전 세계 이산화탄소 배출을 2030년까지 절반으로 줄이고 그다음에 곧 '넷제로net zero'에 도달해야 한다. 하지만 1.5도는 안전과 재앙을 가르는 마법의 경계선이 아니다. 이것은 20년이 넘게 걸린 협상에서 세계의 주요 강대국들과 가장 취약한 국가들 사이에서 나온 타협점이다. 분명한 사실은, 기온이 조금만 올라도 심각한 문제라는 점이다. 추가적인 온난화가 일어날 때마다 극단적인 수준의 기후 피해가 증가하고 인간과 비인간 생명 모두를 위험에 빠뜨리며 이미 불안정한 미래를 더욱 악화시키게 된다. 온난화를 조금이라도 더 막을수록 생명을 더 구할 수 있고, 알려지지 않은 고통을 더 피할 수 있으며, 더 살 만한 세상을 보존할 수 있다. 지구 기온이 1.5도 오르는 것과 2도 오르는 것의 차이를 말하자면, 1.5도 상승은 모든 북극 얼음이 100년마다 한 번씩 녹는 것을 의미하고 2도 상승은 10년마다 한 번씩 녹는 것을 의미한다. 1.5도 오르면 산호초가 70~90퍼센트 감소할 것이고 2도 오르면 99퍼센트 감소할 것이다. 1.5도냐 2도냐에 따라 멸종이 두세 배가 될 것이고 극단적인 폭염에 노출되는 사람이 2.6배 많아질 것이며 물 부족에 시달리는 사람이 두 배 많아질 것이다.

인류 전체적으로는 기후 위기를 다루는 데 충분할 만큼의 행동을 전혀 하고 있지 않지만 유의미한 진전이 없었다고 말한다면 그것은 사실이 아니다. 세상이 망할 운명이라고 말한다면 그것도 사실이 아니다. 식별 가능한 진전이 명백히 있었을 뿐 아니라 진전이 가속화되리라고 기대할 만한 이유도 있다. 오랫동안 비관적이었던 기후 전문가와 활동가 중에 오늘날 더 낙관적이 된 사람들도 있다.

2015년 파리 협정 이전에 과학자들은 2100년까지 지구의 평균 기온이 전 산업 시대 대비 4~5도 가량 올라갈 것이라고 예측했다. 이것은 상상 불가의 재앙이다. 하지만 그 이후로 많은 것이 달라졌다. 가장 최근의 IPCC 보고서는 전 세계적으로 기후 정책이 확대되면서 매년 추가적인 이산화탄소 배출을 수십억 톤씩 억제하고 있다고 언급했다. 현재의 정책들로는 금세기 말까지 3도 정도 상승을 가져올 것으로 보인다. 이것도 너무 많이 오르는 것이지만, 진전이 있었다는 사실을 부인할 수는 없다. 세계의 국가들이 현재의 약속(이것은 구속력이 없다)을 지켜서 배출을 더 줄인다면 2100년까지 기후 상승폭을 2도~2.4도 수준으로 제한할 수 있을 것이다. 그리고 모든 국가가 2050년에 넷제로에 도달한다는 목표를 달성한다면 2100년까지 기온 상승폭이 2도를 넘지 않을 수도 있다.

이 글을 쓰고 있는 지금, 전 세계 이산화탄소 배출은 절대 기준으로 보면 여전히 역사적으로 높은 수준이다. 하지만 증가세는 지난 10년간 크게 둔화되었고 곧 정점을 치고 내려올 것이라고 내다보는 전문가들도 있다. 2021년 유엔기후변화회의 제26차 당사국회의COP26에서 130개국이 넘는 나라가 "2030년까지 산림 손실과 토질 저하를 멈추고, 나아가 되돌리겠다"고 서약했다. 여기에는 브라질, 캐나다, 중국, 인도네시아, 러시아, 미국 등이 포함되어 있다. 그리고 100개 이상의 국가가 메탄 방출을 그때까지 30퍼센트 줄이기로 했다. 이 회의는 글래스고 기후협약으로 마무리되었는데, 최초로 유엔이 화석연료 사용을 멈추어야 할 필요성을 명시적으로 언급한 협정이다. 194개 당사국이 "수그러들지 않는 석탄 화력 사용을 줄이고 비효율적인 화석연료 보조금을 점차로 없앨 것"을 결의했으며, 그와 동시에 "가장 가난하고 취약한 나라들에 집중적인 지원"을 제공할 것을 촉구했다.

지난 몇십 년 사이에 재생에너지 기술, 특히 태양, 풍력, 배터리 기술의 비용이 가장 낙관적인 전문가들이 예측했던 것보다 더 빠르게 떨어졌고, 사용은 더 빠르게 퍼졌다. 세계의 많은 곳에서, 어쩌면 대부분의 곳에서, 이제 재생에너지가 화석연료보다 값이 싸다.○ 이제 전 세계 1차 에너지의 11퍼센트와 전기의

○ 이 변화의 속도는 실로 놀랍다. 태양광 전지의 경우 와트당 에너지 비용이 1976년부터

30퍼센트가 재생에너지에서 나오며 적어도 65개국이 재생에너지로 전력의 절반 이상을 충당하고 있다.○○

2019년 현재, 미국 내의 청정 에너지 분야 일자리가 화석연료 산업 일자리보다 3대 1의 비율로 많다. 미국노동통계국은 풍력 터빈 서비스가 2030년까지 미국에서 두 번째로 빠르게 성장하는 직업군이 될 것이라고 내다 본다.○○○ 그리고 환경운동가 빌 매키번Bill McKibben이 언급했듯이, 약 40조 달러 어치의 재단 지원금, 포트폴리오, 연금 기금 등이 이제 전적으로 또는 부분적으로 석탄, 가스, 석유 관련 주식을 포함하지 않고 있다. 전체 규모가 대략 미국과 중국의 GDP를 합한 것과 비슷하다.

2022년 8월 16일에 미국의 조 바이든Joe Biden 대통령은 인플레이션 감축법Inflation Reduction Act에 서명했다. 이 법은 에너지 안보를 구축하고 기후변화를 완화하는 데 3,690억 달러를 쓰도록 하고 있는데, 이러한 종류로는 가장 큰 규모의 투자다. 이 법에 의거하면 전기차, 태양광 패널, 에너지 효율성이 높은 장치의 개

2019년 사이에 99.6퍼센트나 줄어, 106달러가 넘던 데서 38센트가 되었다. 리튬 이온 전지의 가격도 지난 30년간 97퍼센트가 낮아졌고 2010년 이래로 풍력에너지의 평균 비용도 55~70퍼센트 떨어졌다.

○○ 이 같은 약진은 기저 테크놀로지의 발달에 힘입은 면이 있고, 다시 이는 정부의 보조가 공공과 민간 모두에서 연구개발을 촉진한 덕분이었다. 몇몇 유형의 재생에너지가 생산이 일정하지 않아서 공급량이 들쭉날쭉할 수 있다는 문제점은 잘 알려져 있고, 이 문제도 정확한 패턴 예측과 저장 수단의 개선, 상이한 에너지들의 보완적인 조합, 그리고 더 완전하게 통합된 에너지 시스템에서 수요 및 공급의 예측과 관리의 향상 등을 통해 빠르게 해결되고 있다.

○○○ 예전 터빈들과 달리 새 세대의 풍력 단지는 새, 박쥐 등 야생동물에 미치는 피해를 최소화하도록 설계되고 입지도 그렇게 정해진다. 미국에서 풍력 터빈 때문에 죽는 새는 연간 14만~68만 마리로 추산된다. 하지만 이 숫자는 매년 집에서 키우는 고양이에게 죽거나 빌딩에 부딪혀서 죽는 수십억 마리에 비하면 매우 작은 숫자다. 그리고 전봇대의 전선줄과 자동차 때문에 죽는 새도 추가적으로 수억 마리나 된다. 오듀본 소사이어티Audubon Society는 적절하게 관리되는 풍력에너지를 강하게 주창하고 있다.

발에 보조금이 지원되고, 토양 강화 및 지속 가능한 농경에 자금이 지원되며, 탄소를 포집하고 저장하는 기술에 조세 혜택이 제공될 것이다. 몇몇 독립적인 연구들에 따르면, 이 법은 2030년까지 미국의 온실가스 배출을 2005년 수준의 30~40퍼센트로, 혹은 그보다도 더 아래로 끌어내릴 잠재력이 있다.

비영리기구 '저감 프로젝트Project Drawdown'("대기 중 온실가스 농도가 상승을 멈추고 하락세로 돌아서는" 새 시대로의 전환점에 도달하기 위해 노력하는 곳이다)의 사무총장이자 1980년대부터 지구의 기후를 연구하고 있는 환경과학자 조나단 폴리Jonathan Foley는 이렇게 말했다. "지금 저는 전보다 기후에 대해 더 긍정적입니다. 우리는 멸종하기로 선택을 해야만 멸종할 것입니다. 우리는 기후변화를 멈출 해법들을 우리 손에 가지고 있습니다. 그것들이 효과가 있다는 것도 알고 있습니다. 자, 그럼, 우리는 무엇을 선택해야 할까요?"

근본적으로 현재의 기후 위기는 지구시스템의 한 가지 커다란 불균형에서 나온 결과이고, 그 불균형은 전적으로 우리 종이 만든 것이다. 지구는 복사평형radiative equilibrium을 이루는 경향이 있다. 태양에서 받는 에너지와 우주로 다시 내보내는 에너지가 같은 상태를 말한다. 복사평형이 유지되면 지구 기온이 비교적 안정적으로 유지된다. 그런데 날아갔어야 할 열기를 온실가스가 붙잡아두면서 지구를 복사평형에서 이탈시켰고 지구의 기온이 올라갔다.

물활론과 마찬가지로 '균형'도 인류의 가장 오래되고 보편적인 믿음이다. 역사 내내 많은 문화권에서 세상이 빛과 어둠, 삶과 죽음, 질서와 혼돈처럼 서로 다른, 그리고 종종 반대되는 힘들의 균형에 의해 규정되며 그 균형에 의존해 유지된다고 믿었다. 초창기 서구 과학에서도 이러한 믿음을 찾아볼 수 있으며, 특히 자연사 분야에서 그렇다. 고대 그리스의 역사학자 헤로도토스Herodotus는 신성한 섭리에 의해 포식자가 피식자보다 덜 번성하게 되어 있으며, 따라서 포식자는 피식자가 멸종될 만큼 사냥하지는 못한다고 보았다. 이 주장을 뒷받침하기 위해 그는 새끼 사자가 엄마의 자궁을 발톱으로 찢어서 더 이상 출산을 하지 못하게 만든다는 이야기를 만들어냈다. 1714년에는 잉글랜드의 성직자이자 자연신학자 윌리엄 더럼William Derham이 "흥미롭게도 동물 세계의 균형은 모든 동물들의 개체 수와 수명의 증감에서 조화와 비율이 유지되면서 내내 일정하게 유지되었다"며 "모든 시대 동안 세상은 적합하게 갖추고 있었지 과도하게 갖추고 있지는 않았다"고 언급했다. 몇십 년 뒤, 현대의 생물 분류표를 공식화한 스위스 과학자 칼 린네Carl Linnaeus는 〈자연의 경제Oeconomia Naturae〉라는 제목의 글을 썼는데, 여기에서 '경제'는 '생리학'과 거의 같은 의미로, 살아 있는 시스템의 서로 다른 부분들이 어떻게 함께 작동하면서 전체의 후생을 유지하는지를 일컫는다. 린네는 "신성한 지혜"가 "자연의 모든 존재가 모든 종의 보존을 향해 기여하고 도움을 주도록 해놓았다"며 "무언가의 죽음과 파괴는 늘 또 다른 무언가의 문제 해결에 복무한다"고 언급했다.

차차로, 지구에서 살아가는 생명의 장대한 역사에 존재했던 극적인 전환들에 대한 증거가 쌓이면서 자연의 균형이라는 개념도 진화했다. 찰스 다윈은 개체군의 단기적인 성장을 제약하는 여러 메커니즘을 언급하면서 멸종이란 더 잘 적응한 새로운 종의 출현을 통해 균형이 잡혀가는 점진적인 과정의 일환이라고 보았다. 다윈의 동료이자 '적자생존'이라는 말을 만든 허버트 스펜서Herbert Spencer는 모든 종이 가용한 식량과 환경적 위험의 정도에 따라 리드미컬한 등락을 경험하지만, 이러한 등락 가운데 성장과 쇠퇴가 균형을 이루는, 즉 어느 쪽으로든 순변화는 제로인 평균이 존재한다고 보았다. 20세기 초에는 미국 생태학자 프레더릭 클레멘츠Frederick Clements가 개체도 그렇듯이 숲과 같은 생물 공동체도 '천이'라고 부르는 발달 단계를 거친다고 보았다. 청년 단계를 거쳐 성숙한 클라이막스 단계로 나아가며 성숙 단계에서는 해당 환경에 최적으로 적응하고, 그 균형이 교란되면 회복을 시도한다는 것이다. 다시 몇십 년 뒤, 현대 생태학의 창시자 중 한 명으로 꼽히는 유진 오덤Eugene Odum은 세포부터 전체 생태계까지 살아 있는 모든 실체는 항상성을 유지하는 능력을 가지고 있다고 언급했다.

하지만 20세기 후반에는 많은 생태학자들이 자연의 균형이라는 개념에 도전하거나 이 개념을 일축했고 특히 개체수의 증감과 관련해서 그랬다. 피식자와 포식자가 꼭 서로의 개체수를 제어하는 것은 아니라는 연구 결과가 많이 나온 데다 종의 다양성의 변화와 개체군의 성장은 매우 예측 불가능한 경우가 많기 때문이다. 그리고 균형이나 최적의 클라이막스를 수학적으로 모델링할 수는 있겠지만 실제 현실 세계의 생태계에서는 그게 언제인지를 정확하게 짚어내기 어렵다. 하지만, 자연이 균형을 향해 간다는 개념은 학계에서는 점점 더 비판 받는 가운데서도 대중의 인식에는 깊숙이 통합되었다. 2009년에 휘튼 칼리지의 생물학 교수 존 크리처John Kricher는 저서에서 자연의 균형이 "끈질기게 지속되는 신화"라며 생태학의 "가장 부담스러운 철학적 문제"라고 말했다. 2014년에는 테네시 주립 대학교 녹스빌 캠퍼스의 환경학 교수 대니얼 심벌로프Daniel Simberloff가 자연의 균형 개념을 역사적으로 일별한 논문에서 "(생태학자들 사이에서는) 자연의 균형이라는 개념이 이미 한물 갔고, 지나치게 단순해서 유용성이 없는 설명으로 널리 여겨지고 있다"며 "이 용어는 너무 많은 사람들이 저마다 너무 다른 의미로 사용하고 있어서 이론적인 개념 틀이나 설명 도구로서는 유용성이 없다"고 언급했다.

이러한 배척은 어느 정도 이해할 만하다. 자연을 고정된 배열로 보는 고전적 개념, 특히 완벽하고 변화하지 않는 실체로 보는 개념은 명백히 현실을 반영하지 않는다. 대중문화에서 나타나곤 하는 생태적 조화라는 과장된 묘사도 그렇다. 모든 햇빛과 새의 노래가 충돌과 모순의 낌새를 전혀 갖지 않는다는 듯이 말이다. 하지만 가이아 가설을 조롱했듯이 자연의 균형 개념을 전적으로 일축하는 것은 세상에 대한 중요한 진실을 가리는 것이다. 우리의 살아 있는 지구는 합리적으로 '균형'이라고 부를 만한 사례들로 가득하다.

포식자와 피식자의 관계가 늘 교과서적인 균형을 달성하는 것은 아니지만 각각은 지속적으로 서로에 대해 반응해 가며 진화한다. 가령 포식자의 새로운 사냥 기술에 대응해 피식자는 더 효과적인 방어 기술을 만든다. 숲, 초원, 산호초가 어떤 최적의 정점을 향해 선형으로 진보해 가는 것은 아니지만, 자신의 구성이 달라지는 가운데서도 본질적인 특징을 유지하면서 수천만 년간 존재할 수 있다. 어떤 과학자들은 아마존 우림이 적어도 5,500만 년을 버텨왔으며 "남미에 일시적으로 왔다 간 지질학적 특징으로가 아니라 신생대의 범지구적 생물권이 가지고 있었던 영속적인 특징으로 봐야 한다"고 주장한다. 종의 분화 패턴이 전적으로 예측 가능하지는 않지만, 충분한 시간과 기회가 주어지면 특정 생태계 안에서 종들은 다양한 니치를 상호보완적으로 채우는 경향이 있다. 아주 긴 시간이 지나면 해부학적 특징, 생태적 관계, 나아가 전체적인 생물권도 진화하고, 사라지고, 다소 달라진 형태로 또는 으스스하게 비슷한 형태로 다시 나타난다. 45억 년의 시간 동안 다섯 차례의 대멸종이 있었고 매번 당대의 생물종 대부분이 사라졌지만 지구는 회복되었을 뿐 아니라 차차로 다시 번성했다.

"자연의 균형"이라고 말할 때 대부분의 사람들이 (그것을 거부하는 일부 과학자들이 생각하는 것처럼) 엄격한 균형점이나 무제한의 회복력 같은 것을 말하는 건 아닐 것이다. 그것보다는, 레이첼 카슨이 "복잡하고 정확하며 고도로 통합적인, 살아 있는 것들 사이의 관계의 시스템"이라고 표현한 것을 일컫는 말일 터이다. 이것은 "유연하고 계속해서 달라지는, 지속적인 조정의 상태"다. 교란을 겪기도 하지만 회복하고 재배열할 역량도 가지고 있다. '균형'이라는 말은 동시적인 복잡성, 취약성, 회복력을 의미한다. 어떤 학자들은 이러한 특징이 자기모순적이라고 보기도 하지만, 복잡한 생명 시스템은 바로 이러한 다차원성을 보여준다.

우리가 '지구'라고 부르는 살아 있는 실체는 생명과 환경 사이의 상호적인 진화에 의해 지탱되는, 매우 복잡한 균형을 잡는 행동의 발현이다. 살아 있는 행성은 자신의 안에 존재하는 생물 요소와 무생물 요소들이 특정한 관계와 리듬과 순환을, 다시 말하면 범행성 차원의 생리학을 유지해야만 존재할 수 있다. 지구의 대기가 완벽한 화학적 균형 상태라면(화성이나 금성은 그렇다) 산소 분자를 가지고 있지 못할 것이다. 생명은 대기를 화학적 불균형의 상태로 밀쳐냈고 이것이 궁극적으로 지구를 더 거주 가능하게 만들었다. 하지만 지금 수준의 거주 가능성을 유지하려면 몇몇 한계선은 절대로 넘지 말아야 한다. 바다와 대기에 충분한 산소가 없으면 크고 복잡한 생명체는 존재할 수 없다. 반대로 산소가 너무 많으면 온 세상이 화염에 휩싸일 것이다. 대기 중에 이산화탄소가 충분치 않으면 지구는 북극부터 남극까지 온통 다 얼어버릴 것이다. 이산화탄소가 너무 많으면 끓는 지옥 같아질 것이다. 하물며 우리 종을 비롯해 너무나 많은 생물이 지난 1만 2,000년간 누리고 있는 유독 안정적이고 온화한 지구는 더더욱 구체적인 환경적 조건들을 필요로 한다.

최근 꽤 한동안, 우리 행성은 한증막 상태일지도 모를 새로운 균형을 향해 가고 있었다. 지구 기온이 상당히 더 높아지고 그 결과로 더워진 기후가 인간 문명과 수많은 비인간종의 생존을 재앙적으로 위협할지 모르는 균형으로 말이다. 인류가 어처구니 없이 많은 양의 화석연료를 계속해서 파내고 태워서 단열 망토를 더 두껍게 만듦으로써 지구시스템의 불균형을 심화시킨다면, 끔찍하리만큼 살기 힘든 세상이 오는 것은 기정사실이다. 하지만 기후 위기에 가장 큰 책임이 있고 해법을 실행할 역량이 가장 큰 나라들이 필요한 일에 필요한 만큼의 긴급성을 가지고 나선다면, 아직 전지구적 재앙을 막을 수 있는 여지가 있다. 과거의 지구적 리듬과 멜로디를 그대로 복원하지는 못할지 모르지만 꼭 그렇게 복원해야 하는 건 아니다. 우리는 우리가 알아왔던 지구의 모습을 어느 정도 가지고 있는, 동일한 주제의 변주곡을 연주할 수 있다.

기계 공학 박사학위를 마쳐가면서 리 구오는 청정 에너지 분야에서 일하기로 마음을 먹었다. 재생에너지와 관련해 현재의 기술을 개선하고 새로운 기술을 고안하는 분야에서 빠르게 발달하고 있는 과학에 기여하고 싶었다. 목표로 하는 구체적인 일터도 있었다. 바로 '미국 국립재생에너지 연구소National Renewable Energy Laboratory'였다. 콜로라도주에 있고 줄여서 NREL이라고 부르는데, 풍력에너지에 대한 연구개발로 세계적인 명성을 가진 곳이다.

리 구오는 몇 년 동안 지원서를 내고서 마침내 NREL에서 박사후연구원으로 일자리를 잡았고 풍력 터빈의 수명을 늘리고 전반적으로 안정성을 높이는 방법을 연구하는 데 초점을 두고 있다. 일을 시작하고 얼마 되지 않아서 리 구오는 처음으로 풍력 터빈에 올라가 보았다. 그는 그 생생한 경험을 잊지 못한다. 그가 올라가본 터빈은 NREL의 플랫아이언스산 복합단지에 있는 약 90미터 높이의 3메가와트 용량 터빈이었다. 작은 마을 하나에 전력을 대기에 충분한 용량이다. 안전 훈련을 받은 뒤 리 구오는 안전고리에 끈을 묶고 경험 있는 기술자와 함께 꼭대기로 올라갔다.

“정말 스릴 넘치는 경험이었습니다. 저는 너무 흥분되었어요. 강한 바람이 갑작스럽게 불 수 있지만, 거기에 있는 것은 너무 아름다웠습니다. 인간이 무엇을 달성할 수 있는지에 대해 정말 자랑스러워집니다.” 그곳에서 보이는 경관은 놀라웠다. 아래로 녹색의 들판에 흰 터빈들이 돌아가고 있었고 멀리는 주름진 로키산맥의 침엽수림 기슭이 보였다. 그리고 그의 주위는 온통 파란 하늘이었다.

에필로그

사우스웨스트 잉글랜드에 있는, 쥐라기 시대에 형성된 어느 연안에 가면 파도가 바닷물을 뿌리는 초원이 펼쳐져 있고 해변과 나란히 좁고 긴 자갈길이 나 있다. 그 길을 끝까지 가서 오른쪽으로 돌면 완만한 언덕길이 나오고 앞문 중앙에 둥근 창이 있는 노란 벽돌집에 당도한다. 어느 가을날 아침, 그 문을 두드리자 샌디 러브록Sandy Lovelock이 나를 맞아주었다. 백발을 우아하게 다듬은 키 크고 늘씬한 여성으로, 카나리아색의 큰 구슬이 달린 목걸이를 하고 있었다. 샌디의 뒤로 얼마 전 100세가 된 제임스 러브록이 종종 걸음으로 나오는 모습이 보였다. 두꺼운 아크릴테 안경 뒤에서 친절한 갈색 눈이 빛났다.

20년 전에 서머셋부터 도셋까지 약 100킬로미터 길이의 '사우스웨스트 연안 길South West Coast Path'의 일부를 걷는 여행을 하면서 러브록 부부는 이 오두막에 머물렀고, 이 집이 매물로 나왔을 때 구매했다. "이제 우리에게는 바다가 보이지 않는 때가 한 순간도 없습니다." 제임스가 말했다. 우리는 거실에 차와 비스킷을 놓고 앉았다. 파리에서 온 골동품 흔들목마, 기모노 입은 여성 모습의 실물 크기 나무 조각상, 엘리자베스 2세 여왕이 보낸 카드 등 거실에는 신기한 기념품과 선물이 많았다. 거실 창문을 통해 낮은 울타리와 작고 네모난 잔디밭이 보였다. 샌디가 심은 종려나무와 유카나무도 있었다. 그리고 나무들 사이에 그리스 여신 가이아의 석상이 있었다.

제임스가 앉아 있는 곳 바로 오른쪽의 벽에는 커다랗고 색이 화려한 그림이 걸려 있었다. 풍경화와 초현실적인 콜라주의 중간쯤 되는 양식으로, 산, 계곡, 소용돌이치는 구름을 배경으로 무성한 숲과 맹그로브가 당장이라도 그림에서 튀어나올 것 같았고 풍성한 파도가 열대의 물고기, 산호, 확대된 크기의 플랑크톤을 액자 중앙으로 몰고 오고 있었다. 나는 이것이 살아 있는 지구의 초상화라는 것을 깨달았다. 이 그림은 우리가 알고 있는 지구를 부양해 주는, 서로 겹치는 생태계들을 나타내고 있었다.

러브록 부부와 나는 그들의 삶, 커리어, 영국의 시골, 최근의 책과 영화, 어린 시절 추억 등 다양한 주제를 넘나들며 몇 시간이나 이야기를 나눴다. 육체는 쇠약했지만 제임스는 명랑하고 명료하며 재치있었다. 유머를 잘 구사했고 약간만 재미있는 말에도 함박 미소를 지었으며 좋아하는 일화를 이야기할 때는 크게 웃음을 터뜨렸다. 곧 우리는 가이아 가설의 기원과 변천에 대한 이야기로 넘어갔다. 제임스는 "살아 있는 것이라면 무엇이든 지구를 바꿀 수 있다"며 "바로 그게 매력적인 부분"이라고 했다. 지구 자체가 살아 있다는 것이 어떤 의미인지 묻자, 우리 행성이 "당신이든, 박테리아든, 그밖에 늘 그 상태를 무화시키려는 환경의 압력 속에서도 구조화된 상태를 유지하는 어떤 것이든, 살아 있는 유기체와 비슷하다는 의미"라고 말했다.

나는 "왜 과학계 일부에서 가이아 개념에 대해 그렇게 많은 반대가 있었다고 생각하는지"도 물어보았다. 그는 이렇게 대답했다. "오, 그 이유는 매우 간단하고 매우 인간적인 것입니다. 그런 일은 중세 시대나 그 이전으로도 거슬러 올라가지요. '자, 우리에게는 이 이론이 있고 그건 **이것**입니다. **저것** 이야기는 꺼내

지도 마세요.' 이런 식으로요. 그들의 경력과 생계가 그런 종류의 조건을 지키는 데 달려 있으니까요." 내가 진화생물학자 W. 포드 두리틀W. Ford Doolittle 등 몇몇 저명한 과학자들이 최근에 가이아에 대해 입장을 [반대하는 데서 인정하는 쪽으로] 바꾸었다고 했더니, 제임스는 이렇게 말했다. "네, 그렇다고 들었습니다. 시간이 지나면 다들 이리로 오게 될 겁니다."

2022년 여름에 향년 103세로 숨진 제임스 러브록은 길고 화려하고 복잡한 삶을 살았다. 그는 일찍부터 지적으로 두각을 나타냈고 매우 다재다능했으며 관심사도 방대했다. 그는 의사이자 엔지니어이자 작가였고, 경력의 상당 부분을 독립 과학자로 일하면서 특정 대학이나 회사에 전업으로 소속되어 일하기보다 세계를 돌아다니며 정보 기관부터 화석연료 회사까지 다양한 곳에서 연구와 자문을 했다.○ 러브록은 전자 포획 검출기ECD도 발명했다. 1ppt[part per trillion, 1조분의 1] 수준의 농도까지 화학물질을 탐지할 수 있는 민감한 장치로, 훗날 농약 등 환경 오염물질이 얼마나 속속들이 퍼져 있는지와 오존층의 구멍 등을 드러내는 데 중요한 역할을 하게 된다. 1950년대에는 쥐와 햄스터를 냉동했다가 다시 살리는 방법을 연구하던 중 우연히 전자렌지의 초기 버전을 발명하기도 했다. 또한 지구시스템과학이 학문 분야로 확립되기 수십 년 전에 가이아 가설을 개진한 초창기 논문들을 썼다.

○ 역사학자 레아 아로노스키Leah Aronowsky는 러브록이 석유 회사 셸의 의뢰로 연구한 내용이 가이아에 대한 초창기 사고에 영향을 주었을 수 있다고 주장했다. 이 책에 실린 '작가노트'를 참고하라.

이후의 강연과 저술에서 러브록의 가이아 개념은 계속 달라졌고 때로는 자신이 앞서 제시한 개념과 상충하기도 했다. 어떤 저술에서는 명시적으로 가이아가 살아 있는 하나의 실체, 거대한 하나의 존재, 또는 슈퍼 유기체라고 언급했지만, 어떤 곳에서는 가이아가 살아 있다는 것은 유전자가 이기적이라고 말할 때처럼 은유적인 의미에서만이라고 말하기도 했다. 그는 "염소가 정원사라고 할 수 없는 것처럼 인간이 지구를 지키는 청지기이거나 지구를 발전시키는 주체라고 볼 만한 이유는 없다"고 언급했지만, 그와 동시에 자신을 "지구의 의사"라고 칭하면서 바람직하다고 생각하는 치료법을 제시하고 모든 사람이 지구를 치유하는 꼭 필요한 일에 참여해야 한다고 촉구했다. 또 어떤 저술에서는 "금세기가 끝나기 전에 수십억 명이 죽을 것이고 자손의 재생산이 가능한 소수는 그나마 견딜 수 있는 유일한 기후인 북극에서만 생존할 수 있게 될 것"이라는 지나치게 과장된 주장을 하기도 했다. 이것은 2006년 저서《가이아의 복수》에 나오는 말인데, 이후에는 이 주장을 철회하면서 "불필요한 우려를 일으킨 언급이었다"고 말했다. 마지막 책인《노바세Novacene》에서는 지구의 미래가 인간의 인지를 능가할 수밖에 없는 인공지능을 갖춘 사이보그들에게 속하게 될 것이라고 내다보면서 이렇게 언급했다. "가이아 가설에 대한 내 주장이 맞고 지구가 정말로 자기조절적인 시스템이라면, 우리 종의 지속적인 생존 여부는 그 사이보그들이 가이아를 받아들이느냐에 달려 있을 것이다. 그들 자신의 이해관계를 위해, 사이보그들은 지구 기온을 시원하게 유지하기 위한 프로젝트에 우리를 참여시켜야만 할 것이다.

그들은 이것을 달성하기 위해 현실적으로 이용 가능한 메커니즘은 유기 생명체라는 사실을 알게 될 것이다. 그래서 나는 인간과 기계 사이의 전쟁이나 기계에 의한 인간의 절멸과 같은 개념이 있을 법하지 않은 전망이라고 생각한다. (…) 미래의 사이보그들에게 우리의 위치는 현재 우리에게 반려동물이나 반려식물이 차지하는 위치와 비슷할 것이다."

1960년대에 가이아 이론을 발달시키기 시작했을 때 그는 사이보그가 아니라 외계인을 생각하고 있었다. 그가 전자를 포착하는 매우 민감한 감지기를 성공적으로 발명한 뒤, NASA는 그에게 화성에서 외계 생명을 발견할 방법을 찾는 연구를 의뢰했다. 캘리포니아주 패서디나에 있는 NASA의 제트추진연구소JPL에서 러브록은 우주학자 칼 세이건Carl Sagan, 천문학자 루 캐플란Lou Kaplan, 철학자 다이언 히치콕Dian Hitchcock 등 다양한 분야의 동료들과 생각을 자극하는 대화를 많이 나눌 수 있었다. 러브록과 히치콕은 다른 행성에 생명이 존재하는지를 알아볼 수 있는 가장 효율적인 방법은 대기의 화학조성 분석이라고 결론내렸다. 생명이 진화하는 곳에서는 불가피하게 생명이 그 행성의 바위, 물, 대기를 변화시키게 되리라는 생각에서였다. 외계의 지적 생명체가 멀리서 지구를 조사한다면 지구의 대기에 특이하게 산소와 여타의 반응성 높은 원소들이 많다는 사실을 대번에 포착할 것이다. 그렇다면 그들은 이것이 엔트로피에 저항하면서 이 행성을 화학적 불균형 상태로 밀어붙이고 있는 생명이 존재한다는 신호라고 판단하지 않을까? 광합성을 하는 생명이 없다면 지구의 대기는 화성이나 금성의 대기처럼 비교적 불활성인 이산화탄소 위주였을 것이고 산소 분자는 하나도 없었을 것이다. 어느 시점에는 지구의 가장 가까운 형제들에도 생명이 있었을지 모르지만, 러브록은 대기의 화학조성을 분석해 현재는 그 행성들에 생명이 없다고 확신할 수 있었고 훗날 이는 사실로 판명되었다.

러브록이 NASA에서 일하고 있었던 때와 비슷한 시기에 우주비행사 빌 앤더스Bill Anders가 최초로 우주에 떠있는 지구 전체를 선명한 컬러 사진에 담았다. 우주에서 처음으로 지구를 이렇게 보게 될 때 우주비행사들은 '조망 효과'라고 불리는 심리적 현상을 경험한다. 지구의 아름다움과 취약성에 동시에 압도되면서, 우주에서 자신이 점하고 있는 자리를 새로이 이해하게 되는 것이다. 우주역사학자 프랭크 화이트Frank White는 우주에 가는 사람들은 "우리가 알긴 하지만 경험하지는 못하는 것을 본다"며 "그것은 바로 지구가 하나의 시스템이라는 사실"이라고 말했다. 우주비행사들은 "우리 모두 그 시스템의 일부이며 이 모든 것에 모종의 응집이나 통합이 있다는 것을 알게 된다."

이제 우리는 이 통합에 대한 증거를 아주 많이 가지고 있다. 35억 년도 더 전에 젊은 지구의 작은 조각들이 스스로 모여 최초의 유전자와 단백질과 세포를 만들었다. 우리 행성 최초의 생명체이자 모든 유기체 중 가장 작고 가장 고대의 생물인 미생물은 원시 지구의 환경에 적응하면서 DNA를 교환하고 서로를 소비하고 차차로 더 크고 복잡한 생명 형태로 융합되었다. 그 이래로 생명의 나무는 지구의 액체, 고체, 기체의 층을 아울러 다양한 서식지에 분포하는 수많은 종을 계속해서 분화해냈고, 생겨난 모든 생물은 진화해 가면서 대기를 산성화하고 대기의 화학 조성을 바꾸고 황량한 지각을 비옥한 토양으로 변모시키며 자신의 환경을 바꾸었다. 선형적으로 가지를 분화하며 뻗어나가는 방식의 종의 진화는 생명과 환경 사이의 순환적이고 반복되며 호혜적인 방식의 진화 안에 늘 내포되어 존재했다.

우리는 다윈의 고전적 진화론이 상정하는 '생명의 나무'가 그려진 페이지를 떼어내고 복잡하게 얽혀 있는 4차원의 그림으로 생명을 새로 그려야 한다. 커다란 생명의 나무가 서로 겹치고 때로는 합쳐지기도 하는 뿌리 네트워크와 가지들을 가지고 있다고 생각해 보라. 지속적인 생명의 진화를 물리적으로 표현하면 이와 같을 것이다. 또한 그 나무가 자라면서 계속해서 주변을 변화시키는 것을 생각해 보라. 강한 뿌리로 바위를 뚫고, 분비물과 잔해로 토양을 비옥하게 하고, 대기의 조성을 바꾸고, 구름의 씨앗을 뿌리고, 비를 불러일으키면서 말이다. 다시 이러한 환경 변화는 생명의 나무의 지속적인 성장에 영향을 미칠 것이다. 이렇게 생명과 환경의, 지구와 지구의 생명체들의 진화는 서로 얽혀 있다. 자신의 환경을 파괴하는 종은 궁극적으로 자신을 파괴한다. 자신의 환경을 유지하고 향상시키는 종은 오래 영속한다.

이런 방식으로, 오랜 시간에 걸쳐 지구와 생명의 공진화는 지구의 거주 가능성을 높이고 자기 조절 능력 등 살아 있는 유기체와 비슷한 특징을 (제한적이기는 해도) 지구에 부여하는 쪽으로 진화했다. 오늘날에도 특히 지질학 및 관련 분야의 일부 과학자들은 생명을 지구를 덮고 있는 찐득찐득한 얇은 층으로 묘사하지만, 생명의 진정한 규모와 위력은 이 묘사와 부합하지 않는다.

생명은, 에너지를 흡수하고 기체를 교환하고 복잡한 화학적 변모를 수행할 수 있는 지구의 표면적을 크게 확대했다. 지구시스템과학자 타일러 볼크Tyler Volk는 태양으로 광합성을 하는 해양 플랑크톤이 있을 때의 표면적이 생명이 없을 때의 표면적의 여섯 배라고 추산했다. 지구의 모든 식물의 뿌리(흡수를 하는 미세한 털로 덮여 있다)는 지구에 생명이 없을 때에 비해 35배나 많은 표면적을 구성하는 것으로 추정된다. 미생물을 모두 합하면 지구 200개의 면적과 같다. 또한 대륙 전체에 비옥한 토양층이 90센티미터 정도 두께로 쌓이면 그 안의 모든 입자는 생명이 없는 지구에 비해 십만 배 이상의 면적을 구성하게 될 것이다. 아예 비교가 되지 않는 것이다. 생명은 지구에 해부학과 생리학을, 숨과 맥동과 신진대사를 부여했다. 생명이 수십억 년에 걸쳐 만들어놓은 변모가 없었다면 지구는 우리가 전혀 알아볼 수 없는 곳이었을 것이다. 생명은 단순히 지구 **위에** 존재하는 것이 아니다. **생명 자체가 지구다**. 우리가 우리 자신을 살아 있는 생명이라고 보듯이 우리의 행성도 살아 있는 실체로 보아야 할 이유가 아주 많다. 이제 이것은 누군가의 직관이나 비전에만 의존하고 있는 진실이 아니라 과학적인 증거로 강하게 뒷받침되는 진실이다.

오래 살아온 생명체가 다 그렇듯이 지구라는 생명체도 격동을 겪었다. 지구의 역사 동안 상대적으로 안정적인 시기 사이사이에 상상이 불가능할 정도의 커다란 재앙들이 반복적으로 있었다. 어떤 것은 화산의 폭발이나 운석의 충돌처럼 지질학적이거나 우주적인 사건에 의해 촉발되었고, 어떤 것은 진화상의 수많은 실험에서 발생했다. 매번의 위기마다 당대에 존재하던 종은 대부분 멸종했지만 살아 있는 지구는 수십억 년에 걸쳐 차차 로 회복되었고 종종 근본적으로 다른 세계가 되었다. 살아 있는 지구는, 특히 높은 수준의 생태적 복잡성을 가진 살아 있는 지구는, 지질학적 시간 단위에서는 높은 회복력을 가지고 있는 것으로 보인다. 하지만 이러한 회복력을 가져오는 자기안정화 과정은 너무나 느리고 너무나 많은 격동을 포함하고 있기 때문에 인간 사회 같은 찰나의 무언가에는 여지를 주지 않는다.

현재 우리는 우리가 만든 지구적 위기 상황을 지나고 있다. 우리는 막대한 화석연료를 태우고 숲과 초원을 파괴하고 바다, 공기, 땅을 오염시키고 그밖의 많은 방식으로 교란을 일으켜서 지구를 또 한 번의 위기로 몰아넣었다. 이번이 지구 역사 전체에서 가장 큰 재앙은 아닐지 모르지만 몇몇 측면은 전례가 없어 보인다. 대기에 이렇게 많은 탄소를 쏟아부은 속도만 해도 그렇다. 필요한 개입이 취해지지 않는다면, 지구는 인간만이 아니라 수없이 많은 복잡한 생명체들이 살 수 없는 공간이 될 것이다.

이 책을 쓰면서, 인류와 지구의 운명에 대해 서로 상충하는 세 가지 관점에 자주 마주쳤다. 하나는 '숙명주의'라고 부를 만한 것으로, 자기인식 능력이 있고 기술적으로 발달한 지적 생명체가 진화하는 곳에서는 반드시 그들이 스스로를 절멸시키고 자신의 고향 행성을 파괴할 수밖에 없다고 말한다. 그들은 이 광활한 우주에서 우리만이 유일한 지적 생명체가 아닐 텐데 우리가 아직 지적인 외계 생명체를 마주치지 못한 이유가 무엇이겠냐고 묻는다. 그들의 답은 아무리 우주를 이동하는 종이라 해도 그렇게 오래 멸종하지 않고 살아남지 못했기 때문이리라는 것이다. 대조적으로, '판타지론'이라고 부를 만한 관점은 살아 있는 지구가 선한 존재여서 지속적으로 열반과 같은 완벽성을 향해 나아간다고 생각한다. 이들은 경고등을 울릴 필요가 없다고 말한다. 지구가 성가신 유인원 약간을 털어서 치워버릴지는 모르지만 궁극적으로는 스스로를 돌볼 것이기 때문이라는 것이다. 세 번째 관점은 '미래주의적' 관점으로, 지구의 미래가 암울하리라고는 예측하지만 패배주의와 냉소주의를 모두 거부하면서 다른 행성에서 인류를 위한 두 번째 고향을 발견하거나 창조하려고 한다.

나는 지구시스템과학을 기반으로 하는, 또 다른 관점을 제시하고 싶다. 생명은 더 큰 완벽을 향해 목적의식적으로 움직이는 선한 요인이 아니다. 지구에 '최적' 상태라는 것은 없다. 하지만 오랜 시간에 걸쳐 지구와 지구의 생명체들은 서로의 지속성을 지원해 지구가 놀라운 회복력을 갖출 수 있게 한 관계를 공진화시켜냈다. 분명히 해둘 것은, 우리가 지구라고 불리는 생명체를 죽이게 될 위험 요인은 아니라는 사실이다. 우리가 화석연료를 있는 대로 다 태우고 복잡한 생명체 대다수를 멸종시킬 지옥의 한증막 같은 상태를 만든다고 해도, 일부 미생물 등 회복력 있는 생명체는 견딜 것이고 전체적으로 지구는 차차 회복될 것이다.

우리가 파괴하고 있는 것은 '우리가 아는 세상'이다. 이 세상은 우리 종 및 아주 많은 다른 종들이 함께 진화해 온 지구의 특정한 버전이며 이전의 수많은 버전에 비해 현재의 생명체들에게 비교적 에덴 동산 같은 버전이다. 제어되지 않는다면 우리가 추동한 끔찍한 변모는 지구 전체의 생태 시스템을 망가뜨리고 수십억의 생명을 절멸로 몰아넣을 것이다. 이 위기가 최악의 결과로 치닫는 상황을 막고 우리가 알고 있는 거주 가능한 지구를 유지하기 위해 어떤 개입을 해야 하는지는 이미 잘 알려져 있고 달성도 가능하다. 현재의 위기에 가장 큰 책임이 있고 위기를 다룰 역량이 가장 큰 국가들이 책임을 다하지 않는다면, 우리가 아는 지구가 희생되는 데서만 그치는 게 아니라 인류에게 더 나은 가능성 자체가 아예 닫혀버리게 될 것이다. '지금 이곳에서' 일궈야 할 변화를 무시하고 인간에게 유의미한 시간 단위 안에 다른 행성을 테라포밍하겠다는 생각은 용서되지 않을 어리석음이다. 우리는 생명이 존재하지 않고 대기가 없는 암석을 새로운 지구로 만드는 데 필요한 수준의 기술적 발달과 생태적 이해에는 근처에도 가지 못했다. 하지만 현재 우리에게 존재하는 하나의 살아 있는 행성, 그리고 우리가 발견한 바로는 유일한 살아 있는 행성을 보호할 역량은 분명히 가지고 있다.

마지막 저서에서 러브록은 "지적 생명체가 생성되는 데 필요한, 불가능에 가까운 사건들의 놀라운 연쇄"는 알려진 우주에서 오로지 한 번만 일어났으며 인류의 존재는 "한 번뿐인 기이한 사건"이라고 주장했다. 하지만 관찰 가능한 우주의 아득한 연령과 크기를 생각하면, 우리 종이 그렇게까지 전적으로 변칙적인 존재일 가능성은 없어 보인다. 우주에는 2조 개의 은하가 있는 것으로 추정되고 우리 은하 하나에만도 거주 가능한 행성이 수백억 개는 될 것이다. 지구 외에 다른 곳에도 틀림없이 생명은 있을 것이다. 외계의 생명은 실재하며, 우주에 존재하는 생명의 압도적 다수는 지구의 단세포 생물과 비슷한 작고 단순한 형태일 것이다. 우리 행성의 역사에서 미루어 보건대, 복잡한 생명은 아주 많은 시간과 기회가 있어야 생겨날 수 있다. 어느 항성으로부터 거주 가능할 만큼 떨어진 영역대에 그 항성을 도는 행성이 매우 많다면, 이는 그러한 기회 중 하나가 될 것이다. 45억 4,000만 살이 된 지구는 나이가 많은 편인 행성이 아니다(우주 나이의 3분의 1밖에 안 된다). 어딘가에는 50억 년 전이나 130억 년 전에 생명이 진화한 행성도 있을 것이다.

고도로 지적이고 자기인식을 할 수 있으며 우주를 가로질러 여행할 수 있는 생명체가 우주 어딘가에 있다고 할 때, 우리가 아직 그들과 마주치지 못한 이유는 워낙에도 광대한 우주가 매 순간 점점 더 빠르게 팽창하고 있기 때문일 것이다. 킴 스탠리 로빈슨Kim Stanley Robinson은 소설 〈오로라Aurora〉에서 인류가 26세기에 여러 세대에 걸쳐 우주선을 타고 지구에서 12광년 떨어진 거주 가능한 행성에 가서 인간 정착지를 건설하려 했던 재앙적인 시도를 그리고 있다. 어느 시점에 지구로 돌아온 생존자 아람은 이렇게 말한다. "거주가 진정으로 가능한 어떤 행성이 있더라도 그곳과 이곳 사이의 거리는 너무 멉니다. 그리고 다른 행성들과 지구 사이의 차이도 너무 큽니다. 행성들은 살아 있거나 아니면 죽어있는데, 살아 있는 행성은 자기 자신의 토착 생명체들을 가지고 있고 죽은 행성은 정착하러 간 사람들이 그곳을 거주 가능하게 변모시키기에 충분한 시간 동안 은신처에 머물면서 기다리는 것이 불가능합니다. (…) 그래서 외계의 어떤 존재로부터도 아직 접촉이 없었던 것입니다. 저 밖에 지적인 생명체가 아주 많다는 것은 의심할 여지가 없습니다. 하지만 그들은 자신의 고향 행성을 떠날 수 없고 우리도 그렇습니다. 생명은 행성 자체의 발현이고 지금 살고 있는 행성에서만 살 수 있기 때문입니다."

우리 종이 충분히 오래 살아남는다면, 몇백 년이나 몇천 년이 아니라 생각할 수 없는 먼 미래까지 살아남는다면, 언젠가 다른 행성을 변모시켜 그곳에서 거주할 수 있는 방법을 터득하게 될지도 모른다. 그렇게 된다면, 지구는 재생산에 성공한 매우 희귀한 행성이 될 것이다. 하지만 앞으로 어떤 미래가 가능할지는 바로 지금 우리가 살고 있는 고향 행성에 대해 어떠한 결정을 하느냐에 달려 있다. 지구는 우리에게 공동체, 다양성, 호혜성의 힘을 알려주었다. 존재하는 모든 생명체 중에서 우리만이 살아 있는 지구의 숭고한 구조를 의식적으로 흉내내고 유지할 수 있는 기회를 가지고 있다. 우리는 지구의 암도 아니고 지구의 치유제도 아니다. 우리는 지구의 자손이고 지구의 노래이며 지구의 거울이다.

몇 년 전 오리건주에 40년 사이 최악의 겨울 폭풍이 닥쳤다. 일어나보니 온통 설화석고와 유리 세상이 되어 있었다. 이른 아침 빛에 나무 끝에 언 서리가 샹들리에처럼 빛났다. 거리는 은빛 흰색으로 반짝였다. 모든 가지와 줄기를 얼음이 감싸고 있었다.

이 풍경의 압도적인 아름다움에 비할 만한 것이라면 고요함뿐이었다. 살아 있는 모든 것이 마비된 듯했다. 나는 6개월도 되지 않은 우리 집 정원이 걱정되었다. 가장 작고 연한 식물들은 두꺼운 얼음과 눈에 덮여 보이지 않았다. 보글거리던 연못 표면은 회색과 푸른색의 슬러시가 되어 있었다. 무성하던 연못 가장자리는 유리 세공처럼 바스러지기 쉬워 보였다. 이웃집 나무들은 고드름의 무게 때문에 가지가 거의 바닥까지 늘어져 있었다. 동네를 걸어다니노라니 무언가에 씐 마을에 있는 것처럼 으스스했다. 한때 살아 있던 것들의 얼음 버전만 남은 마을 같았다.

하지만 지금은 그날이 다르게 보인다. 그 겨울날 아침에도 생명은 모든 곳에 있었다. 나무와 식물이 수정처럼 보인 이유는 얼음 결정을 만드는 박테리아가 있었기 때문이다. 눈 속에는 땅에서 구름으로, 다시 땅으로 돌아오는 여정에서 살아남도록 진화한 미생물들이 가득했다. 생명은 그날의 날씨를 견디고 있었을 뿐 아니라 그것을 바꾸기도 하고 있었다. 바로 내 발 아래에서 뿌리와 균사의 네트워크와 그것이 끌어들이는 수많은 미생물이 여전히 호흡하고 성장하고 있었다. 내가 심은 몇몇 알뿌리와 덩이뿌리는 이미 스스로 열을 내면서 눈을 녹이고 땅 위로 뚫고 나올 준비를 하고 있었다. 동네의 침엽수들은 깊은 지하에서 계속해서 물을 끌어올리고 있었고 서리 갑옷이 덮인 바늘잎으로 햇빛을 모으고 산소를 내보내고 있었다. 얼음, 땅, 공기까지 겨울의 모든 요소가 살아 있었다. 내가 듣지 못할지라도 세상은 노래하고 있었다.

나는 숨을 크게 내쉬고서 내 입김의 유령이 만드는 형체를 보았다. 물, 기체, 세포의 구름이 잠깐 생겨나 모양이 달라지다가 흩어졌다. 빌려온 원소들이 원천으로 돌아갔다. 이것은 내가 지구와 함께 연주하는 개인적인 듀엣에서 또 하나의 음표였다. 나는 숨을 내쉬었고 지구는 숨을 들이쉬었다.

감사의 글

모든 책의 뒤에는 하나의 생태계가 존재한다. 이 책으로 결실을 맺은 나의 탐구는 10여 년 전에 시작되었다. 출발은 개인적인 호기심이었지만 수많은 사람과 공동체의 도움을 받는 행운을 누렸다. 내가 쓰는 글의 거의 모두는 과학자들을 포함해 수많은 전문가의 고된 연구, 방대한 지식, 그리고 그것을 기꺼이 나누어준 그들의 너그러움 덕분이다. 이 책과 관련해 취재에 응해주신 모든 분들, 특히 자택과 직장을 방문하고 연구 현장에도 따라갈 수 있게 허락해 주신 모든 분께 깊이 감사드린다. 직접적으로 인용하지 못한 분께는 진심으로 사죄드린다. 모든 저자는 아쉽게 책에 넣지 못한 글로 왕립 도서관 하나를 채울 수 있을 것이다. 인용하지는 못했지만 내게 나누어주신 이야기들 모두 너무나 소중했다고 꼭 말씀드리고 싶다. 또한 모르는 사람이 불쑥 보낸 이메일에도 친절하게 답을 보내주신 전문가들과 내 취재의 기초가 된 연구들을 진행하고 출판해 그것을 저술로 접할 수 있게 해주신 과학자들께도 감사드린다.

일반 독자를 대상으로 과학에 대해 글을 쓰는 사람인 나로서는 내용의 정확성과 쉽게 이해되는 명료성 사이의 균형을 맞추는 일이 정말 중요하다. 사실관계를 꼼꼼하게 점검해서 정확성을 높이는 데 도움을 주신 다음 네 분의 전문가들께 감사드린다. 제인 애커만Jane Ackermann, 미셸 시아로카Michelle Ciarrocca, 티나 네즈빅Tina Knezevic, 스티븐 스턴Steven Stern. 또한 내 질문에 친절히 답신을 보내주고 몇몇 장의 내용을 검토해 주신 다음 분들께도 감사를 전한다. 셰이디 기아다 아나야티Shady Giada Anayati, 게탄 보르고니Gaëtan Borgonie, 프리야다시 초우두리Priyadarshi Chowdhury, 커티스 도이치Curtis Deutsch, 얼 엘리스Erle Ellis, 폴 폴코스키Paul Falkowski, 개빈 포스터Gavin Foster, 조프리 개드Geoffrey Gadd, 니콜라스 그러버Nicolas Gruber, 로버트 헤이즌Robert Hazen, 제임스 케이스팅James Kasting, 준 코레나가Jun Korenaga, 리 쿰프Lee Kump, 헬부터 래머Helmut Lammer, 팀 렌튼Tim Lenton, 존 루스잭John Luczaj, 제니퍼 매칼레이디Jennifer Macalady, 조지 맥기George McGhee, 마시모 피그리우치Massimo Pigliucci, 사이먼 포울튼Simon Poulton, 크리스 레인하드Chris Reinhard, 그레고리 레털랙Gregory Retallack, 앤디 리지웰Andy Ridgwell, 패트릭 로버츠Patrick Roberts, 펠리시아 스미스Felisa Smith, 고든 사우담Gordon Southam, 스티븐 스탠리Steven Stanley, 알렉시스 템플턴Alexis Templeton, 타일러 볼크Tyler Volk, 앤드류 왓슨Andrew Watson, 제니퍼 윌콕스Jennifer Wilcox, 브루스 H. 윌킨슨Bruce H. Wilkinson, 마크 윌리엄스Mark Williams, 얀 잘라시비츠Jan Zalasiewicz, 리처드 지비Richard Zeebe.

편집자 힐러리 레드몬Hilary Redmon은 이 프로젝트를 계속해 나갈 수 있도록 격려해 주었고 맨 처음 아이디어 단계에서부터 긴 과정 내내 인내와 열정과 날카로운 협업 능력을 발휘해 주었다. 에이전트 래리 와이즈먼Larry Weissman과 사샤 앨퍼Sascha Alper는 출판의 세계를 헤쳐나갈 수 있도록 유려하고 노련하게 도와주었고 이 책의 가장 투철한 대변자가 되어주었다. 이 책의 일부 내용은 〈뉴욕타임스〉와 〈뉴욕타임스 매거진〉에 게재되었던 글이다. 두 매체의 편집자인 다음 분들께 지원과 협업에 감사드린다. 윌리 스테일리Willy Staley, 제이크 실버스타인Jake Silverstein, 빌 와

식Bill Wasik, 제시카 러스틱Jessica Lustig, 지니 최Jeannie Choi. 일부 취재는 화이팅 창작 논픽션 그랜트와 MIT 과학 저널리즘 펠로우십에서 지원을 받았다. 동료 펠로우들의 연대와 조언에, 또한 이 프로그램들을 주관한 다음 분들께 감사를 전한다. 대니얼 레이드Daniel Reid, 코트니 호델Courtney Hodell, 데보라 블룸Deborah Blum, 애쉴리 스마트Ashley Smart. 랜덤하우스 출판사의 에반 캠필드Evan Camfield, 토비 언스트Toby Ernst, 에리카 곤잘레스Erica Gonzalez, 마이클 호크Michael Hoak, 미리엄 카누카브Miriam Khanukaev, 그레그 쿠비Greg Kubie, 앨리슨 리치Alison Rich가 베풀어주신 도움에, 그리고 이 책의 모든 해외 출판사들에도 감사드린다.

이 책을 쓰는 과정에서 글쓰기 공동체와 과학 공동체들이 동지애, 조언, 영감, 그리고 즐거운 한담의 꼭 필요한 원천이 되어주었다. 특히 슬랙라인 북클럽Slackline and Books Club('크리처 클럽Creature Club'이라고도 불린다)의 멋진 회원들께 감사드린다. 초기 원고를 읽고 훌륭한 통찰로 글이 훨씬 더 나아질 수 있게 해준 다음의 친구와 글쓰기 동료들에게도 큰 감사를 전한다. 레베카 알트먼Rebecca Altman, 레베카 보일Rebecca Boyle, 에밀리 엘러트Emily Elert, 레베카 긱스Rebecca Giggs, 벤 골드파브Ben Goldfarb, 마라 그런바움Mara Grunbaum, 홀리 해이워스Holly Haworth, 브랜든 케임Brandon Keim, 로버트 무어Robert Moor, 시에라 크레인 머독Sierra Crane Murdoch. 여러 내용에 대해 워크샵을 조직해 주어서 중요한 결정을 내리는 데 결정적인 조언을 얻을 수 있게 해준 다음의 친구들에게도 감사를 전한다. 아리엘 블레이처Ariel Bleicher, 나데지 두부이슨Nadege Dubuisson, 마이클 이스터Michael Easter, 캐롤라인 폴리

Caroline Foley, 이언 길먼과 베카 길먼Ian and Bekka Gillman, 케이 히가키Kei Higaki, 데이비드 잡슨과 레아 잡슨David and Leah Jobson, 올리비아 코스키Olivia Koski, 레이드 코스터Reid Koster, 알렉스 리우Alex Liu, 딜런 맥도웰과 테일러 맥도웰Dylan and Taylor McDowell, 라이언 맥마혼과 애니 맥마혼Ryan and Annie McMahon, 에린 멜론Erin Mellon, 마이크 오커트Mike Orcutt, 케이티 피크Katie Peek, 애나 로스차일드Anna Rothschild, 니콜 샤프Nicole Sharpe, 조시 트레이시와 쇼니 트레이시Josh and Shawnee Tracy. 또한 마이크 프리먼과 마샤 프리먼Mike and Masha Freeman은 뛰어난 언어적 전문성으로 번역을 도와주었다.

만능 인간인 매튜 트웜블리Matthew Twombly와 협업할 수 있어 영광이었다. 예술과 과학에 조예가 깊은 그는 내 취재 노트를 토대로 이 책에 실린 아름다운 지구 연표 그래픽을 만들어주었다. 본인이 소장하고 있는 사진들을 책에 싣게 허락해 주신 많은 분께도 감사드린다.

이 책을 쓰기 위해 많은 곳에 현장 취재를 가야 했고 해외로 가야 하는 경우도 많았다. 내가 비행기로 이동하면서 내놓은 온실가스를 상쇄하기 위해 이 책의 선인세는 지구가 처한 위기를 완화하고 관리하기 위해 노력하는 다음의 단체들에 기부하고자 한다. 원주민환경네트워크Indigenous Environmental Network, 우림원주민연맹Coalition for Rainforest Nations, 청정대기태스크포스Clean Air Task Force, 탄소180Carbon180.

어린 시절부터 무엇이든 하고 싶은 일을 하도록 격려해 주신 부모님과 식구들에게 감사드린다. 또한 내 파트너 라이언은 책을 쓰는 내 여정의 기쁨과 정체기와 고생을 누구보다도 가까이에서 지켜봐주었다. 그의 지속적인 격려와 성자 같은 인내심, 사려 깊은 피드백이 없었다면 나는 진즉에 포기했을 것이다. 우리 강아지 잭의 변함 없는 반려와 하루에도 몇 번씩 규칙적으로 산책을 하게 만들어주어서 신체적, 정신적 건강을 유지하게 해준 데 대해 감사를 전한다. 끝으로, 그리고 가장 근본적으로, 우리가 지구라고 부르는 놀라운 생명체에게 영원한 감사를 전한다. 우리가 당신과 더불어 살아갈 만한 가치가 있는 생명이길 바랍니다.

작가노트

가이아 개념의 변천

가이아 가설은 오랜 시간에 걸쳐 많은 학자들에 의해 재해석되었기 때문에 여러 버전이 존재한다. 지구과학자 제임스 키르슈너James Kirchner는 공식 출간된 저술에 나오는 가이아 가설들을 일별해 몇 가지 유형으로 분류했다. 가장 온건한 버전인 '영향력 가이아Influential Gaia'설은 생명이 지구의 평균 기온이나 대기의 화학조성 등 지구의 여러 특징에 상당한 영향을 미친다고 주장한다. '공진화적 가이아Coevolutionary Gaia'설도 생명과 지구가 상호적 진화를 통해 서로를 변화시킨다는 점을 강조한다. 더 강한 버전인 '항상성 가이아Homeostatic Gaia'설과 '지구생리학적 가이아Geophysicological Gaia'설은 생명이 지구를 안정화시키는 조절 작용을 하며 지구를 하나의 광대한 생명체, 또는 그에 비견될 만한 실체로 보아야 한다고 주장한다. 극단적으로 강한 버전인 '목적론적 가이아Teleological Gaia'설과 '최적화 가이아Optimizing Gaia'설은 생명이 '최적'의 조건을 향해서, 그리고 그 조건을 유지하기 위해서, 목적의식적으로 지구를 변화시킨다고 주장한다(키르슈너의 논문은 이 책의 참고문헌 목록을 참고하라).

키르슈너 등 일부 과학자들은 가이아 가설을 '가설'이라고 간주할 수 있는지에 의문을 제기한다. 과학에서 '가설'이란 통제된 실험을 통해 검증할 수 있는 예측이나 임시적인 설명을 말한다. 이 정의가 오늘날 가이아 가설이라고 불리는 방대한 사상 중 구체적인 일부 내용에는 적용될 수 있을지 모르지만, 가이아 가설

전체를 아우르기에는 너무 협소한 정의로 보인다. 가이아는 과학에서 말하는 엄밀한 의미에서의 가설이라기보다 '개념적 틀'에 더 가깝다. 우주생물학자 데이비드 그린스푼은 저서《인간의 손 안에 든 지구Earth in Human Hands》에서 이렇게 언급했다. "가이아 가설이라고 널리 불리고 있긴 하지만, 실제로 이것은 가설이 아니다. 가설이라기보다, 살아 있는 행성에 대한 과학을 추구하는 관점, 또는 접근 방식이다. (…) '살아 있는 행성'은 '살아 있는 생명이 그 위에 존재하는 행성'과 다르다. 이것이 핵심이며, 단순하면서도 근본적인 통찰이다. 그 자체로 이미 기능하고 있는 지구 위에서 부가적으로 생명이 발생한 것이 아니라 지구의 진화와 행동에 생명이 불가분으로 통합되어 있음을 의미하기 때문이다."

러브록과 마굴리스가 일생 동안 계속해서 규정하고 재규정한, '가이아'의 주요 정의 몇 가지를 여기에 소개한다.

"이 투고의 목적은, 진화의 초기 단계에서 생명이 지구의 환경을 자신의 필요에 맞게 조절할 수 있는 능력을 획득했으며, 이 능력이 유지되었고 지금도 활발하게 사용되고 있다는 가설을 제시하기 위해서입니다. 이 관점에서 보면, 생물종들의 총합은 단순히 그 생물들의 목록이 아닙니다. 생물학에서 다루는 모든 결합체와 마찬가지로, 생물권Biosphere도 단순히 부분들의 합으로 환원되지 않는 특징들을 갖는 실체입니다. 이렇게 커다란, 그리고 아직은 가설적으로만 말할 수 있을 뿐이더라도 행성 전체에 걸쳐 환경의 항상성을 유지하는 능력을 뛰어나게 갖추고 있는 생명체는 별도의 이름을 필요로 합니다. 나는 윌리엄 골딩의 제안을 받아들여서 그리스 신화에서 '어머니 지구'를 일컫는 말인 '가이아'라고 부르고자 합니다." (러브록, 〈대기를 통해 본 가이아Gaia as Seen through the Atmosphere〉, 1972).

"(…) 생물학적인 사이버네틱 시스템이 있어서, 현재의 생물권에 적합한 물리적, 화학적 상태를 유지하는 범지구적 항상성을 발휘한다는 개념…" (러브록, 〈대기를 통해 본 가이아〉, 1972).

"(…) 생물권을 구성하고 있는 살아 있는 유기체의 전체적인 앙상블이 지구의 화학적 조성, 표면의 산성도, 어쩌면 기후까지도 조절할 수 있는 하나의 실체처럼 행동한다는 가설. 생물권이 적응적인 조절 시스템으로서 지구의 항상성을 유지하는 능력을 가지고 있다는 개념을 우리는 가이아 가설이라고 부른다." (러브록과 마굴리스, 〈생물권에 의한, 또한 생물권을 위한 대기의 항상성: 가이아 가설Atmospheric Homeostasis by and for the Biosphere〉,1974).

"(…) 살아 있는 물질, 대기, 해양, 지표면 등이 지구의 기온, 대기와 바다의 조성, 토양의 산성도 등을 생물권의 생존에 최적이 되도록 조절할 능력이 있는 거대한 시스템의 구성 요소들이라는 가설. 이 시스템은 하나의 유기체로서, 어쩌면 하나의 생명체로서 행동하는 것처럼 보인다." (러브록과 엡톤, 〈가이아의 탐구The Quest for Gaia〉, 1975).

"(…) 가이아가 실재한다면, 우리 자신 및 여타의 살아 있는 모든 존재가 전체적으로 우리 행성을 생명이 거주하기에 적합하고 안락한 상태가 되도록 유지할 능력이 있는 하나의 거대한 실체의 구성 부분이자 파트너라고 볼 수 있다." (러브록, 《가이아:

살아 있는 생명체로서의 지구Gaia: A New Look at Life on Earth》, 1979).

"(…) 고래부터 바이러스까지, 참나무부터 해조류까지, 지구상에 살아 있는 모든 물질이, 자신의 전반적인 필요에 맞게 지구의 대기를 조절할 능력이 있고 부분의 합을 훨씬 넘어서는 기능과 힘을 갖추게 된, 하나의 살아 있는 실체의 구성 부분이라고 볼 수 있다는 가설. (러브록, 《가이아: 살아 있는 생명체로서의 지구》, 1979).

"(…) 지구의 생물권, 대기권, 해양, 토양이 함께 관여되어 있는 복잡한 실체; 이 행성의 생명들에게 최적인 물리적, 화학적 환경이 되고자 하는 피드백 시스템, 또는 사이버네틱 시스템을 구성하는 총체. [이 총체가] 적극적인 조절을 통해 비교적 안정적인 조건을 유지하는 것을 '항상성'이라는 용어로 편리하게 묘사할 수 있을 것이다." (러브록, 《가이아: 살아 있는 생명체로서의 지구》, 1979).

"처음 제시했을 때 가이아 가설에 대한 우리의 설명이 매우 서툴렀다는 점을 나도 인정한다. 현명하지 못하게도 우리는 이 가설을 '자신에게 안락한 상태를 유지하기 위해 환경을 조율하는 생명 또는 생물권'이라고 묘사하거나 '생물권이 그 자체로 환경을 지탱한다'고 묘사했다. 그게 아니라 이렇게 말했어야 한다. '살아 있는 유기체들과 그들의 물질적 환경은 긴밀하게 연결되어 있다. 이 연결된 시스템은 슈퍼 유기체이고 진화하면서 새로운 특징이, 기후와 화학조성을 자기조절할 수 있는 능력이 창발되어 나온다.' 슈퍼 유기체인 가이아를 정의하는 데는 10년이라는 세월과 '데이지 세계'라고 불리는 수리적 모델 하나가 필요했다." (러브록,《가이아의 시대The Ages of Gaia》, 1988).

"내가 가장 근접하게 말할 수 있는 것은, 가이아란 진화하는 시스템이라고 말하는 것이다. 가이아는 모든 살아 있는 것들, 그리고 그것들이 존재하는 표면의 환경, 해양, 대기, 지각으로부터 만들어진 시스템이고, 이 두 부분[생명과 환경]은 뗄 수 없이 연결되어 있다. 가이아는 '창발되어 나온 영역'이다. 지구에 생명이 존재해 온 오랜 시간 동안 생명체와 환경 사이에 상호적인 진화가 이루어지는 과정에서 생성된 시스템인 것이다. 이 시스템에서 기후와 화학조성의 자기조절은 전적으로 자동적이다. 자기조절은 시스템의 진화 과정에서 창발된다. 어떠한 계획이나 기대, 목적의식도 (…) 여기에 관여되어 있지 않다." (러브록,《가이아의 치유: 지구를 치료하기 위한 실용 의학Healing Gaia:Practical Medicine for the Planet》, 1991).

"가이아는 '어머니 지구'를 뜻하는 옛 그리스어에서 따온 이름으로, 지구가 살아 있다는 개념을 가설로 제시한 것이다. 가이아 가설은 영국 화학자 제임스 E. 러브록이 제시했으며, 대기와 암석과 물이 살아 있는 유기체들의 성장, 죽음, 신진대사 같은 활동을 통해 조절된다고 말한다." (마굴리스,《공생자 행성: 린 마굴리스가 들려주는 공생 진화의 비밀》, 1996).

"가이아 가설은 많은 이들이 주장하는 것과 달리 '지구가 독자적인 유기 생명체'라고 말하지 않는다. 그렇더라도, 지구는 생물학에서 말하는 생리학적 과정을 통해 유지되는 신체를 가지고 있다. 생명은 범지구적 수준의 현상이며 지구의 표면은 적어도 30억 년 동안 살아 있는 실체로서 존재해 왔다." (마굴리스,

《공생자 행성》, 1996).

“범지구적 시스템에 대한 짐[제임스]의 이론이 상세하게 설명하고 있듯이, 가이아는 유기 생명체가 아니다. 유기 생명체는 음식을 섭취하거나 광합성, 또는 화학적 합성을 통해 자신의 양분을 획득해야 한다. (…) 가이아는 수천만 개체 이상의 종들이 상호연결된 데서 창발되어 나오는 시스템이며, 이것이 쉼 없이 활동하는 신체를 형성한다. (…) 모든 살아 있는 존재는 알든 모르든 열역학 제2법칙에 복종하면서 에너지와 양분의 원천을 찾아 나서고, 불필요한 열과 화학적 부산물을 방출한다. 이것은 피할 수 없는 생물학적 지상 명령이다. (…) 지구 생명의 총체인 가이아는, 우리에게는 환경을 조절하는 것처럼 보이는 생리학을 드러낸다. 가이아 자체는 여러 생명체 중에서 직접 선택된 별개의 생명체가 아니다. 가이아는 생명체들, 그것이 존재하는 구형의 행성, 그리고 에너지의 원천인 태양 사이의 상호작용에서 창발되어 나오는 특성이다.” (마굴리스, 《공생자 행성》, 1996).

“가이아는 상호작용하는 여러 생태계들이 지구 표면에서 하나의 거대한 생태계를 구성한 것이다.” (마굴리스, 《공생자 행성》, 1996).

러브록의 셸 석유 자문 활동

1963년에 러브록은 하나의 직장에 소속되어 일하지 않고 독립 연구자가 되기로 했다. 그는 여러 대학, 회사, 기관에서 의뢰받은 연구로 소득을 올렸다. 그러한 기관 중 하나가 캘리포니아주 패서디나 소재의 NASA 제트추진연구소다. 1965년에 이곳에서 러브록은 생명이 지구를 조절하고 바꾼다는 깨달음을 얻었다. 가이아 가설로 발달하게 될 씨앗이었다. 그리고 1966년에는 석유 거대 기업 로열더치셸의 연구 자회사 셸 리서치Shell Research Limited의 의뢰로 연구를 시작했는데, 셸이 요청한 연구 주제는 "화석연료 소비 가속화 등의 원인으로 인해 대기 오염 문제가 전 지구적인 규모로 발생할 수 있는지"였다.

러브록은 자신이 셸의 일을 했다는 사실을 몇몇 저술에서 공개적으로 밝혔다. 그는 이것이 [셸의 의견에 종속되어야 하는 종류의] "소유적 관계"가 아니었으며 그 일을 하는 내내 "사고의 자유"를 유지했다고 강조했다. 러브록이 학자적 독립성과 독창성에 매우 높은 가치를 부여했고 성향상 도발적이고 어디로 튈지 모르는 유형의 사람이었음을 생각하면, 충분히 그랬을 법하다. 러브록은《가이아》에서 "전 지구적 규모의 대기 오염 문제와 관련해 내가 수행한 활동과 대기의 성분을 분석해 생명의 흔적을 포착했던 나의 더 이전 연구는 대기가 생물권의 연장선일 수 있다는 개념을 취했다는 데서 물론 서로 관련이 있다"고 언급했다. 그는 셸에 제출한 첫 보고서에서 기후가 악화되고 있으며 화석연료가 원인일 가능성이 가장 크다는 것이 "거의 확실한 사실"이라고 결론내렸다. 셸의 의뢰로 진행한 이후의 연구들에서 러브록은 해양 조류가 디메틸설파이드를 생성해 대기의 조성을 바꾸었을 가능성에 대해 탐구했고, 1975년에는 가이아에 대한 초기 논문 중 하나를 셸의 경영자인 시드니 엡톤Sidney Epton과 공저했다(이 논문은 〈뉴 사이언티스트〉에 게재되었다).

역사학자 레아 아로노스키는 아카이브 원자료 등을 분석해서 러브록이 쉘의 의뢰로 진행한 연구가 그가 가이아 가설을 발달시키는 데 생각보다 많은 영향을 미쳤으며, 러브록이 제시한 개념이 특정한 유형의 기후변화 부인론을 촉진하는 결과를 낳았다고 주장했다. 이를 테면, 아로노스키는 이렇게 언급했다. "가이아 이야기는 지구의 기후에 대한 [과학] 이론이 현실 세계에서 숱한 [저마다의 이해관계에 따른] 지식 주장들이 쏟아져 나오도록 추동하게 되는 종류의 이야기였다. 기후가 자기조절적으로 안정성을 유지한다는 주장이 나중에 지구온난화가 실재하는 현상이라는 데 의구심을 불러일으키는 데 동원된 것도 포함해서 말이다. (…) 간단히 말해서, 가이아는 기후 부인론자들이 인류가 지구를 영구적으로 변화시킬 수 있는 독보적인 능력을 가지고 있다는 사실을 부인함으로써 세력을 키울 수 있는 조건을 만들었다." 하지만 아로노스키는 "가이아 개념이 지구온난화에 대한 과학적 합의를 뒤흔들기 위해 불확실성을 제조하려는 화석연료 업계의 의도적인 노력에서 직접적으로 나온 것은 아니며, 러브록의 [초창기] 사고 단계에서 그가 쉘에서 한 일과 생명의 우주적 신호에 대해 그가 개진한 이론이 실제로 어느 정도나 관련이 있었는지는 분명하지 않다"는 점 또한 분명히 밝혔다.

분명한 사실은, 가이아 개념이 인기를 얻어가면서 화석연료 업계를 비롯해 많은 기업, 단체, 사람들이 그것을 가져다가 저마다의, 그리고 종종 서로 충돌하는 목적들을 위해 이리저리 구부렸다는 점이다. 1989년에 키르슈너는 이렇게 분석했다. "가이아를 곧바로 받아들인 두 집단은 환경주의자들, 그리고 역설적이게도 산업가들이었다. 전자는 우리가 범지구적 '유기체'인 가이아의 어느 부분에라도 해를 끼친다면 광범위한 악영향이 초래될 것이라고 주장했고, 후자는 가이아가 자기조절 능력을 가지고 있으므로 굳이 우리가 오염을 관리하고 통제할 필요는 없다고 주장했다." 이렇게 해서, 가이아는 기후변화 부인론의 도구가 되었다. 인류와 지구의 관계에 대한 러브록 본인의 관점은 생애를 거치며 계속 달라졌다. 때로 그는 사실관계를 잘못 이야기하기도 했고, 자기모순적이기도 했으며, 환경에의 위협을 간과하거나 과장하기도 했고, 많은 이들이 도덕적으로 문제가 있다고 본 편견에 기반하거나 감수성이 부족한 언급을 하기도 했다. 하지만 그는 인류가 일으킨 기후변화가 명백한 사실임을 전적으로 받아들였고 궁극적으로 화석연료 사용을 멈추어야 한다고 주장했다.

참고문헌

아래의 문헌은 이 책을 쓰기 위해 내가 참고한 저술 중 중요한 것들을 추린 것이다. 장별로 정리했으며, 서문과 후기는 동일한 연구들을 토대로 했으므로 하나로 합쳤다.

서문과 후기

Aronowsky, Leah. "Gas Guzzling Gaia, or: A Prehistory of Climate Change Denialism." *Critical Inquiry,* vol. 47, no. 2, 2021, pp. 306–27.

Brannen, Peter. *The Ends of the World: Volcanic Apocalypses, Lethal Oceans, and Our Quest to Understand Earth's Past Mass Extinctions.* Ecco, 2017.

Carson, Rachel. *Silent Spring: Fortieth Anniversary Edition.* Mariner Books, 2002. (최초 출간은 1962년).

Clarke, Bruce. *Gaian Systems: Lynn Margulis, Neocybernetics, and the End of the Anthropocene.* University of Minnesota Press, 2020.

Dessler, Andrew. *Introduction to Modern Climate Change: Second Edition.* Cambridge University Press, 2016.

Flannery, Tim. *Here on Earth: A Natural History of the Planet.* Grove Press, 2010.

Frank, Adam. *Light of the Stars: Alien Worlds and the Fate of the Earth.* W. W. Norton, 2018.

Grinspoon, David. *Earth in Human Hands: Shaping Our Planet's Future.* Grand Central Publishing, 2016.

Hawken, Paul, editor. *Drawdown: The Most Comprehensive Plan Ever Proposed to Reverse Global Warming.* Penguin Books, 2017.

Kimmerer, Robin Wall. *Braiding Sweetgrass: Indigenous Wisdom, Scientific Knowledge, and the Teachings of Plants.* Milkweed Editions, 2015.

Kirchner, James W. "The Gaia Hypothesis: Can It Be Tested?" *Review of Geophysics,* vol. 27, no. 2, 1989, pp. 223–35.

Kirchner, James W. "The Gaia Hypotheses: Are They Testable? Are They Useful?", *Scientists on Gaia,* edited by Stephen H. Schneider, MIT Press, 1991, pp. 38–46.

Kirchner, James W. "Gaia Hypothesis: Fact, Theory, and Wishful Thinking." *Climatic Change,* vol. 52, 2002, pp. 391–408.

Latour, Bruno. *Facing Gaia: Eight Lectures on the New Climatic Regime.* Translated by Catherine Porter. Polity Press, 2017.

Lenton, Tim. *Earth System Science: A Very Short Introduction.* Oxford University Press, 2016.

Lenton, Tim, and Andrew Watson. *Revolutions That Made the Earth.* Oxford University Press, 2014.

Lovelock, James. "Gaia as Seen Through the Atmosphere." *Atmospheric Environment,* vol. 6, no. 8, 1972, pp. 579–80.

Lovelock, James. *Gaia: A New Look at Life on Earth.* Oxford University Press, 1979.

Lovelock, James. *The Ages of Gaia: A Biography of Our Living Earth.* 개정증보판. W. W. Norton, 1995. (최초 출간은 1988년).

Lovelock, James. *Healing Gaia: Practical Medicine for the Planet.* Harmony Books, 1991.

Lovelock, James. *The Revenge of Gaia: Earth's Climate in Crisis and the Fate of Humanity.* Basic Books, 2006.

Lovelock, James. *The Vanishing Face of Gaia.* Basic Books, 2009.

Lovelock, James, with Bryan J. Appleyard. *Novacene: The Coming Age of Hyperintelligence.* MIT Press, 2019.

Lovelock, James, and Sidney Epton. "The Quest for Gaia." *New Scientist,* 1975.

Lovelock, James, and Lynn Margulis. "Atmospheric Homeostasis by and for the Biosphere: The Gaia Hypothesis." *Tellus,* vol. 26, 1974, pp. 2–10.

Margulis, Lynn. *Symbiotic Planet: A New Look at Evolution.* Basic Books, 1998.

Morton, Oliver. *Eating the Sun: How Plants Power the Planet.* Harper Perennial, 2009.

Skinner, Brian J., and Barbara W. Murck. *The Blue Planet: An Introduction to Earth System Science,* 제3판. Wiley, 2011.

Smith, Eric, and Harold J. Morowitz. *The Origin and Nature of Life on Earth: The Emergence of the Fourth Biosphere.* Cambridge University Press, 2016.

Stanley, Steven M., and John A. Luczaj. *Earth System History: Fourth Edition.* W. H. Freeman, 2015.

Volk, Tyler. *Gaia's Body: Toward a Physiology of Earth.* MIT Press, 2003.

Ward, Peter, and Joe Kirschvink. *A New History of Life: The Radical New Discoveries About the Origins and Evolution of Life on Earth.* Bloomsbury Press, 2015.

Worster, Donald. *Nature's Economy: A History of Ecological Ideas.* 제2판.

Cambridge University Press, 1994. (최초 출간은 1977년).

1장 지하의 존재들

Bomberg, Malin, and Lasse Ahonen. "Editorial: Geomicrobes: Life in Terrestrial Deep Subsurface." *Frontiers in Microbiology,* vol. 8, 2017, p. 103.

Borgonie, G., et al. "Nematoda from the Terrestrial Deep Subsurface of South Africa." *Nature,* vol. 474, 2011, pp. 79–82.

Borgonie, G., et al. "Eukaryotic Opportunists Dominate the Deep-Subsurface Biosphere in South Africa." *Nature Communications,* vol. 6, no. 8952, 2015.

Casar, Caitlin P. "Mineral-Hosted Biofilm Communities in the Continental Deep Subsurface, Deep Mine Microbial Observatory, SD, USA." *Geobiology,* vol. 18, no. 4, 2020, pp. 508–22.

Chivian, Dylan. "Environmental Genomics Reveals a Single-Species Ecosystem Deep Within Earth." *Science,* vol. 322, no. 5899, 2008, pp. 275–78.

Colman, Daniel R., et al. "The Deep, Hot Biosphere: A Retrospection." *Proceedings of the National Academy of Sciences,* vol. 114, no. 27, 2017, pp. 6895–6903.

Colwell, Frederick S., and Steven D'Hondt. "Nature and Extent of the Deep Biosphere." *Reviews in Mineralogy and Geochemistry,* vol. 75, no. 1, 2013, pp. 546–74.

Deep Carbon Observatory. "Deep Carbon Observatory: A Decade of Discovery." Deep Carbon Observatory Secretariat, Washington, D.C., 2019.

Eagle, Sina Bear. "The Lakota Emergence Story." National Park Service, 2019.

Edwards, K. J., et al. "The Deep, Dark Energy Biosphere: Intraterrestrial Life on Earth." *Annual Review of Earth and Planetary Sciences,* vol. 40, no. 1, 2012, pp. 551–68.

Gadd, Geoffrey Michael. "Metals, Minerals, and Microbes: Geomicrobiology and Bioremediation." *Microbiology,* vol. 156, 2010, pp. 609–43.

Grantham, Bill. *Creation Myths and Legends of the Creek Indians.* University Press of Florida, 2002.

Grosch, Eugene G., and Robert M. Hazen. "Microbes, Mineral Evolution, and the Rise of Microcontinents—Origin and Coevolution of Life with Early Earth." *Astrobiology,* vol. 15, no. 10, 2015, pp. 922–39.

Hazen, Robert M., editor. "Mineral Evolution." *Elements,* vol. 6, no. 1, 2010.

Hazen, Robert M. *Symphony in C: Carbon and the Evolution of (Almost) Everything.* W. W. Norton, 2019.

Hazen, Robert M., et al. "Mineral Evolution." *American Mineralogist,* vol. 93, 2008, pp. 1693–1720.

Holland, G., et al. "Deep Fracture Fluids Isolated in the Crust Since the Precambrian Era." *Nature,* vol. 497, 2013, pp. 357–60.

Höning, Dennis, et al. "Biotic vs. Abiotic Earth: A Model for Mantle Hydration and Continental Coverage." *Planetary and Space Science,* vol. 98, 2014, pp. 5–13.

Hunt, Will. *Underground: A Human History of the Worlds Beneath Our Feet.* Spiegel and Grau, 2019.

Lollar, Garnet S., et al. " 'Follow the Water': Hydrogeochemical Constraints on Microbial Investigations 2.4 km Below Surface at the Kidd Creek Deep Fluid and Deep Life Observatory." *Geomicrobiology Journal,* vol. 36, no. 10, 2019, pp. 859–72.

Mader, Brigitta. "Archduke Ludwig Salvator and Leptodirus Hohenwarti from Postojnska Jama." *Acta Carsologica,* vol. 32, no. 2, 2016.

Onstott, Tullis C. *Deep Life: The Hunt for the Hidden Biology of Earth, Mars, and Beyond.* Princeton University Press, 2017.

Osburn, Magdalena R., et al. "Establishment of the Deep Mine Microbial Observatory (DeMMO), South Dakota, USA, a Geochemically Stable Portal into the Deep Subsurface." *Frontiers in Earth Science,* vol. 7, no. 196, 2019.

Polak, Slavko. "Importance of Discovery of the First Cave Beetle: Leptodirus hochenwartii Schmidt, 1832." *Endins: publicació d'espeleologia 28,* 2005, pp. 71–80.

Rosing, Minik T., et al. "The Rise of Continents—An Essay on the Geologic Consequences of Photosynthesis." *Palaeogeography, Palaeoclimatology, Palaeoecology,* vol. 232, 2006, pp. 99–113.

Soares, A., et al. "A Global Perspective on Microbial Diversity in the Terrestrial Deep Subsurface." *bioRxiv,* 2019.

Southam, G., and James A. Saunders. "The Geomicrobiology of Ore Deposits." *Economic Geology,* vol. 100, no. 6, 2005, pp. 1067–84.

2장 매머드 대초원과 코끼리 발자국

지모프 일행이 브란겔랴섬을 방문했을 때 항해에 대한 설명은 니키타 지모프, 세르게이 지모프와의 인터뷰 및 니키타의 여행 일지를 토대로 했다.

Anderson, Ross. "Welcome to Pleistocene Park." *The Atlantic,* April 2017.

Animal People, Inc. "An Interview with Nikita Zimov, Director of Pleistocene Park." *Animal People Forum,* April 2, 2017.

Bar-On, Yinon M., et al. "The Biomass Distribution on Earth." *Proceedings of the National Academy of Sciences,* vol. 115, no. 25, 2018, pp. 6506-11.

Bottjer, David J., et al. "The Cambrian Substrate Revolution." *GSA Today,* vol. 10, no. 9, 2000, pp. 1-7.

Buatois, L. A., et al. "Sediment Disturbance by Ediacaran Bulldozers and the Roots of the Cambrian Explosion." *Scientific Reports,* vol. 8, no. 4514, 2018.

Croft, B., et al. "Contribution of Arctic Seabird-Colony Ammonia to Atmospheric Particles and Cloud-Albedo Radiative Effect." *Nature Communications,* vol. 7, no. 13444, 2016.

Doughty, Christopher E., et al. "Biophysical Feedbacks Between the Pleistocene Megafauna Extinction and Climate: The First Human-Induced Global Warming?" *Geophysical Research Letters,* vol. 37, 2010.

Doughty, Christopher E., et al. "Global Nutrient Transport in a World of Giants." *Proceedings of the National Academy of Sciences,* vol. 113, no. 4, 2016, pp. 868-73.

Holdo, R. M., et al. "A Disease-Mediated Trophic Cascade in the Serengeti and Its Implications for Ecosystem C." *PLOS Biology,* vol. 7, no. 9, 2009.

Katija, Katani. "Biogenic Inputs to Ocean Mixing." *Journal of Experimental Biology,* vol. 215, 2012, pp. 1040-49.

Kintisch, Eli. "Born to Rewild." *Science,* December 2015.

Macias-Fauria M, et al. "Pleistocene Arctic Megafaunal Ecological Engineering as a Natural Climate Solution?" *Philosophical Transactions of the Royal Society B,* vol. 375, no. 1794, 2020.

Meysman, F. J., et al. "Bioturbation: A Fresh Look at Darwin's Last Idea." *Trends in Ecology and Evolution,* vol. 21, no. 12, 2006, pp. 688-95.

Payne, Jonathan L., et al. "The Evolution of Complex Life and the Stabilization of the Earth System." *Interface Focus,* vol. 10, no. 4, 2020.

Remmers, W., et al. "Elephant (Loxodonta africana) Footprints as Habitat for Aquatic Macroinvertebrate Communities in Kibale National Park, South-West Uganda." *African Journal of Ecology,* vol. 55, 2017, pp.

342–51.

Roman, Joe, and James J. McCarthy. "The Whale Pump: Marine Mammals Enhance Primary Productivity in a Coastal Basin." *PLOS ONE,* vol. 5, no. 10, 2010.

Schmitz, Oswald J., et al. "Animals and the Zoogeochemistry of the Carbon Cycle." *Science,* vol. 362, no. 6419, 2018.

Shapiro, Beth. *How to Clone a Mammoth.* Princeton University Press, 2015.

Shapiro, Beth, et al. "Rise and Fall of the Beringian Steppe Bison." *Science,* vol. 306, no. 5701, 2004, pp. 1561–65.

Vernadsky, Valdimir I. *The Biosphere: Complete Annotated Edition.* Copernicus, 1998.

Willis, K. J., and J. C. McElwain. *The Evolution of Plants.* Oxford University Press, 2014.

Wolf, Adam. "The Big Thaw." *Stanford,* September/October 2008.

Zimov, Nikita, et al. "Pleistocene Park: The Restoration of Steppes as a Tool to Mitigate Climate Change Through Albedo Effect." AGU Fall Meeting, 2017.

Zimov, Nikita, et al. "Pleistocene Park Experiment: Effect of Grazing on the Accumulation of Soil Carbon in the Arctic." AGU Fall Meeting, 2018.

Zimov, Sergey. "Mammoth Steppes and Future Climate." *Human Environment,* 2007.

Zimov, Sergey. *Wild Field Manifesto.* November 2014.

Zimov, Sergey, et al. "Steppe-Tundra Transition: A Herbivore-Driven Biome Shift at the End of the Pleistocene." *The American Naturalist,* vol. 146, no. 5, 1995, pp. 765–94.

Zimov, Sergey, et al. "The Past and Future of the Mammoth Steppe Ecosystem." *Paleontology in Ecology and Conservation,* edited by Julien Louys, pp. 193–225. Springer Earth System Sciences, 2012.

3장 우주 속의 정원

Angourakis, Andreas, et al. "Human-Plant Coevolution: A Modelling Framework for Theory-Building on the Origins of Agriculture." *PLOS ONE,* vol. 17, no. 9, 2022.

Arneth, Almut, et al. "Summary for Policymakers." *Climate Change and Land,* edited by P. R. Shukla et al. Intergovernmental Panel on Climate Change, 2019.

Borrelli, Pasquale, et al. "Land Use and Climate Change Impacts on Global

Soil Erosion by Water (2015–2070)." *Proceedings of the National Academy of Sciences,* vol. 117, 2020, pp. 1–8.

Bradford, Mark, et al. "Soil Carbon Science for Policy and Practice." *Nature Sustainability,* vol. 2, no. 12, 2019, pp. 1070–72.

Broushaki, Farnaz, et al. "Early Neolithic Genomes from the Eastern Fertile Crescent." *Science,* vol. 353, no. 6298, 2016, pp. 499–503.

Chen, Le, et al. "The Impact of No-Till on Agricultural Land Values in the United States Midwest." *American Journal of Agricultural Economics,* vol. 105, no. 3, 2023, pp. 760–83.

Cotillon, Suzanne, et al. "Land Use Change and Climate-Smart Agriculture in the Sahel." *The Oxford Handbook of the African Sahel,* edited by Leonardo A. Villalón, pp. 209–30. Oxford Academic, 2021.

Dynarski, Katherine A., et al. "Dynamic Stability of Soil Carbon: Reassessing the 'Permanence' of Soil Carbon Sequestration." *Frontiers in Environmental Science,* vol. 8, 2020.

Eekhout, Joris P. C., and Joris de Vente. "Global Impact of Climate Change on Soil Erosion and Potential for Adaptation Through Soil Conservation." *Earth-Science Reviews,* vol. 226, 2022.

Erisman, Jan Willem, et al. "How a Century of Ammonia Synthesis Changed the World." *Nature Geoscience,* vol. 1, 2008, pp. 636–39.

Franzmeier, Donald P., et al. *Soil Science Simplified: Fifth Edition.* Waveland Press, 2016.

Giller, K. E., et al. "Regenerative Agriculture: An Agronomic Perspective." *Outlook on Agriculture,* vol. 50, no. 1, 2021, pp. 13–25.

Handelsman, Jo. *A World Without Soil: The Past, Present, and Precarious Future of the Earth Beneath Our Feet.* Yale University Press, 2021.

Hudson, Berman D. *Our Good Earth: A Natural History of Soil.* Algora Publishing, 2020.

Kassam, Amir, et al. "Successful Experiences and Lessons from Conservation Agriculture Worldwide." *Agronomy,* vol. 12, no. 4, 2022, p. 769.

Lal, Rattan, et al. "Evolution of the Plow over 10,000 Years and the Rationale for No-Till Farming." *Soil and Tillage Research,* vol. 93, 2007, pp. 1–12.

Lal, Rattan, et al. "The Carbon Sequestration Potential of Terrestrial Ecosystems." *Journal of Soil and Water Conservation,* vol. 73, no. 6, 2018, pp. 145A–152A.

Lehmann, Johannes, and Markus Kleber. "The Contentious Nature of Soil Organic Matter." *Nature,* vol. 528, 2015, pp. 60–68.

Levis, C., et al. "Persistent Effects of Pre-Columbian Plant Domestication on Amazonian Forest Composition." *Science,* vol. 355, 2017, pp. 925-31.

Marris, Emma. "A Call for Governments to Save Soil." *Nature,* vol. 601, 2022, pp. 503-4.

Montgomery, David. *Dirt: The Erosion of Civilizations.* University of California Press, 2007.

Montgomery, David. *Growing a Revolution: Bringing Our Soil Back to Life.* W. W. Norton, 2017.

Our World in Data. www.ourworldindata.org. Accessed 2023.

Pasiecznik, Nick, and Chris Reij, editors. *Restoring African Drylands.* Tropenbos International, 2020.

Paul, Eldor A. "The Nature and Dynamics of Soil Organic Matter: Plant Inputs, Microbial Transformations, and Organic Matter Stabilization." *Soil Biology and Biochemistry,* vol. 98, 2016, pp. 109-26.

Piccolo, Alessandro, et al. "The Molecular Composition of Humus Carbon: Recalcitrance and Reactivity in Soils." *The Future of Soil Carbon: Its Conservation and Formation,* edited by Carlos Garcia, Paolo Nannipieri, and Teresa Hernandez, pp. 87-124. Elsevier Academic Press, 2018.

Pingali, Prabhu. "Green Revolution: Impacts, Limits, and the Path Ahead." *Proceedings of the National Academy of Sciences,* vol. 109, 2012, pp. 12302-8.

Pollan, Michael. *Second Nature: A Gardener's Education.* Delta, 1991.

Retallack, Gregory J. *Soil Grown Tall: The Epic Saga of Life from Earth.* Springer, 2022.

Retallack, Gregory J., and Nora Noffke. "Are There Ancient Soils in the 3.7 Ga Isua Greenstone Belt, Greenland?" *Palaeogeography, Palaeoclimatology, Palaeoecology,* vol. 514, 2019, pp. 18-30.

Roberts, Patrick, et al. "The Deep Human Prehistory of Global Tropical Forests and Its Relevance for Modern Conservation." *Nature Plants,* vol. 3, no. 8, 2017.

Sanderman, Jonathan, et al. "Soil Carbon Debt of 12,000 Years of Human Land Use." *Proceedings of the National Academy of Sciences,* vol. 114, no. 36, 2017, pp. 9575-80.

Schlesinger, William H., and Ronald Amundson. "Managing for Soil Carbon Sequestration: Let's Get Realistic." *Global Change Biology,* vol. 25, 2019, pp. 386-89.

Smil, Vaclac. *Enriching the Earth: Fritz Haber, Carl Bosch, and the Transformation of World Food Production*. The MIT Press, 2004.

Snir, Ainit, et al. "The Origin of Cultivation and Proto-Weeds, Long Before Neolithic Farming." *PLOS ONE*, vol. 10, no. 7, 2015.

Thaler, Evan A., et al. "The Extent of Soil Loss Across the US Corn Belt." *Proceedings of the National Academies of Sciences*, vol. 118, no. 8, 2021.

Weil, Ray R., and Nyle C. Brady. *The Nature and Properties of Soils: Fifteenth Edition*. Pearson, 2017.

Winkler, Karina, et al. "Global Land Use Changes Are Four Times Greater Than Previously Estimated." *Nature Communications*, vol. 12, no. 2501, 2021.

Zeder, Melinda A. "The Origins of Agriculture in the Near East." *Current Anthropology*, vol. 52, no. S4, 2011.

4장 바다의 세포들

Ayers, Greg P., and Jill M. Cainey. "The CLAW Hypothesis: A Review of Major Developments." *Environmental Chemistry*, vol. 4, 2007, pp. 366-74.

Beaufort, Luc, et al. "Cyclic Evolution of Phytoplankton Forced by Changes in Tropical Seasonality." *Nature*, vol. 601, 2022, pp. 79-84.

Castellani, Claudia, and Martin Edwards, editors. *Marine Plankton: A Practical Guide to Ecology, Methodology, and Taxonomy*. Oxford University Press, 2017.

Chimileski, Scott, and Roberto Kolter. *Life at the Edge of Sight: A Photographic Exploration of the Microbial World*. Belknap Press, 2017.

De Wever, Patrick. *Marvelous Microfossils: Creators, Timekeepers, Architects*. John Hopkins University Press, 2020.

Deutsch, Curtis, and Thomas Weber. "Nutrient Ratios as a Tracer and Driver of Ocean Biogeochemistry." *Annual Review of Marine Science*, vol. 4, 2012, pp. 113-41.

Eichenseer, K., et al. "Jurassic Shift from Abiotic to Biotic Control on Marine Ecological Success." *Nature Geoscience*, vol. 12, 2019, pp. 638-42.

Falkowski, P. "Ocean Science: The Power of Plankton." *Nature*, vol. 483, 2012, pp. S17—S20.

Falkowski, Paul, and Andy Knoll, editors. *Evolution of Primary Producers in the Sea*. Elsevier Academic Press, 2007.

Green, Tamara K., and Angela D. Hatton. "The CLAW Hypothesis: A

New Perspective on the Role of Biogenic Sulphur in the Regulation of Global Climate." *Oceanography and Marine Biology: An Annual Review,* vol. 52, no. 326, 2014, pp. 315–36.

Gruber, Nicolas. "The Dynamics of the Marine Nitrogen Cycle and its Influence on Atmospheric CO2 Variations." *The Ocean Carbon Cycle and Climate.* NATO Science Series (Series IV: Earth and Environmental Sciences), vol. 40, edited by M. Follows and T. Oguz, pp. 97–148. Springer, 2004.

Kirby, Richard R. *Ocean Drifters: A Secret World Beneath the Waves.* StudioCactus, 2010.

Nadis, Steve. "The Cells That Rule the Seas." *Scientific American,* December 2003.

Proctor, Robert. "A World of Things in Emergence and Growth: René Binet's Porte Monumentale at the 1900 Paris Exposition." *Symbolist Objects: Materiality and Subjectivity at the Fin-de-Siècle,* edited by Claire I. R. O'Mahony, pp. 224–49. Rivendale Press, 2009.

Ridgwell, Andy, and Richard E. Zeebe. "The Role of the Global Carbonate Cycle in the Regulation and Evolution of the Earth System." *Earth and Planetary Science Letters:* vol. 234, no. 3–4, 2005, pp. 299–315.

Rohling, Eelco J. *The Oceans: A Deep History.* Princeton University Press, 2017.

Sardet, Christian. *Plankton: Wonders of the Drifting World.* University of Chicago Press, 2015.

Yu, Hongbin, et al. "The Fertilizing Role of African Dust in the Amazon Rainforest: a First Multiyear Assessment Based on Data from Cloud Aerosol Lidar and Infrared Pathfinder Satellite Observations." *Geophysical Research Letters,* vol. 42, 2015, pp. 1984–91.

5장 이 위대한 해양의 숲들

Chapman, R. L. "Algae: The World's Most Important 'Plants'—An Introduction." *Mitigation and Adaptation Strategies for Global Change,* vol. 18, 2013, pp. 5–12.

Delaney, A., et al. "Society and Seaweed: Understanding the Past and Present." *Seaweed in Health and Disease Prevention,* edited by Joël Fleurence and Ira Levine, pp. 7–40. Elsevier Academic Press, 2016.

Dillehay, Tom D., et al. "Monte Verde: Seaweed, Food, Medicine, and the Peopling of South America." *Science,* vol. 320, no. 5877, 2008, pp. 784–86.

Duarte, Carlos. "Reviews and Syntheses: Hidden Forests, the Role of Vegetated Coastal Habitats in the Ocean Carbon Budget." *Biogeosciences,* vol. 14, no. 2, 2017, pp. 301–10.

Duarte, Carlos, et al. "Can Seaweed Farming Play a Role in Climate Change Mitigation and Adaptation?" *Frontiers in Marine Science,* vol. 4, 2017.

Eckman, James E., et al. "Ecology of Understory Kelp Environments. I. Effects of Kelps on Flow and Particle Transport near the Bottom." *Journal of Experimental Marine Biology and Ecology,* vol. 129, no. 2, 1989, pp. 173–87.

Flannery, Tim. *Sunlight and Seaweed: An Argument for How to Feed, Power, and Clean Up the World.* Text Publishing, 2017.

Hurd, Catriona L., et al. *Seaweed Ecology and Physiology: Second Edition.* Cambridge University Press, 2014.

Langton, Richard, et al. "An Ecosystem Approach to the Culture of Seaweed." Tech. Memo. NMFS-F/SPO-195, 24, National Oceanic and Atmospheric Administration, 2019.

Mouritsen, Ole. "The Science of Seaweeds." *American Scientist,* 2013.

Naar, Nicole. "Puget Sound Kelp Conservation and Recovery Plan: Appendix B—The Cultural Importance of Kelp for Pacific Northwest Tribes." National Oceanic and Atmospheric Administration, May 2020.

Nielsen, Karina J., et al. "Emerging Understanding of the Potential Role of Seagrass and Kelp as an Ocean Acidification Management Tool in California." California Ocean Science Trust, Oakland, California, January 2018.

Nisizawa, K., et al. "The Main Seaweed Foods in Japan." *Hydrobiologia,* vol. 151, 1987, p. 5–29.

O'Connor, Kaori. *Seaweed: A Global History.* Reaktion Books, 2017.

Ortega, A., et al. "Important Contribution of Macroalgae to Oceanic Carbon Sequestration." *Nature Geoscience,* vol. 12, 2019, pp. 748–54.

Pfister, C. A., et al. "Kelp Beds and Their Local Effects on Seawater Chemistry, Productivity, and Microbial Communities." *Ecology,* vol. 100, no. 10, 2019.

Proceedings of the First U.S.-Japan Meeting on Aquaculture at Tokyo, Japan, October 18–19, 1971: Under the U.S.-Japan Cooperative Program in Natural Resources (UJNR). Edited by William N. Shaw. National Marine Fisheries Service, National Oceanic and Atmospheric Administration, U.S. Department of Commerce, 1974.

Puget Sound Restoration Fund. "Summary of Findings: Investigating Seaweed Cultivation as a Strategy for Mitigating Ocean Acidification in Hood Canal, WA." 2019.

Rosman, Johanna H., et al. "Currents and Turbulence Within a Kelp Forest (Macrocystis Pyrifera): Insights from a Dynamically Scaled Laboratory Model." *Limnology and Oceanography,* vol. 55, 2010, pp. 1145–58.

Shetterly, Susan Hand. *Seaweed Chronicles: A World at the Water's Edge.* Algonquin Books, 2018.

Tripati, Robert Eagle, et al. "Kelp Forests as a Refugium: A Chemical and Spatial Survey of a Palos Verdes Restoration Area: Project Report." UCLA Environmental Science Practicum, 2016–2017.

Wiencke, Christian, and Kai Bischof, editors. *Seaweed Biology: Novel Insights into Ecophysiology, Ecology, and Utilization.* Springer, 2012.

6장 플라스틱 행성

Borunda, Alejandra. "This Young Whale Died with 88 Pounds of Plastic in Its Stomach." *National Geographic,* March 18, 2019.

Case, Emalani. "Caught (and Brought) in the Currents: Narratives of Convergence, Destruction, and Creation at Kamilo Beach." *Journal of Transnational American Studies,* vol. 10, no. 1, 2019, pp. 73–92.

Corcoran, Patricia L., et al. "An Anthropogenic Marker Horizon in the Future Rock Record." *GSA Today,* vol. 24, no. 6, 2014, pp. 4–8.

Cox, Kieran D., et al. "Human Consumption of Microplastics." *Environmental Science and Technology,* vol. 53, no. 12, 2019, pp. 7068–74.

De-la-Torre, Gabriel Enrique, et al. "New Plastic Formations in the Anthropocene." *Science of the Total Environment,* vol. 754, 2021.

Freinkel, Susan. "A Brief History of Plastic's Conquest of the World." *Scientific American,* May 29, 2011.

Gabbott, Sarah, et al. "The Geography and Geology of Plastics: Their Environmental Distribution and Fate." *Plastic Waste and Recycling: Environmental Impact, Societal Issues, Prevention, and Solutions,* edited by Trevor M. Letcher, pp. 33–63. Academic Press, 2020.

Geyer, Roland. "A Brief History of Plastics." *Mare Plasticum: The Plastic Sea,* edited by Marilena Streit-Bianchi et al., pp. 31–48. Springer, 2020.

Geyer, Roland, et al. "Production, Use, and Fate of All Plastics Ever Made." *Science Advances,* vol. 3, no. 7, 2017.

Hamilton, Lisa Anne, and Steven Feit et al. "Plastic and Climate:

The Hidden Costs of a Plastic Planet." Center for International Environmental Law, 2019.

Haram, Linsey E. "Emergence of a Neopelagic Community Through the Establishment of Coastal Species on the High Seas." *Nature Communications,* vol. 12, no. 1, 2021.

Jenner, Lauren C., et al. "Detection of Microplastics in Human Lung Tissue Using μFTIR Spectroscopy." *Science of the Total Environment,* vol. 831, 2022.

Meijer, Lourens J. J., et al. "Over 1000 Rivers Accountable for 80% of Global Riverine Plastic Emissions into the Ocean." *Science Advances,* vol. 7, no. 18, 2021.

Moore, Charles. "Trashed: Across the Pacific Ocean, Plastics, Plastics Everywhere." *Natural History,* vol. 112, no. 9, 2003, pp. 46–51.

Moore, C. J., et al. "A Comparison of Plastic and Plankton in the North Pacific Central Gyre." *Marine Pollution Bulletin,* vol. 42, no. 12, 2001, pp. 1297–1300.

Moore, Charles, and Cassandra Philips. *Plastic Ocean: How a Sea Captain's Chance Discovery Launched a Determined Quest to Save the Oceans.* Avery, 2011.

Our World in Data. www.ourworldindata.org. Accessed 2022.

PEW Charitable Trusts and SystemIQ. "Breaking the Plastic Wave: A Comprehensive Assessment of Pathways Towards Stopping Ocean Plastic Pollution." 2020.

Raworth, Kate. *Doughnut Economics: Seven Ways to Think Like a 21st-Century Economist.* Chelsea Green Publishing, 2017.

Shen, Maocai, et al. "Can Microplastics Pose a Threat to Ocean Carbon Sequestration?" *Marine Pollution Bulletin,* vol. 150, 2020.

Tarkanian, Michael J., and Dorothy Hosler. "America's First Polymer Scientists: Rubber Processing, Use and Transport in Mesoamerica." *Latin American Antiquity,* vol. 22, no. 4, 2011, pp. 469–86.

Watt, Ethan. "Ocean Plastics: Environmental Implications and Potential Routes for Mitigation—A Perspective." *RSC Advances,* vol. 11, no. 35, 2021, pp. 21447–62.

Wayman, Chloe, and Helge Niemann. "The Fate of Plastic in the Ocean Environment—A Minireview." *Environmental Science: Processes and Impacts,* vol. 23, 2021, pp. 198–212.

Worm, Boris, et al. "Plastic as a Persistent Marine Pollutant." *Annual Review of Environment and Resources,* vol. 42, 2017, pp. 1–26.

Wright, Robyn J., et al. "Marine Plastic Debris: A New Surface for Microbial Colonization." *Environmental Science and Technology,* vol. 54, no. 19, 2020, pp. 11657–72.

Yoshida, Shosuke, et al. "A Bacterium That Degrades and Assimilates Poly(ethylene Terephthalate)." *Science,* vol. 351, no. 6278, 2016, pp. 1196–99.

Zalasiewicz, Jan, et al. "The Geological Cycle of Plastics and Their Use as a Stratigraphic Indicator of the Anthropocene." *Anthropocene,* vol. 13, 2016, pp. 4–17.

7장 숨의 기포

Alcott, Lewis J., et al. "Stepwise Earth Oxygenation Is an Inherent Property of Global Biogeochemical Cycling." *Science,* vol. 366, no. 6471, 2019, pp. 1333–37.

Andreae, Meinrat, et al. "The Amazon Tall Tower Observatory (ATTO): Overview of Pilot Measurements on Ecosystem Ecology, Meteorology, Trace Gases, and Aerosols." *Atmospheric Chemistry and Physics,* vol. 15, no. 18, 2015, pp. 10723–76.

DeLeon-Rodriguez, Natasha, et al. "Microbiome of the Upper Troposphere: Species Composition and Prevalence, Effects of Tropical Storms, and Atmospheric Implications." *Proceedings of the National Academy of Sciences,* vol. 110, no. 7, 2013, pp. 2575–80.

Fröhlich-Nowoisky, Janine, et al. "Bioaerosols in the Earth System: Climate, Health, and Ecosystem Interactions." *Atmospheric Research,* vol. 182, 2016, pp. 346–76.

Gumsley, Ashley, et al. "Timing and Tempo of the Great Oxidation Event." *Proceedings of the National Academy of Sciences,* vol. 114, no. 8, 2017, pp. 1811–16.

Krause, A. J., et al. "Stepwise Oxygenation of the Paleozoic Atmosphere." *Nature Communications,* vol. 9, no. 4081, 2018.

Lenton, Timothy, et al. "Co-evolution of Eukaryotes and Ocean Oxygenation in the Neoproterozoic Era." *Nature Geoscience,* vol. 7, 2014, pp. 257–65.

Lovejoy, Thomas E., and Carlos Nobre. "Amazon Tipping Point." *Science Advances,* vol. 4, no. 2, 2018.

Lovejoy, Thomas E., and Carlos Nobre. "Amazon Tipping Point: Last Chance for Action." *Science Advances,* vol. 5, no. 12, 2019.

Lyons, Timothy, et al. "Oxygenation, Life, and the Planetary System During

Earth's Middle History: An Overview." *Astrobiology,* vol. 21, no. 8, 2021, pp. 906–23.

Mills, Daniel, et al. "Eukaryogenesis and Oxygen in Earth History." *Nature Ecology and Evolution,* vol. 6, 2022, pp. 520–32.

Morris, Cindy E., et al. "Bioprecipitation: A Feedback Cycle Linking Earth History, Ecosystem Dynamics, and Land Use Through Biological Ice Nucleators in the Atmosphere." *Global Change Biology,* vol. 20, no. 2, 2014, pp. 341–51.

Olejarz, Jason, et al. "The Great Oxygenation Event as a Consequence of Ecological Dynamics Modulated by Planetary Change." *Nature Communications,* vol. 12, no. 3985, 2021.

Ostrander, Chadlin M., et al. "Earth's First Redox Revolution." *Annual Review of Earth and Planetary Sciences,* vol. 49, 2021, pp. 337–66.

Pöhlker, Christopher, et al. "Biogenic Potassium Salt Particles as Seeds for Secondary Organic Aerosol in the Amazon." *Science,* vol. 337, 2012, pp. 1075–78.

Pöschl, Ulrich, et al. "Rainforest Aerosols as Biogenic Nuclei of Clouds and Precipitation in the Amazon." *Science,* vol. 329, no. 5998, 2010, pp. 1513–16.

Sánchez-Baracaldo, Patricia, et al. "Cyanobacteria and Biogeochemical Cycles Through Earth History." *Trends in Microbiology,* vol. 30, no. 2, 2022, pp. 143–57.

Soubeyrand, Samuel, et al. "Analysis of Fragmented Time Directionality in Time Series to Elucidate Feedbacks in Climate Data." *Environmental Modelling and Software,* vol. 61, 2014, pp. 78–86.

Sperling, Erik A., et al. "Oxygen, Ecology, and the Cambrian Radiation of Animals." *Proceedings of the National Academy of Sciences of the United States of America,* vol. 110, no. 33, 2013, pp. 13446–51.

Steffen, Will, et al. "The Emergence and Evolution of Earth System Science." *Nature Reviews Earth and Environment,* vol. 1, 2020, pp. 54–63.

Upper, Christen D., and Gabor Vali. "Chapter 2: The Discovery of Bacterial Ice Nucleation and the Role of Bacterial Ice Nucleation in Frost Injury to Plants." *Biological Ice Nucleation and Its Applications,* edited by R. E. Lee, Jr., and G. J. Warren, pp. 29–40. APS Press, 1995.

8장 불의 뿌리

Alcott, Lewis J., et al. "Stepwise Earth Oxygenation Is an Inherent Property of Global Biogeochemical Cycling." *Science,* vol. 366, no. 6471, 2019, pp. 1333–37.

Anderson, M. Kat. "The Use of Fire by Native Americans in California." *Fire in California's Ecosystems,* edited by Neil G. Sugihara et al., pp. 417–30. University of California Press, 2006.

Beerling, David. *The Emerald Planet: How Plants Changed Earth's History.* Oxford University Press, 2007.

Bouchard, F. "Ecosystem Evolution is About Variation and Persistence, not Populations and Reproduction." *Biological Theory,* vol. 9, 2014, pp. 382–91.

Bowman, David M.J.S., et al. "Fire in the Earth System." *Science,* vol. 324, no. 5926, 2009, pp. 481–84.

David, A. T., Asarian, J. E., and Lake, F. K. "Wildfire Smoke Cools Summer River and Stream Water Temperatures." *Water Resources Research,* vol. 54, 2018, pp. 7273–90.

Doolittle, W. Ford, and S. Andrew Inkpen. "Processes and Patterns of Interaction as Units of Selection: An Introduction to ITSNTS Thinking." *Proceedings of the National Academy of Sciences,* vol. 115, no. 16, 2018, pp. 4006–14.

Dussault, Antoine C., and Frédéric Bouchard. "A Persistence Enhancing Propensity Account of Ecological Function to Explain Ecosystem Evolution." *Synthese,* vol. 194, 2017, pp. 1115–45.

Hazen, Robert M. *Symphony in C: Carbon and the Evolution of (Almost) Everything.* W. W. Norton, 2019.

Judson, Olivia. "The Energy Expansions of Evolution." *Nature Ecology and Evolution,* vol. 1, no. 138, 2017.

Kay, Charles E. "Native Burning in Western North America: Implications for Hardwood Forest Management." *Proceedings: Workshop on Fire, People, and the Central Hardwoods Landscape,* compiled by Daniel A. Yaussy, Richmond, Kentucky, March 12–14, 2000.

Krause, A. J., et al. "Stepwise Oxygenation of the Paleozoic Atmosphere." *Nature Communications,* vol. 9, no. 4081, 2018.

Kump, L. R. "Terrestrial Feedback in Atmospheric Oxygen Regulation by Fire and Phosphorus." *Nature,* vol. 335, 1988, pp. 152–54.

Lake, Frank K. *Traditional Ecological Knowledge to Develop and Maintain Fire Regimes in Northwestern California, Klamath-Siskiyou Bioregion: Management and Restoration of Culturally Significant Habitats.* PhD dissertation, Oregon State University, 2007.

Lenton, Timothy M. "The Role of Land Plants, Phosphorus Weathering, and Fire in the Rise and Regulation of Atmospheric Oxygen." *Global Change Biology,* vol. 7, 2001, pp. 613–29.

Lenton, Timothy M., et al. "First Plants Oxygenated the Atmosphere and Ocean." *Proceedings of the National Academy of Sciences,* vol. 113, no. 35, 2016, pp. 9704–9.

Lenton, Timothy M., et al. "Survival of the Systems." *Trends in Ecology and Evolution,* vol. 36, no. 4, 2021, pp. 333–44.

McGhee, Jr., George R. *Carboniferous Giants and Mass Extinction: The Late Paleozoic Ice Age World.* Columbia University Press, 2018.

Pyne, Stephen J. *Fire: A Brief History.* University of Washington Press, 2001.

Pyne, Stephen J. "The Ecology of Fire." *Nature Education Knowledge,* vol. 3, no. 10, 2010.

Stanley, Steven M., and John A. Luczaj. *Earth System History.* 제4판. W. H. Freeman, 2015.

Williams, Gerald W. "References on the American Indian Use of Fire in Ecosystems." United States Forest Service, United States Department of Agriculture, 2005.

Willis, K. J., and J. C. McElwain. *The Evolution of Plants.* Oxford University Press, 2014.

9장 변화의 바람

Archer, David. *The Long Thaw: How Humans Are Changing the Next 100,000 Years of Earth's Climate.* Princeton University Press, 2009.

Cuddington, Kim. "The 'Balance of Nature' Metaphor and Equilibrium in Population Ecology." *Biology and Philosophy,* vol. 16, 2001, pp. 463–79.

Dessler, Andrew. *Introduction to Modern Climate Change.* 제2판. Cambridge University Press, 2016.

Egerton, Frank N. "Changing Concepts of the Balance of Nature." *Quarterly Review of Biology,* vol. 48, no. 2, 1973, pp. 322–50.

Freese, Barbara. *Coal: A Human History.* Perseus Publishing, 2003.

Jelinski, Dennis. "There Is No Mother Nature—There Is No Balance of Nature: Culture, Ecology, and Conservation." *Human Ecology,* vol. 33, no. 2, 2005, pp. 271–88.

Maslin, Mark. *Global Warming: A Very Short Introduction.* Oxford University Press, 2009.

Maslin, Mark, et al. "New Views on an Old Forest: Assessing the Longevity,

Resilience, and Future of the Amazon Rainforest." *Transactions of the Institute of British Geographers*, vol. 30, no. 4, 2005, pp. 477–99.

Otto, Friederike E. L., et al. "Climate Change Likely Increased Extreme Monsoon Rainfall, Flooding Highly Vulnerable Communities in Pakistan." *World Weather Attribution*, September 2022.

Our World in Data. www.ourworldindata.org. Accessed 2023.

Pörtner, H.-O., et al. "Climate Change 2022: Impacts, Adaptation, and Vulnerability. Contribution of Working Group II to the Sixth Assessment Report of the Intergovernmental Panel on Climate Change." Cambridge University Press (근간).

Schobert, Harold H. *The Chemistry of Fossil Fuels and Biofuels*. Cambridge University Press, 2013.

Shukla, P. R., et al. *Climate Change 2022: Mitigation of Climate Change*. Contribution of Working Group III to the Sixth Assessment Report of the Intergovernmental Panel on Climate Change. Cambridge University Press, 2022.

Simberloff, Daniel. "The 'Balance of Nature'—Evolution of a Panchreston." *PLOS Biology*, vol. 12, no. 10, 2014.

Smil, Vaclav. *Oil: A Beginner's Guide*. 제2판. Oneworld Publications, 2008.

Smil, Vaclav. *Energy Transitions: Global and National Perspectives*. 제2판. Praeger, 2017.

Smil, Vaclav. *Grand Transitions: How the Modern World Was Made*. Oxford University Press, 2021.

찾아보기

ㅂ

BECOMING EARTH